유변학개론

유변학개론

초판 1쇄 발행 2021년 3월 30일
초판 3쇄 발행 2023년 9월 15일

지은이 안경현

펴낸곳 서울대학교출판문화원
주소 08826 서울 관악구 관악로 1
도서주문 02-889-4424, 02-880-7995
홈페이지 www.snupress.com
페이스북 @snupress1947
인스타그램 @snupress
출판등록 제15-3호

ISBN 978-89-521-2940-6 93570

유변학개론

Rheology

안경현 지음

서울대학교출판문화원

추천사

물질의 유동과 변형을 다루는 학문인 '유변학'이 국내에 소개되고 발전되어 온 지도 반세기가 넘어가고 있다. 이 시점에 유변학의 기초와 고급 유변학 내용을 망라한 교과서 형태의 '유변학개론'이 발간된 것은 국내 유변학 분야 연구자와 관련 산업의 엔지니어들에게 매우 기쁜 일이다.

1부 유변학의 기초에서 다루고 있는 점탄성, 유변물성의 측정 및 응용, 고분자 유변학, 입자계 유변학, 산업적 응용 등은 유변학을 처음 공부하는 이공계 학생들이나 소재 공정 산업의 현장 및 연구개발 엔지니어들에게 매우 유익한 내용들로 구성되어 있다. 그뿐만 아니라, 대학원 과정 이상의 유변학 분야 전문 연구자를 위하여 2부 고급 유변학에서는 구성방정식, 묽은고분자용액 및 고분자 용융체에 대한 이론까지 망라하여 기술하고 있다.

본 추천인은 유변학 분야 교육, 연구로 지난 40여 년을 보낸 유변학자의 한 사람으로서 기초부터 고급 내용까지 모두 포함하고 있는 국문 교과서의 필요성을 항상 느껴 왔다. 직접 집필할 용기를 선뜻 내지 못하던 차에, 이렇게 완벽한 국문 유변학 교과서 『유변학개론』의 발간을 무엇보다 반기며, 유변학 지식을 필요로 하는 모든 엔지니어와 연구자에게 적극 추천한다.

저자는 평소 소재공정기술이 국가 미래산업 발전을 위한 핵심 기반기술이며, 소재공정기술의 개발은 유변학 지식의 응용을 통하여 가능함을 강조하면서, 성공적인 산학협력 모델을 만들기 위하여 다양한 시도를 해오고 있다. 유변학 지식을 기반으로 하는 소재공정기술 개발, 나아가 산학협력 모델의 개발에 관심 있는 관련 산업체의 연구개발 엔지니어들에게 이 책을 강력 추천한다.

2021년 3월 1일

서울대학교 화학생물공학부 명예교수 이승종

머리말

제조업은 소재를 가공해서 제품을 만들어 내는 일이다. 가공은 주로 기계를 이용해서 이뤄지며, 이때 소재는 대부분 액상으로 흘러가게 된다. 소재가 있고 기계가 있으면 제품을 만들 수 있는 것이다. 그런데 이것만으로 돈을 벌지는 못한다. 국내 제조업은 그 동안 많은 성장을 이뤄 왔지만 여전히 다양한 산업의 핵심 소재, 부품들을 제대로 만들지 못해 수입을 해야 하고, 이익이 많이 나는 시장에서는 경쟁력을 갖추지 못하고 있다. 예를 들어 향후 거대한 시장이 형성될 것으로 기대되는 인쇄 전자 분야는 그 동안 수많은 연구 개발이 진행되어, 사회가 필요로 하는 거의 모든 소재와 장비들이 개발되었다. 하지만 시장에는 실질적으로 제품이 거의 없는 실정이다. 모든 연구 개발 과제가 성공적으로 수행되었고 모든 소재와 장비들이 개발되었는데 왜 시장에서는 제품을 찾아보기 어려울까? 디스플레이의 컬러리지스트를 잉크젯 프린팅으로 도포하려는 시도는 결국 실패하였다. 실험실에서 문제가 없고, 파일럿 실험에서도 문제가 없는데 양산에서는 계속 문제가 발생하고 이를 해결하지 못한 것이다. 수많은 인력이 오랜 시간 고생하고, 엄청난 자원을 투입했는데도 결국 실패하였다.

자동차 배터리 시장은 말 그대로 지수적인 성장을 거듭하고 있다. 해마다 수백 퍼센트씩 성장하고 있다. 하지만 배터리 제조사는 매출이 수조원에 이를 만큼 커졌음에도 불구하고 이익을 내지 못하고 있다. 초기 투자비용이나 기회비용으로 넘기기에는 손실이 너무 커서 페이스 조절을 해야 할 실정이다. 핵심 광학 필름들은 여전히 자체 개발이 되지 않고 수입에 의존하고 있으며, 수퍼엔지니어링 플라스틱도 생산은 할 수 있는데 시장을 만들어 내지 못하고 있다. 소재도 있고 장비도 있는데 왜 이런 일들이 벌어지는 것일까?

지금까지 우리 사회에서 얘기하는 연구 개발은 말 그대로 실험실에서의 연구 개발이었다. 실험실에서 원하는 성능을 구현할 수 있으면 소재 개발이 완료되었다고 생각하고, 개발이 되었으니 양산은 현장에서 알아서 하면 될 것이라는 생각이다. 하지만 양산은 그렇게 간단한 일이 아니다. 오히려 실험실에서 개발된 소재가 양산에 실패하여 적용되지 못하고 묻혀 버리는 경우가 대부분이다. 상업화, 양산이라는 것이 왜 이토록 어려운 것일까? 이것만 잘 되면 다들 크게 성공하고 산업도 발전할 텐데 양산 과정에서 무언가 일이 일어나고 있고, 우리가 이를 충분히 알지 못해서 제대로 대응하지 못하는 것임에 틀림없다. 양산 기계 안에서 어떤 일들이 일어나는지 아무것도 모르면서 좋은 제품이 나오기만을 바라는 것은 공짜로 큰돈을 벌겠다는 생각과 다름없는 어리석고 무지한 일이다. 불행하게도 그런 일은 일어나지 않는다. 우리 사회에 가장 부족한 기술이 스케일업 기술이라는 지적이 있다. 맞는 말이다. 도대체 이 과정에서 무슨 일이 일어나는 것일까?

제조업은 소재를 가공해서 제품을 만들어 내는 일이다. 어떤 소재든 제품으로 적용되려면 가공이라는 단계를 거쳐야만 하고, 이때 소재는 액상으로 흘러가게 된다. 플라스틱은 열을 가해서 녹여 액상을 만들어 가공한 후 냉각을 통해 고화시켜 제품을 만든다. 무기물은 용매에 녹여 액상을 만들어 가공한 후 건조를 통해 고화시켜 제품을 만든다. 결국 가공의 핵심은 액상 소재가 흘러가는 일이다. 그런데 산업적으로 사용되는 소재는 대부분 물처럼 간단한 액체가 아니라 소위 미세구조를 갖고 있는 복잡유체로서 흘러가면서 지속적으로 구조가 변하고 이후 냉각이나 건조 과정을 통해 다시 한번 큰 구조적 변화를 겪으며, 이를 통해 최종적으로 형성된 구조에 의해 제품의 성능이 결정된다. 같은 소재라도 가공 기계 안에서 소재의 특성과 공정 조건에 따라 매우 다른 유동환경에 처하고 서로 다른 구조를 형성하게 된다. 복잡성. 소재 가공은 극단적인 복잡성을 피할 수 없고, 이를 잘 알고 제어하는 것이 가공 기술의 핵심이다. 무언가를 제어하려면 적확한 물리량을 숫자로 측정할 수 있어야 하며, 적확한 물리량이 무엇인지 알기 위해서는 소재가 유동 중에 경험하게 되는 특성이 무엇인지 이해할 수 있어야 한다. 하지만 대부분 산업현장의 수준은 사용하는 소재가 어떤 유동 특성을 갖고, 가공 중에 어떤 경험을 하는지 제대로 이해하고 있지 못하다. 당연히 필요한 측정을 하지 못하고 결국 시스템을 제어하지 못한다. 사용하고 있는 소재에 대해서 이해하지도 못하고 가공 중에 어떤 일이 일어나는지도 알지 못하면서 생산을 하려다 보니 대부분은 실패하고, 가까스로 생산한다고 해도 불량이 많아 생산성이 떨어지고 경쟁력이 확보되지 않는다. 소재는 가공환경을 고려해서 설계되어야 하고, 장비도 소재의 유동 특성을 반영해서 설계되어야 한다. 실험실에서 성능이 확보된 소재는 개발이 완료된 것이 아니라 이제 개발을 시작할 출발점이 되는 것이다. 이 소재가 가공 중에 경험할 일들을 고려해서 지속적으로 보완해 나가면서 개발을 진행하는 것이다. 이 과정에 필요한 지식이 무엇일까?

매우 복잡한 일들이 일어나고 있는데 눈으로는 볼 수 없고 정말 무슨 일이 일어나는지도 모르는 시스템을 제어하는 것. 이것이 가공 기술의 핵심이고 스케일업을 위해 필요한 핵심 기술이다. 경험만으로는 확보할 수 없고 열심히 노력한다고 되는 일도 아니다. 암묵지. 단기간에 확보할 수 없는 최고의 지식과 경험이 요구되는 영역이다. 양산에 실패한 수도 없이 많은 시도 과정에 어떤 지식과 경험을 갖고 달려들었는지 생각해 보면 실패할 수밖에 없었던 이유를 금방 알 수 있을 것이다. 극단적인 지식이 필요한 게임에 충분한 지식 없이 그저 열심히 일하는 것만으로는 아무것도 이뤄 낼 수 없다. 더욱이 충분한 경험을 통해 최소한의 지식을 확보하는 일조차 쉽지 않다. 아무도 보이지 않는 지식에 장기간 인내하고 투자하지 못하기 때문이다. 우리 산업이 경쟁력을 갖기 위해서 확보해야 할 가장 중요한 기술이 가공 기술이다. 가공 기술은 우리의 생존과 발전을 위해서 반드시 갖춰야 할 지식체계이다.

복잡유체가 흘러가면서 어떤 경험을 하는지 연구하는 분야가 유변학이다. 가공 기술의 기반이 되는 가장 중요한 학문 영역이다. 소재의 성공적인 산업화를 위해서는 소재 자체의 다양한 특성을 이해해야 하고 좋은 장비를 확보해야 하는데, 여기에 반드시 가공 기술이 더해져야 한다. 가공 기술은 유변학을 중심으로 다양한 분야의 지식이 융합되고 이를 바탕으로 많은 실험과 경험을 통해서 만들어지는 지식체계이다. 최근 많은 산업현장에서 가공 기술의 중요성이 점차 강조되고 있고, 유변학에 대한 수요도 급증하고 있다. 하지만 유변학은 어려운 학문이라는 인식이 있고 체계적으로 학습하는 것이 간단치 않다. 기존의 교재들은 지나치게 학문적이고 더욱이 우리말로 된 교재도 없는 실정이다. 본서는 학부와 대학원생 및 산업현장의 엔지니어들이 유변학을 쉽게 접하고 배울 수 있도록 만들었다. 본서는 1부와 2부로 나눠서 1부에서는 유변학의 기본 개념과 방법론을 이해하고 이를 어떻게 산업현장에 적용할 수 있는지 생각해 볼 수 있도록 구성했고, 2부에서는 좀 더 깊이 있는 내용을 다루고 있다. 학부생과 현장의 엔지니어들은 1부만으로도 부족함이 없을 것이고 대학원생이라면 2부까지 깊이 공부하는 것이 필요할 것이다.

1장에서는 먼저 학부에서 학습한 유체역학과 유변학이 어떻게 다르고 유체가 흐른다는 것이 어떤 것인지, 그리고 유체가 흐르면서 받게 되는 스트레스(응력)에 대해 학습한다. 극단적으로 간단한 물과 같은 유체의 물리학이 유체역학이라면 소위 복잡유체의 유체역학을 유변학이라 할 수 있을 것이다. 유체가 흐를 때 고려해야 하는 가장 중요한 물리량은 응력이다. 1장에서는 응력에 대한 기본 개념을 학습하고, 가장 대표적인 유체의 성질인 점도에 대해 학습한다.

2장에서는 소위 점탄성의 개념을 학습한다. 복잡유체의 유동 특성을 한마디로 얘기한다면 바로 점탄성이다. 유체는 가공 중에 액체의 특징인 점성과 고체의 특징인 탄성을 모두 갖게 되는데, 이 성질을 이해하는 것이 가공을 이해하는 데 가장 중요하다. 산업현장에서 발생하는 너무나 많은 불량이 유체의 점탄성과 관련이 있고, 균일한 제품을 생산하는 것이 왜 그토록 어려운 일인지 이해하려면 점탄성에 대한 개념이 반드시 필요하다. 이 장에서는 다양한 물질함수를 통해서 점탄성을 정량적으로 정의하고 이들의 특징에 대해 학습한다.

3장에서는 점탄성을 측정하는 방법론을 학습한다. 소위 레오미터를 통해서 유변물성을 측정하는 원리와 실험 및 해석상 주의할 점들에 대해 학습한다. 모세관 점도기, 회전형 점도기, 신장 점도기 등의 작동원리를 학습하되, 이론적 배경보다는 현장에서 잘 이해하고 활용할 수 있도록 실무적인 내용을 위주로 다루었다. 아울러 산업현장에서 사용하고 있는 유사한 방법론들을 비교 검토하고 이들의 장단점을 리뷰하며 사용상의 주의점을 기술하였다.

4장에서는 플라스틱을 중심으로 한 고분자의 유변학적 특성을 다룬다. 고분자가 갖는 구조적 특징을 이해하고 이로 인한 유변물성상의 특징을 학습한다. 고분자는 모노머들의 반복구조로 이루어져 있지만 구성 성분 간의 상호작용, 공간적인 제약 등으로 3차원 공간에서 독특한 구조적 특징을 보이며, 특히 이들 구조적 특징은 유변물성에 잘 반영되어 차이를 보인다. 플라스틱 가공을 이해하기 위한 가장 기본적인 내용으로 볼 수 있다.

5장에서는 입자계를 중심으로 한 액상 소재의 유변학적 특성을 학습한다. 입자는 유동 중에 주위 입자 및 고분자를 포함하는 다른 성분들과 상호작용하여 끊임없이 새로운 구조를 형성한다. 기본적으로 입자들끼리 뭉치려는 힘이 작용하며 유동은 이를 깨려는 방향으로 작용한다. 여기에 브라운운동이 더해져서 유동환경에 따라 국부적으로 서로 다른 구조를 형성한다. 산업적으로 널리 사용되는 잉크, 슬러리, 페이스트 등이 여기에 해당하며, 이런 구조적 특성으로 인해 제어하기가 쉽지 않다. 이 장에서는 이들 복잡유체의 유변학적 특성에 대해 학습한다.

6장에서는 지금까지 학습한 유변학적 개념과 방법론들이 다양한 산업에 어떻게 적용될 수 있는지 세 가지 예시를 통해 알아본다. 플라스틱 소재와 배터리 전극 슬러리의 설계에 어떤 점들이 고려되어야 하는지 살펴본다. 소재가 가공 특성을 고려하여 설계되어야 한다는 점을 구체적으로 확인할 수 있다.

1부에서는 유변학의 기본적인 개념과 방법론을 학습하고 이를 실무적으로 활용할 수 있도록 했다면, 2부에서는 약간의 이론적인 내용을 더해서 유변학의 핵심 영역을 다룬다. 유변학이 복잡유체의 유동 특성을 알고자 하는 학문이라면 이들 복잡유체를 기술하는 수학적, 물리적 방법론을 피해 가기 어렵다. 유체가 외부환경에 대해서 어떻게 반응하는지를 기술하는 식을 구성방정식이라 하는데 결국 이는 유체를 수학적으로 정의하는 방식이기도 하다. 주어진 유체의 구성방정식을 풀면 그 유체의 모든 동적 특성, 즉 유변물성을 얻을 수 있다. 2부에서는 점탄성을 갖는 복잡유체의 구성방정식을 학습하고, 이를 통해 특히 고분자 시스템의 유동 특성에 대해 알아본다.

7장에서는 응력과 변형에 대해 학습한다. 유체가 흐를 때 가장 중요한 물리량은 응력이다. 힘을 통해 변형이 주어지면 유체는 응력을 받게 된다. 이 과정에 미세구조의 변화가 수반된다. 문제는 응력이 소위 텐서라는 물리량이라는 점이다. 응력은 단위면적당 작용하는 힘인데 힘도 방향성이 있고 면도 방향성이 있어 3차원 공간에서 9개의 성분을 갖게 된다. 이 장에서는 응력과 변형의 물리적 의미 외에도 이들을 수학적으로 다루는 방법을 학습하고 간단한 구성방정식을 유도하고 그 특성을 살펴본다. 학습 후 좀 더 자세한 내용을 원하면 다음 문헌을 참고하기 바란다(C. W. Macosko, *Rheology: Principles, Measurements, and Applications*, VCH, 1994).

8장에서는 구성방정식에 대해 학습한다. 구성방정식이 가져야 하는 기본적인 조건들과 이를 만족시키는 다양한 구성방정식을 학습하고 이들의 특징을 살펴본다. 구성방정식은 초기에는 연속체 역학의 틀 속에서 개발되어 왔고, 이후 분자이론을 통해 발전되었는데 이 장에서는 주로 연속체 역학에 기반한 구성방정식들을 학습한다. 일반적인 점탄성 유체의 유변물성을 각 모델을 통해 살펴보면 점탄성 유체들의 동적인 특징을 잘 알 수 있다. 학습 후 좀 더 자세한 내용을 원하면 다음 문헌을 참고하기 바란다(C. W. Macosko, *Rheology: Principles, Measurements, and Applications*, VCH, 1994).

9장에서는 묽은 고분자 용액의 유변학적 특성을 이론적으로 살펴보고, 이를 통해서 다양한 구성방정식을 유도하고 그 특징을 학습한다. 고분자사슬은 수많은 모노머들이 연결되어 있는데, 이를 비드와 스프링으로 연결된 기계적 모델로 재해석하면, 비드와 스프링에 작용하는 힘들의 균형을 통해서 구성방정식을 유도할 수 있다. 이 과정을 통해서 분자구조 및 분자 파라미터들을 유변물성과 직접 연결시켜 해석할 수 있으며, 고분자의 동적 특성에 대해 깊이 이해할 수 있다. 학습 후 좀 더 자세한 내용을 원하면 다음 문헌을 참고하기 바란다(R. B. Bird et al., *Dynamics of Polymeric Liquids*, vol. 2, Wiley, 1987).

10장에서는 고분자 용융체의 유변학적 특성을 이론적으로 살펴본다. 고분자 용융체는 긴 사슬들이 한 공간에서 서로 밀착되어 있어 그 움직임이 매우 제한된다. 이러한 제한된 움직임을 튜브에 갇힌 reptation이라는 개념으로 설명할 수 있는데, 이 개념을 중심으로 이론을 확장하여 동적 특성을 분자 파라미터들로

재구성하고 구성방정식을 유도할 수 있다. 복잡한 수식들이 필요하지만 고분자들의 구체적인 움직임에 대해 보다 세부적으로 이해할 수 있으며 가공 시에 고분자들이 느끼는 응력과 그 메커니즘을 이해하는 데 도움이 된다. 학습 후 좀 더 자세한 내용을 원하면 다음 문헌을 참고하기 바란다(J. M. Dealy and R. G. Larson, *Structure and Rheology of Molten Polymers*, Hanser, 2006).

2부의 내용은 주로 수학적 도구들을 이용해서 유변학을 설명하고 있는데 유변학의 개념과 방법론을 이해하고 학습하는 데 도움이 되는 것이지 모든 이에게 반드시 필요한 것은 아니다. 현장의 엔지니어라면 1부의 내용만으로도 충분할 것이며, 관심이 있다면 2부의 내용은 논리의 흐름만 유념하고 가볍게 훑어 봐도 좋을 것이다. 물론 유변학을 전공하는 학생들은 2부의 내용까지 깊이 있게 학습해야 하겠다. 아무쪼록 본서가 유변학을 좀 더 재미있고 쉽게 배울 수 있는 좋은 안내자가 되기를 기대한다.

2021년 2월 25일

저자 씀

차례

제2부 고급 유변학

제9장 묽은 고분자 용액 이론

제10장 고분자 용융체 이론

제1부

유변학의 기초

제1장

유체와 유동

1. 유변학과 유체역학

소재를 가공한다는 것은 그 소재를 액상으로 만들어 흘려 주면서 원하는 형상과 특성을 구현하는 일이다. 소재는 열을 가해 녹여 주거나 용매에 담아 액상으로 만들게 된다. 플라스틱은 자체적으로는 고체이지만 열을 가하면 끈적한 액체가 되어 흐를 수 있고, 무기물들은 용매와 함께 섞어 주면 액상으로 만들 수 있다. 가령 전자 제품의 하우징이나 자동차의 플라스틱 부품들은 고분자 소재를 고온에서 녹인 후 사출 성형이라는 공정을 통해 원하는 형상을 만들고, 이를 냉각시켜 최종 부품을 얻게 된다. 휴대폰 배터리의 경우는 리튬 산화물과 같은 무기물을 용매 및 분산제 등과 함께 섞어 슬러리를 만들고, 코팅 공정을 통해 필름에 도포하여 건조시킨 후 이를 조립하여 최종 제품을 얻게 된다. 디스플레이 패널의 경우도 색을 구현할 수 있는 입자들이 포함된 잉크를 만든 후 코팅 및 건조 공정을 거쳐 제작하게 된다. 이와 같이 산업적으로 중요한 부품을 제조할 때는 항상 사출이나 코팅과 같은 가공이라는 단계를 거치게 되고, 이 과정에서는 항상 재료가 액상의 형태로 흘러가는 단계를 포함한다. 결국 소재 가공은 '액상 소재의 흐름'이 그 핵심이라고 할 수 있다.

액체의 흐름을 연구하는 분야는 '유체역학'인데 유체역학에서는 물이나 기체와 같은 단순한 유체의 흐름을 연구한다. 하지만 같은 액체라도 앞서 설명한 경우들은 물의 흐름과는 다른 특징이 있다. 산업적으로 활용되고 있는, 특히 소재 가공을 통해 다양한 부품을 제조할 때 사용되는 액체들은 소위 '미세구조'(microstructure)를 갖는다는 공통점이 있으며, 이는 물과 같은 단순 유체의 경우와 크게 다르다. 물은 전자현미경으로 관찰해도 특이한 내부구조를 볼 수 없다. 이는 물분자의 크기가 수 옹스트롬 정도로 매우 작기 때문에, 나노미터 이상 크기를 관찰할 수 있는 전자현미경으로는 그 구조를 볼 수 없기 때문이다. 이 경우는 말 그대로 액체를 연속체로 볼 수 있을 것이다.

하지만 산업적으로 널리 활용되는 대부분의 소재들은 나노미터나 마이크로미터 크기의 구조체들을 포함하고 있다. 고분자를 녹이면 고분자들은 길이가 수십 나노미터 정도의 구형 또는 타원형 형상을 띠거나 이들이 서로 엉켜 있는 모습을 하고 있으며, 유동 중에는 좀 더 늘어난 형태로 변형하면서 흘러가게 된다. 배터리 제조에서는 수 마이크론 이상 크기의 커다란 금속 산화물과 수십 나노미터 크기의 무기물이 용매 속에서 상호작용하면서 복잡한 구조를 형성하고 있다.

이와 같이 복잡한 내부구조를 갖는 슬러리는 가공 중에 흘러가면서 끊임없이 구조를 바꿔 가며 외부환경에 적응하게 되고, 건조 과정을 거쳐 고화되어 최종 구조를 형성하게 된다. 그림 1-1은 우리가 일상생활에서 흔히 보는 소재들과 산업적으로 활용되는 소재들의 내부구조를 보여 주고 있다. 그림 1-1a는 샴푸의 현미경 사진이다. 겉보기에는 점성이 큰 매끈한 액체로 보이지만, 내부를 관찰하면 수 마이크론 크기의 액적들이 빼곡히 차 있는 모습을 볼 수 있다. 그림 1-1b는 배터리 전극의 미세구조를 보여 주고 있다. 10마이크론 크기의 리튬산화물과 수십 나노미터 크기의 작은 입자들이 고분자와 함께 섞여 덩어리를 이루며 복잡한 구조를 이루고 있다. 그림 1-1c는 자동차 및 가전제품에 많이 사용되는 ABS(Acrylonitrile-Butadiene-Styrene) 수지의 미세구조이다. 매끈하게 보이는 플라스틱의 내부에는 수백 나노미터 크기의 고무가 고분자 속에 분산되어 있으며, 이들 성분은 가공 중에 상호작용하면서 흘러가게 된다. 그림 1-1d는 스마트폰에 사용되는 핵심 전자부품인 적층세라믹컨덴서(Multi Layer Ceramic Capacitor)의 내부구조이다. 수백 나노미터 크기의 입자들이 눈에 보이지 않는 고분자와 함께 서로 엉켜 있는 모습이다. 이들 구조체는 액상에서 유동의 영향을 받아 끊임없

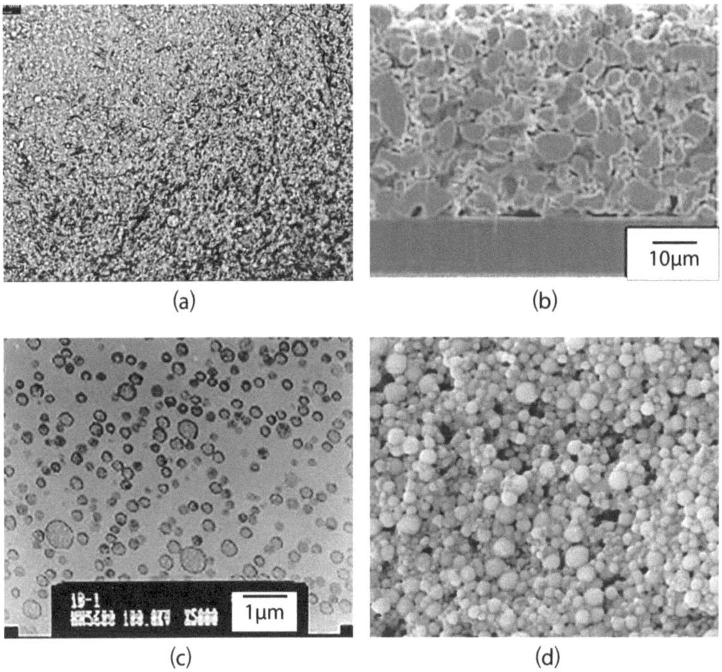

〈그림 1-1〉 다양한 소재의 미세구조. (a) 샴푸, (b) 배터리 전극, (c) ABS 수지, (d) 적층세라믹컨덴서

이 다양한 구조로 변화하며 냉각 또는 건조 후 최종 구조를 형성하게 되며, 최종적으로 형성된 구조가 제품의 성능을 결정하게 된다.

유변학은 '물질의 유동과 변형에 관한 학문'으로 정의된다. 유동과 변형을 엄밀하게 구분하는 것은 매우 어려운 일이고 이는 고급 유변학에서 다룰 일이지만, 여기서는 이를 구분하지 않고 '흐름'이라고 생각하면 충분하겠다. 여기서 물질은 물이나 기체, 그리고 완전한 고체 덩어리를 배제한 나머지 유체를 말하는데, 이는 내부구조 또는 미세구조를 갖는 유체를 의미한다. 이를 복잡유체(complex fluid)라고도 한다. 우리가 일상생활에서 보는 샴푸, 치약, 화장품들이 여기에 속하며, 고분자, 잉크, 슬러리, 페이스트 등과 같이 전자산업, 자동차산업, 에너지산업 등 산업현장에서 의미 있게 사용되는 대부분의 소재가 여기에 해당한다. 물론 제품으로서의 플라스틱이나 부품 자체가 아니라 이를 가공할 때 액상으로 존재하는 유체를 의미한다. 즉 유변학은 미세구조를 갖는 복잡유체의 흐름에 관한 학문이다. 이는 산업적으로 의미 있는 거의 모든 소재의 가공에 핵심적인 지식을 제공하게 되며, 그 산업적 중요성은 이루 말할 수 없다. 유변학은 산업용 소재 외에도 화장품과 같은 일용품에서도, 우리 몸 속을 흐르는 혈액의 흐름에서도 마찬가지로 중요하다. 혈액은 수 마이크론 크기의 적혈구와 소량의 백혈구, 혈소판이 혈장 속을 떠다니는 복잡유체이므로 혈액의 흐름 또한 유변학의 영역이다. 기체나 물의 흐름이 아니라면 유변학은 산업적으로 또는 생체적으로 의미 있는 거의 모든 활동에 깊이 관련되어 있다.

유변학이 복잡유체의 흐름에 관한 학문이라면 이에 앞서 단순한 유체의 흐름을 이해하는 것이 필요할 것이다. 물과 같이 단순한 유체의 흐름은 유체역학에서 다루게 되지만, 유변학을 학습하기 위해 필요한 최소한의 개념만 먼저 다루고, 본격적으로 유변학을 학습해 보기로 하자.

2. 유체의 흐름

먼저 유체가 흐른다는 것에 대해 생각해 보자. 외부에서 힘이 가해져 유체가 흐르게 되면 대부분의 경우 유체는 갇힌 채널을 통해서 흐르게 되며, 흐르다가 유로가 넓어지거나 좁아지거나, 또는 장애물을 만나면 흐름이 나뉘었다가 다시 모이게 되는 정도의 경험을 하게 된다. 코팅과 같은 경우는 유로가 갇힌 채널을 흐르다가 다이를 빠져나온 이후에는 공기와 접하면서 흐르게 된다. 그림 1-2는 유체가 수축관을 흐를 때와 장애물을 만났을 때 흐르는 모습을 보여 주고 있다. 그림에서 선들은 유체가 흘러가는 유선을 그려 놓은 것으로서, 난류의 경우가 아니라면 선상에 위치한 유체들은 항상 자신이 속한 유선을 따라 흘러가게 된다. 산업현장에서 흔히 볼 수 있는 유동환경이지만 유체 및 유동의 특성에 따라 다양한 유동장이 형성되며, 특히 와류가 형성되는 등 상당히 복잡한 유동장이 형성될 수 있다.

수축관 흐름과 같이 유동 중에 유로가 좁아지게 되면 대부분의 유체는 좁아진 관을 통과하여 흐르게 되지만 코너 부분에서는 와류가 형성된다. 그림 1-2에서 보는 바와 같이 와류가 형성되면 그 유선에 있는 유체는 유선을 따라 맴돌고

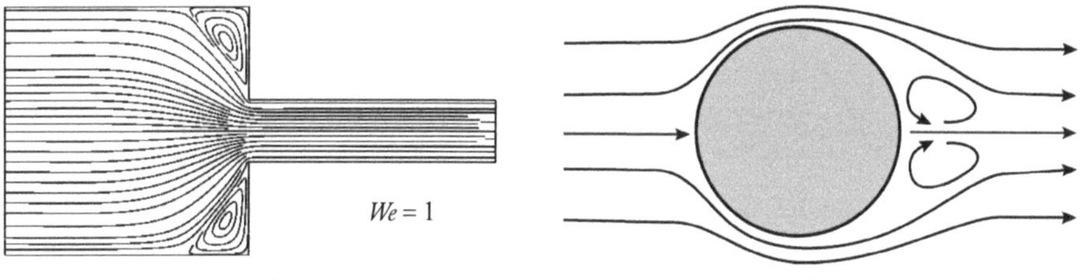

(a) (b)

〈그림 1-2〉 간단한 유체 흐름의 예시. (a) 수축관, (b) 구 주위의 흐름

와류를 벗어나지 못하게 된다. 흐르는 유체가 이와 같이 체류하게 되면 변성이 일어날 수 있어 많은 문제를 일으킬 수 있다. 구 주위의 흐름에서도 와류가 형성될 수 있는데, 이는 유체가 갖는 탄성의 정도와 유속에 의해 결정된다.

유체 흐름의 모습 또는 유선의 모습은 조건에 따라 달라지게 되며, 그림과 같이 간단한 수축관과 입자 주위의 흐름에서조차도 흐름이 그 나름 복잡하다는 것을 알 수 있다. 실제 공정에서는 복잡한 장비 내부를 흐르게 되어 유동 양상은 매우 복잡할 것이고, 장비나 환경에 따라 다른 흐름 특성을 보일 것이다. 유체는 주어진 환경에서 자기 나름대로의 반응 양식이 있고, 이는 그 유체의 특징이 된다. 따라서 이를 이해하기 위해서는 비교적 단순한 유동환경에서의 유체의 거동을 살펴보고 이해하는 것이 중요할 것이다.

유동은 크게 전단유동(shear flow)과 신장유동(extensional flow)으로 구분되며, 대부분의 유동은 아무리 복잡해도 결국 이 둘의 조합으로 이뤄진다. 전단유동은 유체와 벽면 또는 유체층 간의 마찰에 의한 유동으로, 두 평판 사이의 유체에 한쪽 판을 당겨 주어 발생하는 단순전단유동과 압력에 의해 유발되는 유동으로 구분된다. 신장유동은 일축신장유동, 이축신장유동, 평판신장유동으로 구분된다. 그림 1-3a는 대표적인 단순전단유동의 모습을 보여 주고 있다. 평판 사이 간격이 H이고 위판을 V의 속도로 당겨 주면 전단속도는 $\dot{\gamma}_0 = V / H$로 일정하게 주어지며, 이때 유체의 속도분포는 $v_x = \frac{V}{H} y$와 같이 되어 위치에 따라 균일한 속도장이 형성된다. 그림의 화살표는 유동의 크기와 방향을 나타낸다. 위판에 접하는 유체의 속도는 위판의 속도와 같으며, 위판에서 멀어질수록 속도가 작아져 최종적으로 아래 판에서의 속도는 0이 된다. 고체면에서 유체는 접하고 있는 고

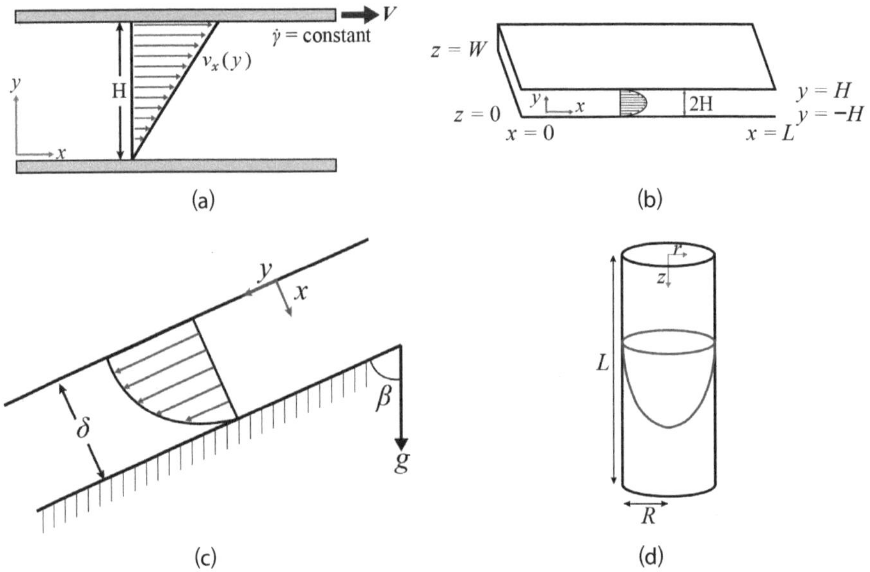

〈그림 1-3〉 단순 전단유동의 예시. (a) 위판을 당겨 준 평판유동, (b) 압력에 의한 평판 사이의 유동, (c) 기울어진 사면에서의 유동, (d) 파이프에서의 유동

체와 같은 속도로 흐르므로 위판에 접하는 유체의 속도는 V이고 아래 판에 접하는 유체의 속도는 0이며, 내부의 속도 분포는 위치에 따라서, 즉 y 값에 따라서 결정된다.

그림 1-3b는 두 평판 사이에 압력을 걸어 준 경우로서 이 경우는 그림 1-3a의 속도장이 1차 함수의 형태인 데 반해 속도장이 2차 함수로 주어진다. 유체를 흐르게 하는 기본적인 방법은 고체면을 움직여 주거나 압력을 걸어 주는 것으로서 그림 1-3a, b는 각각 이를 대표한다. 그림 1-3c는 경사면을 타고 흐르는 유체의 흐름을 나타내고 있으며, 그림 1-3d는 파이프를 통해 유체가 흐르는 경우이다. 그림 1-3a는 압출기 내부에서의 대표적인 유동방식이고, 그림 1-3b는 다이에서의 대표적인 유동, 그림 1-3c는 코팅 유동, 그림 1-3d는 파이프를 통해 유체를 이송시키는 경우의 대표적인 유동방식이다. 그림 1-3a의 경우를 제외하고 속도장은 모두 2차 함수 형태로 주어진다는 점에 유의한다(물과 같은 단순유체의 경우). 각 경우의 속도장은 표 1-1에 정리되어 있으니 참고하기 바란다. 표 1-1에는 뉴톤유체 외에도 power-law 유체의 속도장이 같이 주어져 있는데, 이에 대

〈표 1-1〉 네 가지 유동환경에서의 속도장

	뉴톤유체	power-law 유체($\eta = m\dot{\gamma}^{n-1}$)
1. 위 판을 당겨 준 평판유동	$v_x = \frac{V}{H} y$	$v_x = \frac{V}{H} y$
2. 압력에 의한 평판유동	$v_x = \frac{\lvert\Delta P\rvert H^2}{2\eta L}\left(1-\left(\frac{y}{H}\right)^2\right)$	$v_x = \frac{nH}{n+1}\left(\frac{H\lvert\Delta P\rvert}{mL}\right)^{\frac{1}{n}}\left(1-\left(\frac{\lvert y\rvert}{H}\right)^{\frac{(n+1)}{n}}\right)$
3. 기울어진 사면에서의 유동	$v_z = \frac{\rho g \delta^2 \cos\beta}{2\eta}\left(1-\left(\frac{x}{\delta}\right)^2\right)$	$v_z = \frac{n\delta}{n+1}\left(\frac{\rho g}{m}\cos\beta\right)^{\frac{1}{n}}\delta^{\frac{(1+n)}{n}}\left(1-\left(\frac{x}{\delta}\right)^{\frac{(1+n)}{n}}\right)$
4. 파이프에서의 유동	$v_z = \frac{\lvert\Delta P\rvert R^2}{4\eta L}\left(1-\left(\frac{r}{R}\right)^2\right)$	$v_z = \frac{nR}{n+1}\left(\frac{R\lvert\Delta P\rvert}{2mL}\right)^{\frac{1}{n}}\left(1-\left(\frac{r}{R}\right)^{\frac{(n+1)}{n}}\right)$

*ρ: 유체의 밀도, η: 유체의 점도, g: 중력가속도

해서는 다음 절에서 설명하기로 한다.

이상의 내용은 유체역학 교과서에서 쉽게 볼 수 있는 내용이다. 실제로 물이 흐르는 경우, 각 경우의 속도장은 적절한 조건하에서 얻은 실험 결과와 잘 일치한다. 문제는 위와 같은 유동장이 물과 같은 이상적인 유체, 즉 뉴톤유체에 대해서만 성립한다는 것이다. 실제 산업적으로 활용되는 소재들의 흐름은 이렇게 간단하지는 않다. 더욱이 흐름에 따라 내부구조가 끊임없이 변하기 때문에 실제로 일어나는 일은 이보다 훨씬 복잡하다. 미세구조를 갖는 복잡유체가 흐르는 양상을 제대로 이해하기 위해서는 유체역학의 수준을 벗어나 좀 더 체계적으로 접근할 필요가 있다.

3. 응력(stress)

유체가 흐르게 되면 유체는 그 환경에 대응하여 응력을 받게 된다. 주어진 환경에 처해 스트레스를 받는다는 점에서 물질이 환경에 반응하는 모습은 사람과 다를 바 없다. 물질마다 응력을 받는 방식은 다르며, 주어진 환경에서 주어진 물질이 받는 응력을 이해하는 것이 그 물질이 처한 동적 상황을 이해하는 데 가장 중

요하다. 그런데 응력이나 변형과 같은 물리량은 소위 '텐서'로서 다루기가 쉽지 않다. 물리량은 스칼라, 벡터, 텐서로 구분해 볼 수 있다. 밀도와 같이 값의 크기만 있는 스칼라, 속도와 같이 크기와 방향이 있는 벡터는 직관적으로 이해하기도 쉽고 수학적으로 다루기도 어렵지 않지만, 2개 이상의 방향성을 갖는 텐서는 수학적으로 다루기도 어렵고 직관적으로 이해하기도 쉽지 않다.

고무 시편을 잡아당기면서 늘어난 거리와 시편에 가해진 힘을 측정하면 변형이 크지 않을 때는 비례 관계가 성립한다($f \sim \Delta L$). 하지만 이때의 비례상수는 시편의 두께나 길이에 따라 달라지게 되어 고무의 특징을 나타내기 어렵다. 실험적으로 중요한 결과를 얻었지만 다른 실험 상황에서 고무의 거동을 예측한다든지 하는 유용성이 없는 것이다. 하지만 측정한 힘을 시편의 단면적으로 나눠주고 변형량을 적절히 정의하면 응력(σ)과 변형량(ε)이 비례한다는 관계를 얻을 수 있다($\sigma = E\varepsilon$). 이때의 비례상수(E)는 고무의 물성으로서, 같은 온도에서는 시편의 크기에 관계없이 항상 일정한 값을 갖게 되는 인장 모듈러스로서 이는 물질마다 정해지는 물질 상수이다. 물질 상수는 일반적으로 온도의 함수이지만 변수를 줄이기 위해 온도를 일정하게 하고 그 온도에서의 값으로 정의한다.

이상의 기본적인 설명에서 유의할 점들을 고려해 보면 첫째, 실제로 측정한 값은 힘이지만 응력이라는 물리량을 따로 정의하여 사용하고 있으며 변형량도 마찬가지이다. 둘째, 응력은 가해진 힘을 단면적으로 나눠 준 값이다. 문제는 단면적이 3차원 공간에서 방향성을 가진다는 점이다. 고무실험에서는 힘이 가해진 방향과 단면적의 방향이 같아서 방향성을 고려하지 않아도 큰 문제가 없지만 일반적으로는 힘이 가해진 방향과 면의 방향을 같이 고려해 줘야 한다. 면의 방향은 공간에서 그 면의 바깥쪽으로 향하는 방향을 지칭한다. 그림 1-4와 같은 정육면체 단위물질이 있다면 6개의 단면마다 힘이 작용할 수 있으므로 응력은 면의 방향과 힘의 방향을 동시에 고려해야 한다.

그림 1-4에서 σ는 응력을 지칭하며 각 응력에는 2개의 첨자(index)가 붙어 있다. 앞의 첨자는 면의 방향을 나타내며, 뒤의 첨자는 힘의 방향을 나타낸다. 예를 들어 그림의 우측 단면에 주어진 σ_{12}는 1방향면(면의 바깥쪽으로 향하는 방향)에 2방향으로 힘이 작용함으로써 발생하는 응력을 말한다. 결국 응력 σ는 식

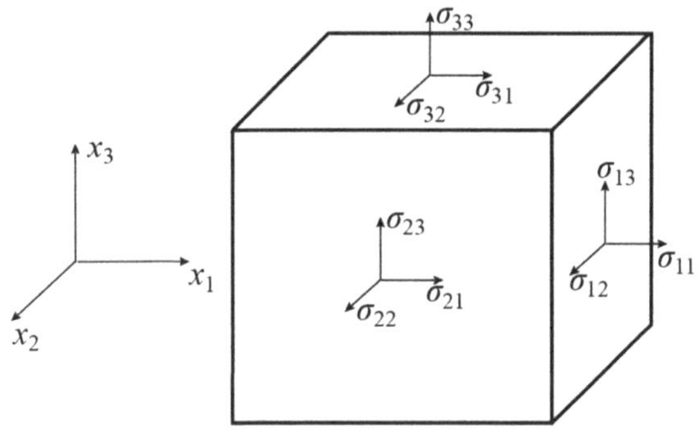

〈그림 1-4〉 응력 성분의 예시

1-1과 같이 9개의 성분을 갖게 되며, 이와 같이 2개의 방향성을 갖는 물리량을 2차 텐서라고 한다.

$$\sigma_{ij} = \begin{pmatrix} \sigma_{11} & \sigma_{12} & \sigma_{13} \\ \sigma_{21} & \sigma_{22} & \sigma_{23} \\ \sigma_{31} & \sigma_{32} & \sigma_{33} \end{pmatrix} \tag{1-1}$$

벡터는 1차 텐서로 불리기도 하며, 2차 이상의 물리량은 본서에서는 고려하지 않으므로 앞으로 텐서라 함은 2차 텐서를 칭하기로 한다. 앞에서 텐서를 2개의 방향성을 갖는 물리량으로 정의했지만 이는 개념을 잡는 데 용이하도록 편의적으로 정의한 것이고, 텐서의 수학적인 정의와 연산은 매우 복잡하다. 여기서는 첨자를 이용하여 기술하고자 한다. 이 또한 편의적이긴 하지만 우리가 직관적으로 사용하는 xyz 좌표계(Cartesian coordinate)에서는 무리 없이 사용할 수 있다.

σ_{ij}는 실험을 통해서 측정 가능한 값이며 전 응력(total stress)이라고 불린다. 또한 ij가 같은 성분을 수직응력(normal stress), 다른 성분을 전단응력(shear stress)이라고 한다. 책에 따라서는 벡터를 소문자, 텐서를 대문자로 기술하기도 하고, 벡터는 변수 밑이나 위에 한 줄, 텐서는 두 줄을 긋기도 한다. 가장 대표적인 경우는 벡터, 텐서 모두 굵은 글자로 기술하는 경우이다. 또한 방향성을 반대로 정의하기도 하고 부호를 반대로 정의하기도 한다. 하지만 실질적으로 혼돈될 일은 없으며, 어느 경우든 첨자가 하나면 벡터, 둘이면 텐서가 되는 것과 같이 개념을

명확하게 잡는 일이 중요할 것이다.

응력 텐서는 각운동량(angular momentum)이 보존되기 때문에 모두 대칭적인 특징이 있다($\sigma_{ij} = \sigma_{ji}$). 내부에 쌍극자(dipole)를 갖는 자성물질이나 액정의 경우를 제외하면 대부분의 유체에 대해서 항상 성립한다. 유체는 유동이 없는 경우 압력만 받을 뿐이며, 이를 식 1-2와 같이 나타낼 수 있다.

$$\sigma_{ij} = -p\delta_{ij} = -p\begin{pmatrix} 1 & 0 & 0 \\ 0 & 1 & 0 \\ 0 & 0 & 1 \end{pmatrix} \quad (1\text{-}2)$$

여기서 δ_{ij}는 Kronecker delta라고 하며 $i=j$인 경우에 1, 그렇지 않은 경우에 0의 값을 갖는다. 이때 p는 압력으로서 면에 수직한 방향으로 작용하며 유체에 압축 방향으로 작용하기 때문에 음의 값을 갖는 것으로 정의된다. 일반적으로 비압축성 유체의 경우 (기체의 경우를 제외하고는 기본적으로 성립) 유동은 압력의 차이에 의해 영향을 받고, 압력 자체는 유동에 영향을 주지 못하며 유변물성에도 영향을 주지 못한다. 이를 고려하여 응력을 압력의 영향과 분리하여 다음과 같이 여분응력(extra stress)을 따로 정의하기도 한다.

$$\sigma_{ij} = -p\delta_{ij} + \tau_{ij} \quad (1\text{-}3)$$

전단유동의 경우 단순유체는 $i=2, j=1$ 성분의 응력만이 의미가 있어 전단응력 τ_{21}만을 고려하면 된다. 전단속도를 $\dot{\gamma}$이라고 하면 물과 같은 단순유체의 경우 전단응력은 전단속도와 비례하며 이때의 비례상수 η를 점도라고 정의한다.

$$\tau_{21} = \eta\dot{\gamma} \quad (1\text{-}4)$$

이때 점도가 일정한 상수 값을 갖는 유체를 뉴톤유체라고 하며, 물과 같은 저점도 액체들이 여기에 해당한다. 뉴톤유체의 점도는 온도와 압력이 주어지면 항상 일정한 값을 가지며 이는 물질상수로 볼 수 있다. 하지만 우리가 관심을 갖고 있는 대부분의 유체는 점도가 일정하지 않아 전단속도 및 다른 공정변수들의 함수가 된다. 이와 같은 유체를 비뉴톤유체라고 한다. 실제 산업적으로 널리 쓰이는 유체들은 전단응력 외에도 수직응력을 갖는데, 이는 다음 장에서 설명하기로 한다. 점도의 단위는 SI 단위로 $Pa \cdot s$이며, 물의 점도는 $0.001 Pa \cdot s$ 또는 $1cp$(centi-poise)이다.

대부분의 비뉴톤유체는 점도가 전단속도의 함수로 주어지며, 그림 1-5는 전형적인 비뉴톤유체의 점도 거동을 보여 주고 있다. 전단속도가 낮을 때는 일정한 값을 갖고 (뉴톤점도) 임계점 이상의 전단속도에서 점도가 감소하는 전단박화(shear thinning) 현상을 보인다. 그보다 높은 전단속도에서는 유체에 따라 점도가 일정한 값을 갖는 영역을 보이기도 한다(2차 뉴톤 영역). 고분자 용융체는 2차 뉴톤 영역을 보이지 않고 전단박화현상까지만 보이는데, 이 영역에서 점도는 전단속도에 따라 지수적으로 감소하는 거동을 보인다. 이와 같이 점도가 지수함수로 감소하는 유체를 power-law 유체라고 한다.

$$\text{Power-law 유체} \quad \eta = m\dot{\gamma}^{n-1} \tag{1-5}$$

여기서 m, n은 물질의 특성을 나타내는 상수이며 실험 데이터와의 피팅(fitting)을 통해 결정된다. $n=1$인 경우는 뉴톤유체가 되며, 대체로 n은 1보다 작은 값을 가져 전단속도가 커질수록 점도가 작아지는 전단박화 현상을 잘 설명한다. n이

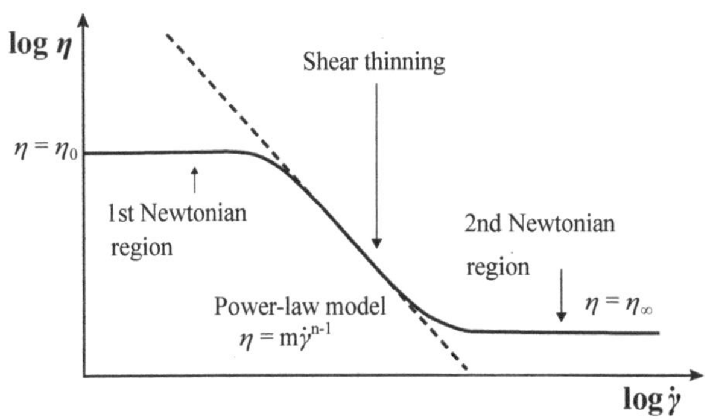

〈그림 1-5〉 일반적인 고분자의 점도곡선(실선: Carreau-Yasuda 모델, 점선: power-law 모델)

1보다 큰 경우는 전단후화(shear thickening) 현상을 보이지만 실제로 전단후화거동을 power-law 모델로 설명하지는 않는다.

전단속도에 따른 점도곡선은 실험적으로 낮은 전단속도에서 일정한 값을 갖고 높은 전단속도에서 지수적으로 감소하기 때문에 (log-log 축에서 선형적으로 감소) power-law 모델은 전단박화현상을 보이는 영역에서의 점성 유체를 잘 묘사하고 있다. 또한 이 모델은 수학적인 형태가 간단하여 여러 환경에서의 유동장을 직접 계산하는 데 장점이 있다(표 1-1 참조). 하지만 낮은 속도에서는 과도한 점도를 예측하고 수직응력을 예측하지 못한다는 점에서 한계가 있다. 이와 유사하게 다양한 점성 모델들이 실험적으로 제시되어 점도곡선을 잘 맞추고 있지만 수직응력을 예측하지 못하는 등 점성 모델로서의 한계가 있음에 유의해야 한다. 대표적인 모델로는 Carreau-Yasuda 모델이 있으며, 이 모델은 높은 속도에서의 power-law 거동뿐만 아니라 낮은 속도와 아주 높은 속도에서의 거동까지 잘 모사해 준다. 하지만 파라미터의 개수가 늘고 역시 수직응력을 고려하지 못한다는 한계가 있다. 이와 같이 점도의 전단속도 의존성까지는 설명할 수 있지만 수직응력을 고려하지 못하는 유체를 점성유체라고 한다.

$$\text{Carreau-Yasuda} \quad \frac{\eta - \eta_\infty}{\eta_0 - \eta_\infty} = \left[1 + (\lambda\dot{\gamma})^a\right]^{\frac{n-1}{a}} \qquad (1\text{-}6)$$

어떤 물질들은 항복(yield) 거동을 보이기도 한다. 주로 입자계 유체나 폼(foam)과 같은 복잡유체에서 많이 볼 수 있는데, 특정 응력치를 넘지 않을 때는 유체가 흐르지 않다가 임계점 이상에서 흐르기 시작하는 유체이다. 이 임계점을 항복응력(yield stress)이라고 한다. 가령 치약을 칫솔에 짜 놓으면 마치 고체와 같이 형체를 유지하고 흐르지 않지만 양치질을 하면 높은 전단속도로 인해 거의 물처럼 흐르게 된다. 이에 관해서는 2부에서 다시 설명하기로 한다.

지금까지 점성유체의 유동 특성과 응력에 대해서 알아보았다. 다음 장에서는 극단적으로 단순한 점성유체를 벗어나 좀 더 일반적인 경우를 살펴보고, 이들 유체의 유동 특성을 학습할 것이다.

제2장

점탄성

1. 점탄성 유체

물질은 고체, 액체, 기체의 3상으로 구분된다. 이 중 고체와 액체에 대해서 생각해 보자. 고체는 스스로 형태를 갖출 수 있으며 에너지를 저장할 수 있고, 액체는 스스로 형태를 갖추지 못하며 에너지를 저장하지 못한다. 액체는 스스로 형태를 갖추지 못하기 때문에 용기에 담아서 보관하게 된다. 고체는 탄성을 갖고 액체는 점성을 갖는다고도 한다. 그림 2-1은 구형 물체가 바닥면에 부딪치며 튕겨 나가는 모습을 연속 촬영한 것이다. 입사각과 반사각이 거의 같으며 전형적인 고체의 탄성거동을 보여 주고 있다. 좀 더 자세히 보면 반사각이 입사각보다 조금 작은 것을 알 수 있고, 이는 물체가 바닥면에 충돌할 때 약간 찌그러지면서 에너지를 조금 잃기 때문이다. 결국 그림은 전형적인 탄성체의 충돌 과정을 보여 주며, 구형 입자는 고체의 성질을 고스란히 갖고 있다. 하지만 이 그림은 물방울을 고속으로 바닥에 충돌시키면서 연속 촬영한 것이다. 앞서 설명했던 전형적인 탄성체가 바로 물방울인 셈인데, 여기서 우리가 보고 있는 물방울이 고체인지 액체인지 판단하기는 쉽지 않다. 물방울을 고체라고 하면 상식을 벗어난 것 같고, 반면에 액체라고 하면 보고 있는 실험 결과를 인정하지 않는 셈이니 합리적이지 않다.

그림 2-2는 샴푸를 책상 위로 흘려 주는 실험 결과이다. 시장에서 구입한 샴

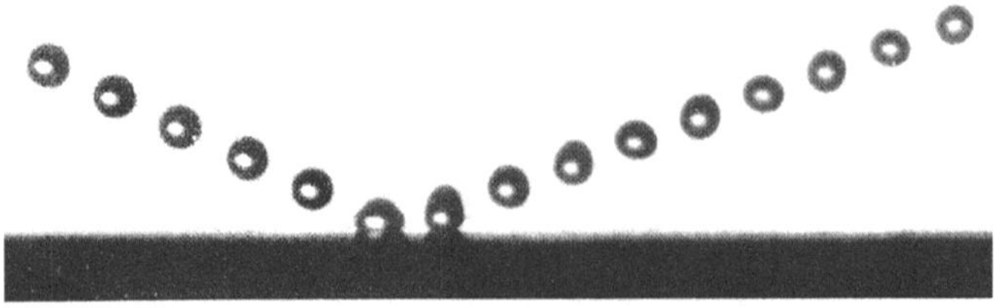

〈그림 2-1〉 바닥에 충돌하고 튕겨 나가는 물방울을 초고속 카메라를 이용하여 연속 촬영한 모습

푸를 가늘게 바닥으로 흘려 주면 조금씩 쌓여 가면서 바닥을 적시게 된다. 초기에 쌓여 가는 모습은 버클링(buckling)이라 하여 점도가 높은 유체의 전형적인 거동이며 최종적으로는 바닥에 퍼지게 된다(그림 2-2a). 하지만 시간이 지나면서 떨어지는 샴푸 줄기가 새롭게 뻗어 나가는 모습을 볼 수 있으며, 직관적으로도 힘이 넘치고 에너지를 잔뜩 담고 있다는 것을 알 수 있다(그림 2-2b).

에너지를 저장하는 것은 고체의 특징이니 샴푸는 고체의 성질을 가지고 있는 듯하다. 하지만 샴푸는 스스로 형태를 유지하지 못하기 때문에 용기에 담겨 있으며, 바닥에 퍼지는 모습도 전형적인 액체의 모습이다. 우리는 샴푸를 고체로 봐야 할까, 아니면 액체로 봐야 할까?

(a)

(b)

〈그림 2-2〉 바닥에 투하되는 샴푸를 고속 카메라를 이용하여 촬영한 모습

앞의 예들은 우리가 액체로 생각했던 것들이 고체의 성질을 갖고 있음을 보여 주는 사례들이다. 반대로 '산이 흐른다'고 하면 어떤 느낌일까? 흐르는 것은 액체의 성질인데 산이 흐른다고 하면 너무나 비논리적이라고 할 것이다. 구약의 사사기를 보면 '주님 앞에서 산이 흘렀다(Mountains flowed before the Lord)'라는 표현이 나온다. 시적인 표현이라고 볼 수도 있겠지만 과학적인 근거도 충분하다. 이제 앞서의 사례들과 함께 이 부분을 논의해 보자.

우리가 고체와 액체를 구분하는 것은 대체로 정적인 상태에서 그렇게 본다는 것이다. 동적인 상태에서 세상은 그렇게 단순하지 않을 수 있다. 실제로 대부분의 액체는 동적인 상태에서 고체와 액체의 성질을 모두 갖는다. 우리가 앞서 봤던 사례들이 이를 입증하며, 이를 좀 더 과학적으로 기술하기 위해 데보라 수를 정의한다. 데보라 수는 물질의 특성시간(λ)을 공정의 특성시간(t)으로 나눠준 값이다.

$$De = \lambda / t \qquad (2\text{-}1)$$

물질은 나름의 고유한 특성시간(시상수)을 갖는다. 이는 얼추 외부에서 자극이나 힘을 받았을 때 물질이 자기 크기만큼 움직이는 데 걸리는 시간으로 정의된다. 물질의 분자량이나 내부구조의 특징에 따라 결정되며 사실은 넓은 범위의 분포함수로 보는 것이 정확하다. 하지만 어떤 물질이든지 그 대푯값을 지정해 줄 수는 있다. 분자량이 작은 물질은 특성시간이 작을 것이고 분자량이 큰 물질은 특성시간이 클 것이다. 조그만 쥐가 외부 자극에 반응해서 자기 크기만큼 움직이는 데 걸리는 시간과 커다란 코끼리가 자기 크기만큼 움직이는 데 걸리는 시간은 많은 차이가 있을 것이다. 반면에 외부에서 주는 자극이나 힘도 얼마만큼 빠른 속도로 주느냐를 정의할 수 있는데, 이것의 역수를 공정의 특성시간이라고 정의한다. 공정이 아주 빠른 속도로 일어나면 공정의 특성시간은 짧을 것이고 천천히 일어난다면 공정의 특성시간은 길어질 것이다.

이와 같이 물질의 특성시간과 공정의 특성시간의 비로 정의되는 데보라 수의 크기에 따라 물질의 동적 상태를 파악할 수 있다. 데보라 수가 작으면 그 물질은 그 환경에서 액체와 같은 성질을 보이며, 데보라 수가 크면 고체와 같은 성질을 보이게 된다. 또한 데보라 수가 아주 극단적으로 크거나 작은 경우가 아니라면 액체와 고체의 성질을 모두 보이게 된다. 이를 앞서의 사례에 적용해 보자. 물방울은 물질의 특성시간이 아주 작지만 위와 같이 고속으로 힘을 가해 주면 공정의 특성시간 또한 아주 작아져 두 특성시간의 비인 데보라 수는 충분히 커질 수 있다. 고속이 아니라 저속으로 실험했다면 이 환경에서 물방울의 데보라 수는 작아져 액체와 같은 거동을 할 것이고, 바닥에 퍼질 것이다. 결국 물방울 실험은 물방울 자체의 특성시간이 작음에도 불구하고 공정의 특성시간이 충분히 작아짐으로써 데보라 수가 커졌고, 고체의 거동을 보이게 된 것이다. 샴푸의 경우는 비록 액체이긴 하지만 물질의 특성시간이 크다는 특징이 있다. 샴푸를 현미경으로 관찰하면 1장의 그림 1-1과 같이 수 마이크론 크기의 액적들이 수없이 담겨 있는 모습을 볼 수 있는데, 이 액적들의 계면에 에너지를 저장할 수 있다. 작은 액적들이 수없이 많이 달라붙어 있어서 많은 에너지를 저장할 수 있으며, 특성시간 또한 크게 관찰된다.

그렇다면 산은 흐를 수 있을까? 이 문제는 전적으로 관념적인 문제이지만 데보라 수의 개념을 적용해 보면 새로운 관점을 가져 볼 수 있다. 산을 거대한 고체 덩어리로 본다면 산의 특성시간은 앞서 언급한 물질들의 특성시간보다 비교할 수 없이 크겠지만, 하나님의 시간단위(time scale)로 관찰한다면 중력이 작용하는 공정시간 또한 무한히 크다고 볼 수 있으며 데보라 수가 작아질 수도 있을 것이다. 데보라 수의 개념을 이용한다면 산도 하나님 앞에서는 흐를 수 있는 것이다. 문제는 관점에 관한 것인데, 기존에 단순히 물질을 3상으로 구분하는 폐쇄적인 관점이 아니라 주위 환경에 따라서 물질이 얼마든지 다르게 반응할 수 있다고 생각하는 열린 관점이 중요하겠다.

소재의 가공 공정에서 이는 매우 중요한 개념인데, 앞서 보았듯이 유체는 동적 상태에서 점성과 탄성을 모두 갖는다. 이와 같은 유체를 점탄성 유체라고 하며 거의 모든 유체가 가공 상태에서는 점탄성을 갖는 것으로 볼 수 있다. 우리 몸을 흐르는 혈액도 그렇고 소재 가공의 모든 공정에서 유체는 점탄성을 갖는다. 적어도 가공의 세계에서 점성만 갖거나 탄성만 갖는 경우는 없다고 보는 것이 옳을 것이다. 가공의 세상은 점성과 탄성의 흑백 논리가 아니라 점탄성이라는 좀 더 유연한 관점이 필요하다. 실제 공정이 다루기 어려운 이유는 이와 같이 물질이 주위 환경에 따라서 다른 점탄성을 보이는 데 있다. 환경에 따라 물질은 좀 더 액체적이거나 좀 더 고체적인 성질을 보여 준다. 또 한 가지 문제는 같은 공정이라 하더라도 공정 내의 위치나 환경에 따라 공정의 특성시간이 균일하지 않고 넓은 분포를 가질 수 있다는 점이다. 이 부분은 뒤에 자세히 설명하겠지만, 이는 공정의 중요한 속성으로 가공환경이 주는 본질적인 불균일성이 있으며, 이로 인해 유체의 점탄성도 불균일하게 발현될 수 있다는 것을 의미한다. 점탄성과 불균일성의 개념은 소재의 가공 공정을 이해하고 소재 및 공정을 설계하는 데 있어 가장 중요한 요소이며, 본서의 가장 핵심적인 개념이라고 하겠다.

2. 점탄성 유체의 흐름

물과 같은 간단한 액체의 유동에 대해서는 많이 알려져 있다. 우리가 갖고 있는 유체의 흐름에 대한 직관적인 이해는 대부분 이에 기인한다. 하지만 점탄성 유체의 흐름은 물의 흐름과는 많이 다를 수 있다. 간단한 사례를 보기로 하자. 그림 2-3의 좌측 그림은 비커에 물을 담고 임펠러를 돌려주고 있는 모습이다. 파란 잉크를 떨어뜨려 투명한 물의 유동 상황을 쉽게 볼 수 있도록 하였다. 액체의

〈그림 2-3〉 임펠러로 물을 저어 주는 경우(좌)와 고분자 용액을 저어 주는 경우(우)

계면을 보면 원심력에 의해서 중심부가 움푹 패인 모습을 볼 수 있다. 이때 표면의 프로파일은 원심력과 계면장력에 의해 결정될 것이다. 여기에 수용성 고분자를 조금 넣어 주면 우측 그림과 같이 고분자가 녹으면서 용액이 붉게 변하고 중심부의 임펠러 축을 따라 유체가 위로 타고 올라가는 모습을 볼 수 있다. 유체는 원주 방향의 흐름을 유지하고 있는데 그에 수직한 방향으로 힘이 뻗어 나가는 모습을 볼 수 있다. 물의 경우와 달리 고분자 용액은 유동의 수직 방향으로 힘을 가지며, 이는 고분자 용액의 탄성에 기인한다. 고분자 용액은 흐른다는 점에서 점성을 갖지만 그림에서 보는 바와 같이 탄성도 갖는다. 결국 고분자 용액은 점탄성 유체이며 이들 유체의 유동은 점성 유체의 유동과는 많은 차이를 보이게 된다.

유체의 유동은 크게 보면 유로가 넓어지거나 좁아지는 경우, 장애물이 있어 갈라지거나 다시 합쳐지는 경우로 나눠 볼 수 있다. 가공 중에 있을 수 있는 유동환경은 가공 장비나 그 설계에 따라 한없이 다양하지만 크게 보면 위의 유동 상황으로 분류할 수 있다. 따라서 유동에 대한 연구는 이와 같은 모델 유동장에서 많이 이뤄져 왔다. 그림 2-4는 4:1 수축관에서의 고분자 용액의 흐름을 보여주고 있다. 점탄성 유체의 흐름을 특징짓는 변수로는 와이젠버그(Weissenberg) 수가 있다. 이는 유체의 특성시간(λ)에 공정의 대표 전단속도($\dot{\gamma}$)를 곱한 값으로, 데보라 수와 유사한 개념이다. 데보라 수는 공정의 특성시간을 관찰시간의 개념으로 보고 관찰시간에 대한 유동의 속성을 기준으로 유체의 점탄성에 대한 정도를 판단하는 데 반해, 와이젠버그 수는 유동의 탄성 정도를 직접적으로 판단하는 기준으로 볼 수 있다.

$$Wi = \lambda \dot{\gamma} \tag{2-2}$$

그림 2-4는 위에서 아래로 흐르는 수축관 유동인데, 오른쪽으로 가면서 와이젠버그 수가 증가한다. Wi가 작을 때는 코너 부위에 작은 와류(vortex)가 관찰되는 데 반해 Wi가 커지면서 와류의 크기가 커지는 것을 볼 수 있다. Wi가 더 커지면 유동은 불안정해진다. 점탄성 유체는 비교적 낮은 Re 수에서도 Wi가 커지면 불

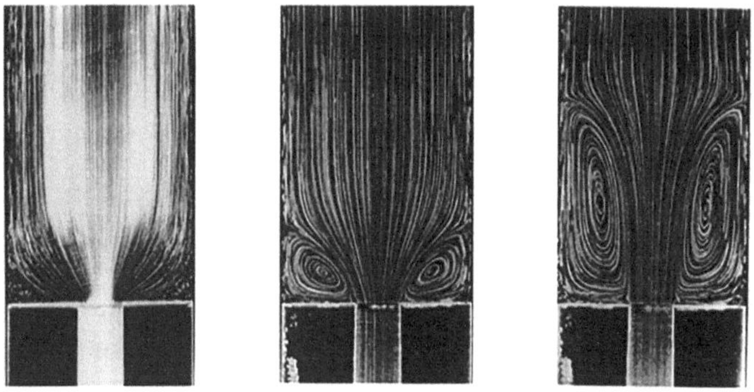

$Wi = 0.63$ $Wi = 1.43$ $Wi = 1.63$

〈그림 2-4〉 점탄성 유체의 수축관 유동

안정성이 심해져 난류가 발생할 수 있다. 점탄성 유체의 수축관 유동이 이렇게 다양하고 복잡하다는 점에 유의해야 하겠다. 또한 이러한 유동 특성은 와이젠버그 수에 의존하기 때문에, 유체의 탄성이 커서 특성시간이 커지면서 나타나는 양상과 유량이 커지면서 전단속도가 커지는 양상이 본질적으로 동일하다는 것도 특징적인 모습이다. 와이젠버그 수가 같다면 탄성이 낮은 유체가 빨리 흐르는 것과 탄성이 높은 유체가 천천히 흐르는 모습이 같다는 의미이다.

가공 중에 발생하는 점탄성 유체의 유동은 위에서 간단히 살펴본 바와 같이 매우 다양하고 복잡하다. 소재의 설계나 공정의 제어를 위해서는 유체와 공정의 상호작용을 통해서 발현되는 여러 가지 특징을 이해해야 하며, 이를 위해서는 보다 잘 정의되고 간단한 유동환경에서의 유동 특성을 살펴보는 것이 필요하다. 동적 환경에서 유체들이 보이는 점탄성은 유체가 갖는 내부구조에 기인한다. 물 분자는 크기가 너무 작아 충분히 연속체로 볼 수 있지만, 산업적으로 사용되는 대부분의 소재는 적어도 나노미터 이상 크기의 내부구조를 갖는다.

고분자는 분자량에 따라 다르겠지만 길이가 10나노미터 수준은 족히 될 것이고 입자계 소재라면 다양한 크기의 내부구조체를 갖는다. 가령 나노 입자의 경우 그 자체로는 수 나노 크기라고 하더라도 이것들이 뭉쳐지면서 수십, 수백 나노미터, 경우에 따라서는 마이크론 크기의 덩어리까지 형성하기 쉬우며, 이렇게 형성된 다양한 크기의 내부구조체들이 서로 상호작용하면서 넓은 범위의 특성시간을 보이게 된다. 유체의 내부구조가 갖는 길이단위의 분포와 내부구조 간 또는 외부환경에 작용하는 시간단위의 분포가 유체의 특성시간에 대한 분포를 유발하고, 이로 인해 유동 특성 자체도 다양하게 나타난다.

3. 시간 의존성

앞서 모든 유체는 동적환경에서 점성과 탄성을 동시에 갖는다는 것을 설명하였다. 특히 소재 가공에서 접하게 되는 소재들은 가공환경에서 다양한 점탄성을 보이며, 이로 인해 가공 공정의 제어가 쉽지 않다. 여기서는 점탄성이란 무엇인지, 이를 기술해 주는 물질함수들은 어떤 것이 있고 어떤 특징이 있는지, 점탄성을 기술하는 수학적 표현들은 어떤 모습인지, 이들이 갖는 한계와 가능성은 어떤 것인지 등 점탄성 자체에 대해서 본격적으로 알아보기로 한다. 점탄성의 특징은 첫째로 다양성이다. 기술할 수 있는 물질함수도 다양하고 유체의 반응 양상도 다양하다. 하지만 여기서 말하는 다양성의 핵심은 넓은 시간 영역대에 걸쳐 스펙트럼을 갖는다는 것이다. 동일한 물질이라 하더라도 주어진 외부환경에 따라 다르게 반응한다는 의미이다. 좀 더 구체적이고 직접적인 특징으로는 시간 의존성과 수직응력의 발현으로 얘기할 수 있다. 먼저 점탄성 유체의 시간 의존성에 대해서 알아보자.

물질에 작은 전단 변형을 가해 보자. 변형이 가해지면 물질은 응력을 받는다. 이상 고체의 응력은 변형에 비례하고 비례상수는 모듈러스이며 후크의 법칙을 따른다($\tau = G\gamma$). 변형이 주어지는 한 응력도 그대로 유지되어 변형 곡선과 응력 곡선의 모양이 동일하다. 한편 이상 액체의 응력은 변형률에 비례하고 비례상수는 점도이며 뉴톤의 법칙을 따른다($\tau = \eta\dot{\gamma}$). 최초에 변형을 가하는 순간에만 변형률이 발생하고 이후 변형이 일정하게 유지되는 동안에는 변형률이 0이 되어 응력을 느끼지 못하게 된다. 점탄성 유체는 이 두 가지 반응을 모두 보이며 그 중간 영역에 자리한다. 응력이 발생한 후 서서히 감소하게 된다. 그림 2-5는 각 유체의 응력 응답 곡선을 보여 주고 있다.

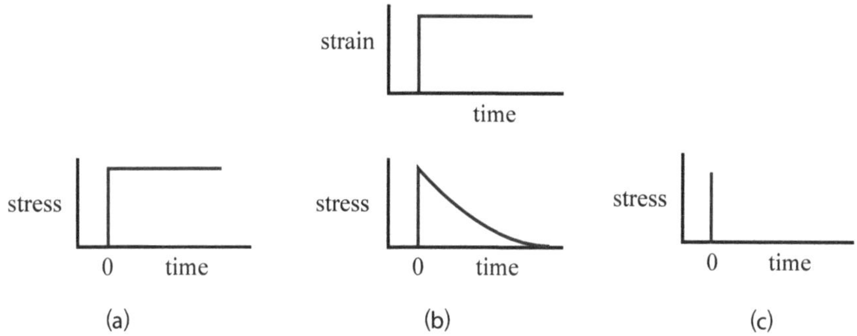

〈그림 2-5〉 변형(strain)에 대한 물질의 응력(stress) 응답 곡선. (a) 고체, (b) 점탄성 유체, (c) 액체

점탄성 유체는 변형이 가해지면 응력을 받고 이후 시간이 지나면서 응력이 작아지게 된다. 이를 응력완화라고 하는데 과거의 기억을 얼마나 오랫동안 기억하고, 기억이 어떤 식으로 사라져 가는지를 설명해 준다. 즉 고체는 변형이 가해진 기억을 계속 유지하고 있으며 액체는 순간적으로 반응했다가 바로 잊어버린다. 반면에 점탄성 유체는 유체에 따라 다양한 방식으로 과거를 기억하고 잊어나가는 것이다. 응력완화의 관점에서 점탄성 유체의 차이는 얼마만큼 빨리 또는 늦게 완화되느냐와 완전히 완화되느냐 그렇지 않고 얼마간의 응력이 남게 되느냐의 차이가 있을 뿐이다. 변형의 크기를 달리하고 응력의 변화를 측정하면, 변형이 크면 응력도 크고 변형이 작으면 응력도 작게 발현된다(그림 2-6). 하지만 완화 양상은 동일하다. 응력을 가해 준 변형의 크기로 나눠 주면 완화 모듈러스(relaxation modulus)를 정의할 수 있는데, 이를 로그축으로 그려 보면 흥미로운 사실을 발견할 수 있다.

$$G(t,\gamma) = \frac{\tau(t,\gamma)}{\gamma} \tag{2-3}$$

완화 모듈러스는 아주 짧은 시간에는 일정한 값을 갖다가 지수 함수적으로 떨어진다. 변형의 크기에 따라 곡선이 이동하지만 변형이 어느 정도 작아지면 그 이후에는 변형에 관계없이 일정한 곡선에 수렴하게 된다. 이와 같이 완화 모듈러스는 충분히 작은 변형하에서는 변형에 관계없이 단지 시간에만 의존하는 함수

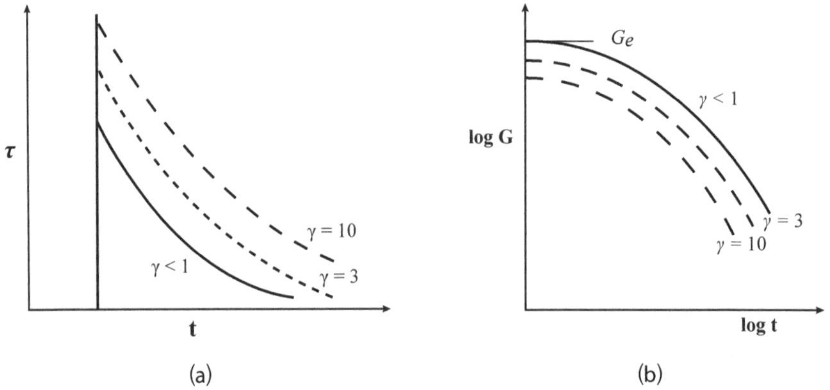

〈그림 2-6〉 시간과 변형의 크기에 따른 응력 및 완화 모듈러스 예시 (다음 문헌으로부터 다시 그림. C. W. Macosko, Rheology: Principles, Measurements, and Applications, VCH, 1994)

가 된다(식 2-4). 물질함수가 변형에 의존하는 영역을 비선형, 변형에 관계없는 영역을 선형 영역이라고 한다. 이 기준은 물질마다 다르며, 적어도 선형 영역에서는 외부 자극의 크기에 관계없이 그 물질 고유의 특징이 반영된다는 점에서 매우 중요한 물질의 특성으로 볼 수 있다. 따라서 선형점탄성은 물질의 기본 속성을 이해하는 데 매우 중요하며, 이에 대한 학습 후에 비선형점탄성에 대해 학습할 것이다.

$$G(t) = \frac{\tau(t)}{\gamma} \tag{2-4}$$

그림 2-6에서 살펴본 바와 같이 응력완화함수는 변형이 작은 경우 지수함수의 형태를 보인다. 이를 이용해서 응력완화함수는 다음과 같은 식으로 기술해 볼 수 있다.

$$G(t) = G_0 e^{-t/\lambda} \tag{2-5}$$

여기서 λ는 그 물질의 응력완화 특성을 나타내는 시상수로서 일종의 특성시간이다. 대부분의 점탄성 유체는 내부구조의 다양성 때문에 응력완화를 식 2-5만으로 기술하기는 어렵고 다음과 같이 여러 개의 모드로 나타내기도 한다.

$$G(t) = \sum G_k e^{-t/\lambda_k} \tag{2-6}$$

좀 더 엄밀하게는 시상수들에 대한 연속적인 분포함수를 고려한 완화시간 스펙트럼(relaxation time spectrum)의 개념이 적용되어야 하겠지만, 실용적인 관점에서 이는 충분히 합리적이라고 볼 수 있다.

4. 선형점탄성 모델

1) 적분형 모델

변형이 충분히 작아서 작은 응력이 발생하는 경우를 생각해 보자. 먼저 간단히 후크의 법칙($\tau = G\gamma$)을 이용해서 작은 응력의 변화가 모듈러스 변화에 기인하는 경우를 생각해 보면 다음과 같다.

$$d\tau = \gamma dG \tag{2-7}$$

식 2-8과 같이 정의되는 새로운 함수 $M(t)$을 도입하자. 이는 시간에만 의존하는 함수이며 기억함수(memory function)라고 한다. 앞 절에서 점탄성 유체가 과거의 기억을 가지고 있고, 응력완화가 이를 반영하여 일어난다고 했던 것을 이 식으로 설명할 수 있을 것이다.

$$M(t) = -\frac{dG(t)}{dt} \tag{2-8}$$

그러면 $d\tau = -\gamma M(t)dt$ 가 되고 이를 과거로부터 ($t = -\infty$) 현재 시간에 걸쳐 적분해 주면

$$\tau = -\int_{-\infty}^{t} M(t - t')\gamma(t')dt' \tag{2-9}$$

의 적분식이 유도된다. 시간을 $s = t - t'$로 변환해 주면 다음과 같은 식이 유도된다.

$$\tau = -\int_0^{\infty} M(s)\gamma(t-s)ds \tag{2-10}$$

이 식은 변형이 주어질 때 기억함수로부터 응력을 계산해 주는 식이며, 1차원 선형점탄성을 기술하는 기본 식이다.

한편 식 2-7에 대응하여 응력의 변화가 변형에 기인한다면

$$d\tau = Gd\gamma \tag{2-11}$$

여기에 $\dot{\gamma} = d\gamma / dt$의 관계를 이용하여 마찬가지로 과거로부터 현재 시간까지 적분해 주면

$$\tau = \int_{-\infty}^{t} G(t-t')\dot{\gamma}(t')dt' \tag{2-12}$$

또는

$$\tau = \int_0^{\infty} G(s)\dot{\gamma}(t-s)ds \tag{2-13}$$

와 같은 결과를 얻게 된다. 과거에서 현재까지의, 매 순간의 기여도를 무한 급수의 합으로 하고 이를 적분화했다는 점에서 이 과정을 Boltzman의 중첩원리(Boltzman superposition principle)라고도 한다. 이 식은 식 2-10에 대응하는 선형점탄성 모델 식이며, 기억함수 대신에 응력완화함수를 이용했다는 점이 다르다. 여기서 응력완화함수 $G(s)$는 앞서 언급한 응력완화 실험을 통해 직접 측정할 수 있으므로 식 2-13은 실험을 통해 작은 변형이 주어질 때의 응력을 직접 구할 수 있는 실용적인 모델이라고 할 수 있다. 물론 응력완화함수 $G(s)$를 측정하면 식 2-8을 통해 기억함수도 구할 수 있을 것이다.

식 2-12에 식 2-6을 적용하면 다음과 같은 유용한 식이 유도되며 이를 일반선형점탄성 모델(generalized linear viscoelastic model) 또는 일반 Maxwell 모델(generalized Maxwell model)이라고 한다.

$$\tau = \int_{-\infty}^{t} \sum G_k e^{-(t-t')/\lambda_k} \dot{\gamma}(t')dt' \quad (2\text{-}14)$$

이 식에서 mode가 하나인 경우를 Maxwell 모델이라고 한다. 응력이 0으로 떨어지지 않고 평형상태에서 특정값을 유지하는 경우에는 위 식의 모듈러스 부분에 그 특성값 G_e를 더해 줄 수 있다. 이 식은 물질의 완화 정도에 대한 시상수와 그에 따른 모듈러스만을 변수로 잡아 물질의 고유 특성을 나타내는 변수 외에 아무런 임의적인 변수가 도입되지 않았으며, 변형이 작을 때의 점탄성 유체의 시간에 따른 응력변화를 잘 모사할 수 있다.

이상의 선형점탄성에 대한 모델 식은 시간 의존성만 보기 위한 간단한 1차원 모델로서 이를 3차원으로 확장하면 다음과 같은 일반식을 얻을 수 있다.

$$\boldsymbol{\tau} = \int_{-\infty}^{t} G(t-t')2\mathbf{D}(t')dt' \quad (2\text{-}15)$$

이 식은 응력과 변형률 텐서(**2D**, rate of deformation tensor)의 관계를 제시한 점탄성 유체의 시간에 대한 응답 특성만 반영한 것이다. 이 식이 예측하는 응력 성분은 다음과 같으며, 자세한 함수 형태는 2부에서 유도하기로 한다.

$$\begin{aligned} \tau_{12} &= \eta(t)\dot{\gamma} \\ N_1 &= \tau_{11} - \tau_{22} = 0 \\ N_2 &= \tau_{22} - \tau_{33} = 0 \end{aligned} \quad (2\text{-}16)$$

결국 선형점탄성 모델은 수직응력이나 점도의 전단속도 의존성은 설명할 수 없고 응력의 시간 의존성에 대한 정보만을 제공한다. 사실 수직응력이나 전단속도 의존성과 같은 것은 변형이 아주 클 때 의미 있게 발생하는 것으로서, 선형점탄성 모델이 이를 예측하지 못하는 것은 너무도 당연한 일이다.

2) 미분형 모델

선형점탄성은 간단한 스프링과 대시포트(dashpot)를 이용하여 기술할 수 있다. 스프링은 완전 탄성체를 나타내고($\sigma = E\varepsilon$) 대시포트는 완전 점성체를 나타낸다고 하면($\sigma = \eta\dot{\varepsilon}$), 이들의 조합에 의해서 간단한 기계적 모델들을 구성할 수 있다. 그림 2-7과 같이 두 요소가 직렬, 병렬 및 그 조합으로 이뤄진 경우에 대해서 살펴보자. 여기서는 신장변형을 가하기 때문에 응력을 σ, 변형을 ε으로 정의하였다. 이는 통상적으로 전단응력 τ 및 변형 γ과 차이를 두기 위함이다.

먼저 직렬로 이루어진 경우 추를 당겼을 때 전체 변형은 각 요소에 기인한 변형의 합과 같을 것이다.

$$\varepsilon = \varepsilon_e + \varepsilon_v \tag{2-17}$$

여기서 하첨자 e는 탄성(elastic)을, 하첨자 v는 점성(viscous)을 의미한다. 이 식을 시간에 대해 미분하고 각 요소에 대한 응력 식을 이용하여 정리해 주면 다음과 같은 식을 유도할 수 있다. 이때 완화시간 λ는 점도와 모듈러스의 비로 정의하였다($\lambda = \eta / E$).

$$\sigma + \lambda\dot{\sigma} = \eta\dot{\varepsilon} \tag{2-18}$$

변수 위에 붙은 dot(·)은 그 변수의 시간에 대한 미분을 의미하며, 이 식은 Maxwell 모델이라고 한다.

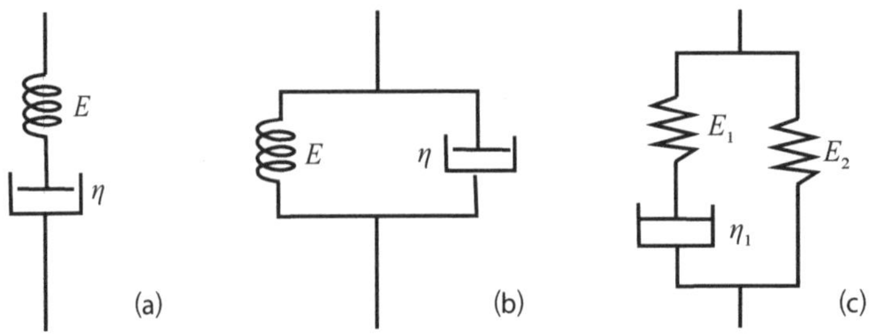

〈그림 2-7〉 (a) Maxwell 모델, (b) Voigt 모델, (c) 혼합 모델

두 요소가 병렬로 이어진 경우는 직렬의 경우와 달리 전체 응력이 두 요소의 합으로 주어진다.

$$\sigma = \sigma_e + \sigma_v \tag{2-19}$$

이를 이용하면 다음과 같은 식이 유도된다.

$$\sigma = E\varepsilon + \eta\dot{\varepsilon} \tag{2-20}$$

세 요소가 혼합되어 있는 경우는 위 방법론들을 적용하여 다음과 같은 식을 유도할 수 있으며, 이는 얼마든지 확장 가능하다.

$$\frac{E_1}{\eta}\sigma + \dot{\sigma} = \frac{E_1 E_2}{\eta}\varepsilon + (E_1 + E_2)\dot{\varepsilon} \tag{2-21}$$

이와 같이 응력과 변형의 관계를 정의하는 식을 구성방정식(constitutive equation)이라고 한다. 이는 물질의 정의식이라고 볼 수 있으며, 사실상 유변학의 가장 중요한 이론적 기반을 이루고 있다. 하지만 구성방정식은 수학적으로 매우 복잡하고 다루기 어렵기 때문에 2부에서 자세히 다루고 여기서는 1차원 모델만을 이용해서 기술하고자 한다.

위 세 식들을 보면 좌변에는 응력과 응력의 미분이, 우변에는 변형과 변형의 미분이 차례로 자리잡고 있다. 이런 식으로 모델을 확장하는 것은 얼마든지 가능한 일이다. 구성 요소가 늘어날 때마다 파라미터들이 하나씩 늘어나기 때문에, 모델이 확장됨에 따라 실험 데이터를 보다 잘 맞추게 되겠지만, 점차 물리적인 수월성이 사라지게 되는 문제가 있다. 하지만 자신이 사용하는 재료에 맞는 모델을 선정해서 제한적으로 사용하는 데에는 큰 문제가 없을 것이다.

앞에서 구한 적분형 Maxwell 모델 식 2-12를 시간에 대해 미분하면 미분형 Maxwell 모델 식 2-18을 얻을 수 있다. 식 2-12를 시간에 대해 미분해 주려면 적분 구간에도 시간 변수가 존재하기 때문에 Leibniz formula를 사용하여 적분

해 줘야 한다. 즉

Leibniz formula:

$$\frac{d}{dt}\int_{a(t)}^{b(t)} f(x,t)dt = \int_a^b \frac{\partial f}{\partial t}dx + f(b,t)\frac{db}{dt} - f(a,t)\frac{da}{dt} \tag{2-22}$$

이를 식 2-12에 적용하면

$$\frac{d\tau}{dt} = -\int_{-\infty}^{t} \frac{G_0}{\lambda} e^{-(t-t')/\lambda} \dot{\gamma}(t')dt' + G_0\dot{\gamma}(t) \tag{2-23}$$

여기서 마지막 항은 $e^{-\infty}$ 항이 포함되어 제거하였다. 위 식을 다시 정리하면 다음과 같게 되고, 이는 미분형 Maxwell 모델과 같다. 다만 식 2-18은 신장유동에 대한 것으로서 이를 일반적인 응력과 변형률의 관계로 기술하면 다음 식과 같이 쓸 수 있다.

$$\tau + \lambda\frac{d\tau}{dt} = \eta\dot{\gamma} \tag{2-24}$$

여기서 $\eta = G_0\lambda$의 관계를 이용하였다. 물질은 넓은 시간대에서 다르게 반응할 수 있기 때문에 특성시간 분포를 갖는데, 엄밀한 분포함수를 고려하는 대신에 여러 개의 특성시간을 고려하고 이들이 기여하는 응력의 합으로써 전체 응력을 고려할 수도 있다. 이런 개념을 적용하면 위 식은 다음과 같이 쓸 수 있으며, 이를 일반 Maxwell 모델(generalized Maxwell model)이라고 한다.

$$\tau = \sum \tau_i$$
$$\tau_i + \lambda_i\frac{d\tau_i}{dt} = \eta_i\dot{\gamma} \tag{2-25}$$

이 식은 물질의 완화 정도에 대한 시상수와 그에 따른 모듈러스 또는 점도만을 변수로 잡아 ($\eta = G_0\lambda$의 관계가 있으므로 세 변수 중 둘만 독립적임) 물질의 고유 특성을 나타내는 변수 외에 아무런 임의적인 변수가 도입되지 않았으며, 변형이 작을 때의 점탄성 유체의 시간에 따른 응력변화를 잘 모사할 수 있다.

선형점탄성 모델은 수직응력이나 점도의 전단속도 의존성은 설명할 수 없고 응력의 시간 의존성에 대한 정보를 제공한다. 또한 이 식들은 엄밀한 의미의, 즉 응력이 텐서라는 점을 고려하지 못한다는 점에서 물리법칙을 제대로 기술하지 못한다. 좀 더 엄밀하게는 응력과 변형, 그 변화율들이 모두 텐서로 기술되는 구성방정식이 필요하나, 이는 수학적으로 매우 복잡하여 고급 유변학(2부)에서 다룰 일이다. 비록 텐서의 개념을 도입하지 않았지만 위 식들은 변형이 작을 때 점탄성 유체의 거동을 기술하는 데 매우 유용하다.

5. 물질함수(material functions)

점탄성 유체에 흐름이나 변형이 가해지면 유체는 물질의 내부구조에 따라 다양한 방식으로 응력을 받게 된다. 하지만 응력은 9개의 (대칭성을 고려하면 6개의) 성분을 가진 텐서라서 각 성분에 대한 정보를 모두 확보하는 것은 매우 어려운 일이다. 응력을 통해서 구조적인 특징을 역으로 추적해 나가고자 한다면 단순하고도 잘 정의된 변형 또는 흐름을 가해서 필요한 응력 성분을 줄여 줄 필요가 있다. 이를 위해서 다양한 실험이 고안되어 적용되고 있으며 각 실험 특성에 맞는 물질함수가 정의되어 사용된다. 이들 물질함수는 제어된 유동환경하에서 유체가 받는 응력에 대한 정보를 제공하며, 이를 통해서 물질의 구조적인 특성을 파악해 나갈 수 있다. 유변학에서는 많은 유형의 실험을 통해서 수많은 물질함수를 정의하고 있는데, 여기서는 가장 대표적인 몇 가지를 살펴보기로 한다.

1) 계단형 전단유동(step shear)

정지해 있는 유체에 일정한 전단유동을 가해 주면 응력은 시간과 전단속도의 함수이지만, 충분한 시간이 경과되어 정상상태에 도달하면 응력은 전단속도만의 함수가 된다. 이때의 응력 $\sigma(\dot{\gamma})$로부터 점도, 1차 수직응력계수 $\Psi_1(\dot{\gamma})$, 2차 수직응력계수 $\Psi_2(\dot{\gamma})$를 구할 수 있다.

$$\begin{aligned} \eta(\dot{\gamma}) &= \sigma_{12}(\dot{\gamma}) / \dot{\gamma} \\ \Psi_1(\dot{\gamma}) &= (\sigma_{11} - \sigma_{22}) / \dot{\gamma}^2 \\ \Psi_2(\dot{\gamma}) &= (\sigma_{22} - \sigma_{33}) / \dot{\gamma}^2 \end{aligned} \tag{2-26}$$

점도곡선은 앞 장에서 살펴본 바와 같이 전단속도가 작을 때는 일정한 값을 갖고[영전단점도(zero-shear viscosity); η_0] 전단속도가 커지면서 점도가 감소하는 전단박화현상을 보인다. 1차 수직응력계수는 점도와 마찬가지 거동을 보이지만 점도보다 훨씬 강한 전단박화 거동을 보인다(그림 2-8 참조). 1차 수직응력차($N_1 = \sigma_{11} - \sigma_{22}$)는 전단속도가 작을 때는 일반적으로 전단응력보다 작거나 측정이 용이하지 않지만, 전단응력이 전단속도에 비례하여($\sim \dot{\gamma}$) 증가하는 것과 달리 전단속도의 2제곱에 비례하여($\sim \dot{\gamma}^2$) 빠르게 증가하므로 높은 전단속도 영역에서는 더 큰 값을 보이는 것이 보통이다. 1차 수직응력차가 탄성과 깊은 관련이 있다는 것을 고려하면 빠른 유동에서 탄성의 효과가 더욱 두드러질 수 있다는 점에 유의해야 한다. 2차 수직응력은 측정이 쉽지 않아 데이터를 확보하기 어렵고 아직 많은 이해가 이뤄져 있지 않다. 점도가 높은 고분자를 효율적으로 가공할 수 있는 것은 가공 영역에서, 즉 높은 전단속도 영역에서 전단박화로 인해 점도가 많이 떨어지기 때문으로, 전단박화는 가공성 향상이나 에너지 절감에 매우

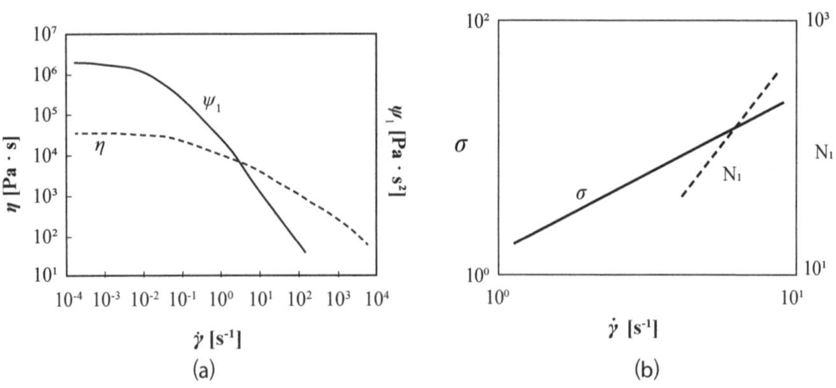

〈그림 2-8〉 (a) 점도 및 1차 수직응력계수, (b) 전단응력과 1차 수직응력차의 전단속도 의존성 (다음 문헌으로부터 다시 그림. H. M. Laun, Rheol. Acta, 17 (1987) 1)

중요한 현상이다. 전단박화의 정도가 적은 고분자는 같은 이유로 가공이 어렵게 된다. 고분자의 경우 영전단점도는 분자량이나 필러의 함량에 민감하게 영향을 받으며, 높은 전단속도에서의 점도나 전단박화의 정도는 압출/사출과 같은 가공 공정에 있어 성형성에 많은 영향을 준다. 이들 유변물성에 미치는 분자구조의 영향 등은 4장에서 상세하게 설명하기로 한다.

2) 전단유동에 따른 응력의 발달

앞서의 계단형 전단유동과 같은 실험이지만, 일정한 전단속도하에서 정상상태에 이르기까지의 시간에 따른 응력 거동을 관찰하여 물질함수를 정의할 수 있다.

$$\begin{aligned} \eta^{+}(t,\dot{\gamma}_0) &= \sigma_{12}(t,\dot{\gamma}_0)\,/\,\dot{\gamma}_0 \\ \Psi_1{}^{+}(t,\dot{\gamma}_0) &= (\sigma_{11}-\sigma_{22})\,/\,\dot{\gamma}_0{}^2 \\ \Psi_2{}^{+}(t,\dot{\gamma}_0) &= (\sigma_{22}-\sigma_{33})\,/\,\dot{\gamma}_0{}^2 \end{aligned} \tag{2-27}$$

점도가 증가하는 모습을 보면 전단속도가 작을 때는 일정한 속도로 증가하다가 점차 일정한 값에 도달한다(그림 2-9 참조). 전단속도가 작을 때는 전단속도에 관계없이 일정한 곡선을 따라 변화하며, 점도가 커지면서 일정한 값에서 정상상태에 도달하게 된다. 전단속도가 큰 경우에는 역시 같은 경로로 증가하다가 최고치를 보인 후 다시 감소하여 일정한 값에 도달하게 되는데 이를 응력 오버슈트(overshoot)라고 한다. 물질에 따라서는 오버슈트 이후에 최솟값을 보이는 언더슈트(undershoot)를 보이는 경우도 있다. 충분한 시간이 지났을 때의 값들을 전단속도의 함수로 그린다면 그림 2-8의 점도곡선과 같은 모양을 보일 것이다. 여기서 한 가지 주의할 점은 점도가 일정한 값에 도달할 때까지는 어느 정도 시간이 소요되며 이 시간은 전단속도가 작을수록 길어진다는 점이다. 그림 2-9는 폴리스틸렌 용액의 점도로서 낮은 전단속도에서는 대략 20초 정도가 지나면 일정한 값을 갖게 되지만 이는 유체의 종류에 따라 크게 달라질 수 있다. 일반적으로 전단속도를 바꿔 가면서 한 번에 실험을 하는 속도 스윕(rate sweep) 실험의 경우에는 정상상태에 도달하기 전에 다음 전단속도로 넘어가서 실험이 진행될 수도 있다. 따라서 자신이 다루는 물질이 어느 정도 시간 후에 정상상태에 도달하는지 예비

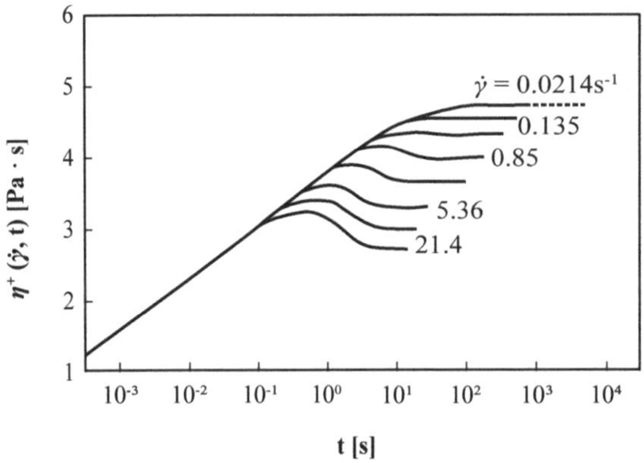

〈그림 2-9〉 고분자의 시간 및 전단속도에 따른 점도 변화 (다음 문헌으로부터 다시 그림. E. V. Menezes and W. W. Graessley, Rheol. Acta, 19 (1980) 38)

실험을 통해서 충분히 이해한 뒤에 실험 계획을 세우지 않으면 자칫 잘못된 결론에 도달할 수 있어 주의가 요망된다.

변형이 작으면 일반적인 선형점탄성 모델 식 2-12로부터 응력성장함수(stress growth function) $\eta^+(t)$를 구할 수 있다. 식 2-12에서 전단속도가 일정하다면, 시간 $t = -\infty$에서 $t = 0$까지는 아무런 응력이 없으니 shear를 가해 준 시간 $t = 0$에서 t까지 적분하면

$$\eta^+(t) = \int_0^t G(t - t')dt' = \int_0^t G(s)ds \tag{2-28}$$

여기서 시간이 충분히 경과하면

$$\eta_0 = \lim_{t \to \infty} \eta^+(t) = \int_0^\infty G(s)ds \tag{2-29}$$

Maxwell 모델의 경우라면 식 2-28은 다음과 같이 된다($\eta_0 = G_0\lambda$).

$$\eta^+(t) = \eta_0(1 - e^{-t/\lambda}) \tag{2-30}$$

식 2-30에 의하면 점도는 지수함수적으로 증가하여 η_0에 도달하게 되며, 시상수

λ는 점도가 η_0의 63%에 도달할 때의 시간이 된다. 이는 그림 2-9에서 전단속도가 낮은 경우의 결과와 잘 일치한다. 이 결과는 미분형 모델 식 2-24를 적분해서 얻을 수도 있다.

3) 순간 유동 후의 응력 완화

정지해 있던 유체에 어느 순간 전단유동을 가해 주고, 발생한 응력이 완화해 가는 과정을 측정함으로써 완화 모듈러스(relaxation modulus)를 구할 수 있다.

$$G(t,\gamma) = \frac{\tau(t,\gamma)}{\gamma} \tag{2-31}$$

이는 앞서 그림 2-6에서 충분히 설명한 바와 같다. 변형이 작은 경우 Maxwell 모델에 의하면 완화 모듈러스 $G(t)$는 식 2-6과 같이 주어진다. 적분형 선형점탄성 이론을 보면 응력을 기본적으로 완화 모듈러스 $G(t)$와 연관 지어 설명하고 있는데, 이는 유체의 선형점탄성을 고려할 때 가장 중요한 물질함수 중 하나이다.

4) 크립 및 회복(creep and recovery)

앞서의 실험들이 변형 또는 변형률을 가해 주고 응력을 측정한 것에 반해 크립 실험은 응력을 가해 주고 변형을 측정하는 실험이다. 유체에 일정한 응력을 가해 주면 시간에 따라 변형이 증가하며, 이후 가해 준 응력을 제거하면 다시 변형이 완화된다. 이 과정은 컴프라이언스(compliance) $J(t)$를 정의함으로써 수행되는데

$$J(t) = \frac{\gamma(t)}{\tau_0} \tag{2-32}$$

초기에 빠르게 증가하다가 정상상태에 도달하면 일정한 기울기로 증가하게 된다.

이 영역에서 컴프라이언스는 다음 식으로 설명할 수 있으며, 직선의 기울기의 역수가 영전단점도(zero-shear viscosity), 초기시간으로 외삽한 값을 정상상태에서의 컴프라이언스(steady-state compliance)라고 한다.

$$J(t) = J_e^0 + \frac{t}{\eta_0} \tag{2-33}$$

모드가 하나인 Maxwell 모델 식 2-12를 이용하면 컴프라이언스는 다음과 같이 되며

$$J(t) = \frac{1}{G_0} + \frac{t}{G_0 \lambda} \tag{2-34}$$

일반 선형점탄성 모델을 이용하면 다음의 관계도 성립한다.

$$J_e^0 = \frac{\int_0^\infty sG(s)ds}{\left[\int_0^\infty G(s)ds\right]^2} \tag{2-35}$$

한편 응력이 제거되면 변형이 감소하게 되는데, 이때는 회복크립함수(recoverable creep function)를 정의하여 물질의 특성을 이해할 수 있다. 여기서 $\gamma_r(t)$은 그림 2-10과 같이 회복되는 변형량을 의미한다.

$$J_r(t) = \frac{\gamma_r(t)}{\tau_0} \tag{2-36}$$

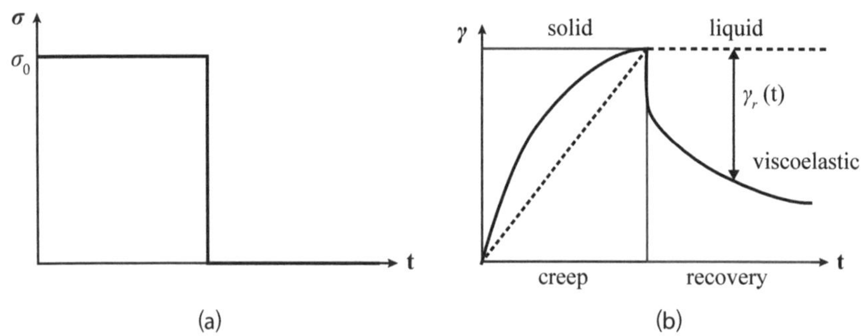

〈그림 2-10〉 응력에 따른 변형 곡선(흐린 실선: 고체, 점선: 액체, 굵은 실선: 점탄성 유체의 거동)

5) 동적점탄성

여러 가지 유변물성 중에서 가장 유용한 것을 하나 꼽으라면 동적점탄성, 즉 저장 모듈러스 G'과 손실 모듈러스 G''을 들 수 있다. 물질의 구조적인 특징을 가장 잘 드러내기 때문이다. 물질에 사인파의 변형을 가하면서 토크(torque)를 측정하면 응력을 구할 수 있는데 변형의 크기가 작으면 응력 또한 사인파의 모습을 보인다. 이때 출력인 응력은 입력인 변형과 주기는 같지만 위상차를 보인다(그림 2-11). 이 과정은 다음의 식으로 표현할 수 있다.

$$\gamma = \gamma_0 \sin \omega t, \ \tau = \tau_0 \sin(\omega t + \delta) \tag{2-37}$$

응력신호는 다음과 같이 사인, 코사인 함수의 합으로 분리할 수 있는데,

$$\tau = \tau_0 \sin(\omega t + \delta) = \tau_0 \cos \delta \sin \omega t + \tau_0 \sin \delta \cos \omega t \tag{2-38}$$

이때 사인함수 부분은 입력인 변형과 비례하는 데 반해 코사인함수 부분은 변형과 90° 위상차를 보인다고 볼 수 있다. 각 항의 계수 부분을 각각 τ_0', τ_0''이라 하고 이를 변형의 크기 γ_0로 나눠 주면 다음과 같이 새로운 함수, 동적 모듈러스를 정의할 수 있다.

$$G' = \frac{\tau_0 \cos \delta}{\gamma_0}, \ G'' = \frac{\tau_0 \sin \delta}{\gamma_0} \tag{2-39}$$

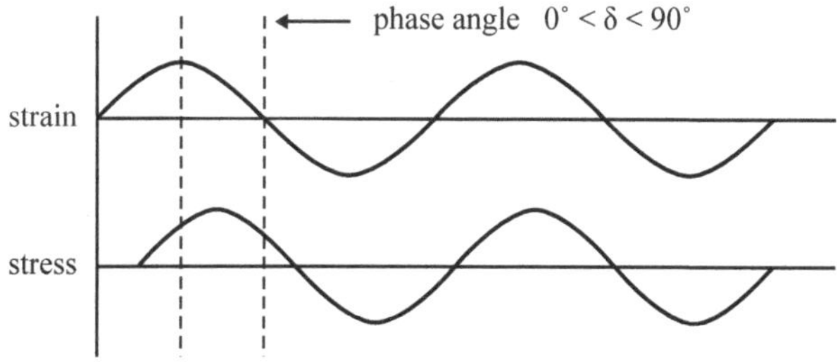

〈그림 2-11〉 작은 정현파 변형에 대한 응력의 거동

이를 각각 저장 모듈러스(G'), 손실 모듈러스(G'')라 하며, 선형점탄성 영역에서 주파수 ω만의 함수이다. 변형에 비례하는 성분은 고체의 성질을 반영하고 있고, 변형에 90° 위상차를 보이는 성분은 액체의 성질을 반영하기 때문에 이들 함수는 각각 물질의 탄성과 점성의 지표로 생각할 수 있다. 두 성분의 비는 $\tan\delta = G''/G'$이라 하고, 그 크기는 복소 모듈러스 $G^* = (G'^2 + G''^2)^{1/2} = \tau_0/\gamma_0$라고 한다. 복소 모듈러스는 위 과정을 복소함수를 이용하여 유도하는 과정에서 정의된 표현으로, 엄밀하게는 $|G^*|$로 정의되지만, 우리는 실수만을 다루기 때문에 통상적인 방식으로 기술한 것이며 굳이 혼돈될 이유는 없다.

이 과정을 변형률 $\dot{\gamma} = \gamma_0\omega\cos\omega t = \dot{\gamma}_0\cos\omega t$을 기준으로 응력함수 식 2-38과 비교하면 마찬가지로 새로운 함수, 동적점도를 정의할 수 있다.

$$\eta' = \frac{\tau_0''}{\dot{\gamma}_0} = \frac{\tau_0\sin\delta}{\dot{\gamma}_0},\ \eta'' = \frac{\tau_0'}{\dot{\gamma}_0} = \frac{\tau_0\cos\delta}{\dot{\gamma}_0} \tag{2-40}$$

여기서 $\dot{\gamma}_0 = \gamma_0\omega$ 임을 고려하여 $\eta' = G''/\omega$, $\eta'' = G'/\omega$의 관계가 성립하고, 이들의 크기인 복소점도도 복소 모듈러스와 $\eta^* = G^*/\omega$의 관계가 성립한다는 것을 알 수 있다. 결국 다양한 방식으로 변수들이 많이 정의되었지만 선형점탄성 영역에서는 서로 상관관계가 있으며, 실제로는 이 중 2개를 알면 나머지 모든 변수들을 계산해 낼 수 있다.

이를 Maxwell 모델 식 2-24를 이용하여 유도해 보자. $\tau_0' = \tau_0\cos\delta = G'\gamma_0$, $\tau_0'' = \tau_0\sin\delta = G''\gamma_0$의 관계를 이용하여 식 2-38을 다음과 같이 나타내고

$$\tau = \gamma_0 G'\sin\omega t + \gamma_0 G''\cos\omega t \tag{2-41}$$

이를 식 2-24에 대입하면

$$\text{좌변} = \tau + \lambda\frac{d\tau}{dt} = \gamma_0[(G' - \lambda\omega G'')\sin\omega t + (\lambda\omega G' + G'')\cos\omega t]$$

$$\text{우변} = G_0\lambda\gamma_0\omega\cos\omega t$$

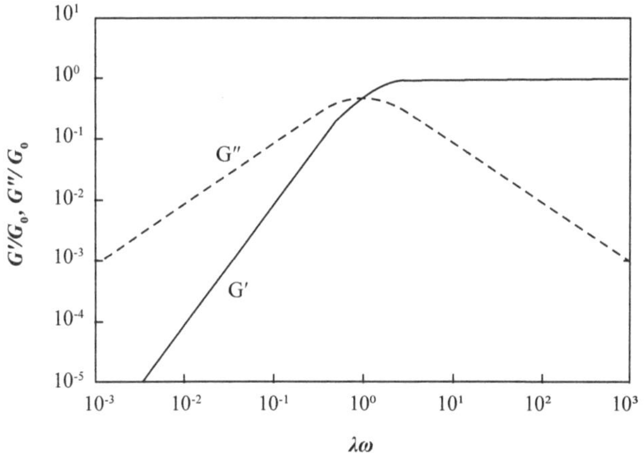

〈그림 2-12〉 Maxwell 모델의 선형점탄성 예측

좌변과 우변이 같기 위해서는 $G' - \lambda\omega G'' = 0$, $\lambda\omega G' + G'' = \lambda\omega G_0$ 이므로

$$G' = \frac{G_0(\lambda\omega)^2}{1+(\lambda\omega)^2},\ G'' = \frac{G_0\lambda\omega}{1+(\lambda\omega)^2} \tag{2-42}$$

Maxwell 모델이 예측하는 동적 모듈러스는 그림 2-12에서 보는 바와 같이, 주파수가 작을 때 G'은 주파수의 제곱에 비례하고 $G' \sim (\lambda\omega)^2$, G''은 주파수에 비례하여 $G'' \sim \lambda\omega$ 증가한다. 주파수가 커지면서 G'은 G_0에 접근하여 일정한 값이 되고, G''은 $\lambda\omega = 1$에서 최고점을 보이며 이후 감소한다. 또한 $\lambda\omega = 1$에서 두 곡선은 만나게 된다($G' = G''$). 이 점은 점성과 탄성이 동등하게 발현된다는 점에서 그 물질을 특징짓는다고 볼 수 있으며, 이런 배경에서 물질의 특성시간을 $\lambda \sim 1/\omega$의 관계로부터 구하기도 한다. 물질의 특성시간은 대체로 넓은 시간에 걸쳐 분포를 갖지만 이와 같은 실험을 통해서 간단히 특성시간을 구하기도 한다.

식 2-24는 일반적인 점탄성 유체의 거동을 상당 부분 잘 설명해 주고 있다(작은 변형인 경우). 하지만 앞서 언급했듯이 하나의 모드로 점탄성 유체의 거동을 정량적으로 기술하는 것은 무리이고 이를 확장하여 여러 개의 모드를 사용하거나 완화 스펙트럼의 개념을 이용해야 할 것이다.

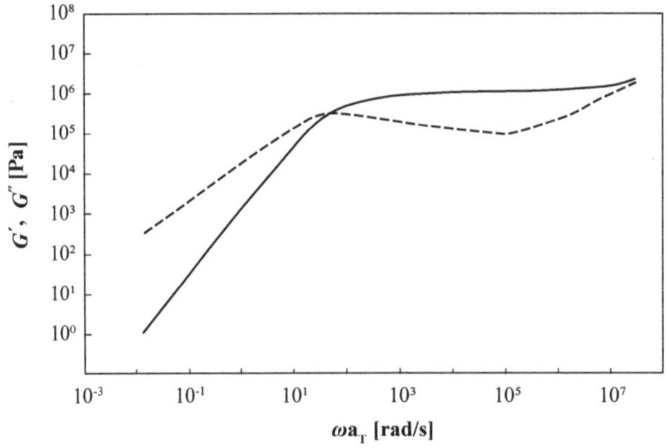

〈그림 2-13〉 폴리부타디엔 블렌드의 동적점탄성 거동. 실선: 저장 모듈러스, 점선: 손실 모듈러스
(다음 문헌으로부터 다시 그림. M. Rubinstein et al., Macromolecules, 20 (1989) 822)

그림 2-13은 폴리부타디엔 블렌드의 동적 모듈러스를 보여 주고 있다. 선형 고분자의 경우 주파수에 따른 초기 기울기는 위 예측과 일치하며 높은 주파수에서 G'의 평탄부와 G''의 감소가 관찰된다. 하지만 G''의 감소는 식 2-42와 달리 뚜렷하지는 않고 더 높은 주파수에서는 다시 증가하게 된다. G''의 이런 모습은 긴 시간(낮은 주파수)대의 완화 거동과 달리 짧은 시간대의 완화 거동은 하나의 모드를 갖는 Maxwell 모델로는 예측할 수 없다는 것을 의미한다. 또한 평탄부를 지나면 다시 모듈러스가 증가하게 되는데, 이는 유리 영역으로서 통상적인 완화 거동을 보이는 영역을 벗어나는, 다른 물리적 환경의 일이다.

일반 Maxwell 모델이라면 여러 개의 완화 모드를 가지므로 다음과 같이 예측되며, 앞서 완화 모듈러스 $G(t)$의 경우와 마찬가지로 넓은 시간대의 완화시간을 고려함으로써 실험 데이터를 보다 잘 맞출 수 있다.

$$G' = \sum G_k \frac{(\lambda_k \omega)^2}{1+(\lambda_k \omega)^2},\ G'' = \sum G_k \frac{\lambda_k \omega}{1+(\lambda_k \omega)^2} \qquad (2\text{-}43)$$

만일 변형이 커지면 응력은 더는 사인파의 모양을 띠지 않고 복잡하게 되는데, 소위 선형성을 잃고 비선형 영역에 들어가게 된다. 비선형 응답 신호는 수학적으로 처리가 어렵고 데이터 처리에 문제가 있어 과거에는 크게 주목하지 않았지만, 최근 데이터 처리 방법이 발전하면서 추가적인 정보를 얻을 수 있게 되었다. 이 과정을 통해서 물질의 구조적 특징에 대해 더 많은 정보를 얻게 되어 그 중요성이 더욱 커지고 있으며, 이는 고급 유변학에서 다루는 것으로 한다.

일반적으로 높은 주파수 영역에서는 외부 자극이 너무 빨라 물질의 구조적인 특성이 반영될 틈이 적으며, 낮은 주파수의 자극이 주어질 때 전체적인 구조의 특징이 충분히 반영될 수 있다. 고분자의 경우라면 높은 주파수에서는 고분자사슬 전체가 반응할 시간이 충분히 주어지지 않아 일부 사슬들의 움직임에 대한 반응만 볼 수 있고, 낮은 주파수에서는 고분자사슬 전체의 움직임이 반영될 수 있어 전체적인 구조에 대한 정보를 얻을 수 있다. 따라서 분자량이 다른 동일 조성의 고분자라면 높은 주파수 영역의 유변물성은 서로 유사하고 낮은 주파수 영역에서 차이가 난다.

동적점탄성의 또 한 가지 특징은 물질의 구조적인 차이가 두드러지게 잘 반영된다는 점이다. 나노미터 크기의 작은 구조 차이로 인해 낮은 주파수 영역에서의 저장 모듈러스가 수백, 수천 배나 다르게 나타나는 것을 흔히 볼 수 있다. 아주 미세한 구조적인 차이가 크게 증폭되어 발현되기 때문에 이 방법은 점탄성 유체의 구조적인 특징을 파악하는 데 매우 유용하게 사용될 수 있다. 낮은 주파수 영역에서의 값의 크기, 기울기, 전체적인 곡선의 모습, G'과 G''이 만나는 위치, 높은 주파수 영역의 모습 등에서 물질의 구조에 대한 다양한 정보를 얻을 수 있다. 이와 관련한 활용 사례는 4장과 6장에서 다룰 것이다.

6) 선형점탄성 함수 간의 관계

선형점탄성의 또 한 가지 특징은 모든 물질 함수들이 서로 변환될 수 있다는 점이다. 선형이라는 의미가 수학적으로는 각각의 이력이 중첩될 수 있다는 것이고, 이는 앞 절의 적분식에서 보듯이 각각의 기여를 모두 합하여 (적분하여) 처리할 수 있다는 것을 의미한다. 변형이 작을 때의 응력완화거동을 관찰하여 완화 모듈러스를 측정하면 이로부터 모든 선형점탄성 물질함수를 계산해 낼 수 있다. 가령 완화 모듈러스와 저장 및 손실 모듈러스의 관계는 다음과 같다.

$$G'(\omega) = \omega\int_0^\infty G(t)\sin\omega t d\omega \qquad\qquad G(t) = \frac{2}{\pi}\int_0^\infty G'(\omega)\frac{\sin\omega t}{\omega}d\omega$$

$$\leftrightarrow$$

$$G''(\omega) = \omega\int_0^\infty G(t)\cos\omega t d\omega \qquad\qquad G(t) = \frac{2}{\pi}\int_0^\infty G''(\omega)\frac{\cos\omega t}{\omega}d\omega$$

이와 같이 선형점탄성 함수들은 상호 변환 가능하며, 원칙적으로 2개의 함수를 알면 모든 선형점탄성 함수를 얻을 수 있다. 또한 앞서 완화 스펙트럼의 개념을 언급했는데, 이는 다음과 같이 $H(\lambda)$로 정의되며, 이로부터 모든 선형점탄성 함수들을 구할 수 있다.

$$G(s) = \int_0^\infty \frac{H(\lambda)}{\lambda}e^{-s/\lambda}d\lambda \tag{2-44}$$

$H(\lambda)$는 특성시간의 스펙트럼이라는 개념적인 함수로 이해할 수 있다. 다만 위 식에서 $H(\lambda)$를 알고 $G(s)$를 구하는 것은 어렵지 않으나 그 반대의 경우는 소위 역문제(inverse problem)라고 하여 수학적으로 쉽지 않은 문제가 된다. $G(s)$는 실험적으로 구할 수 있으나 $H(\lambda)$는 계산을 통해서만 구할 수 있는데 이것이 쉽지 않다는 얘기이다. 이를 위해 다양한 근사 해를 구하는 방법들이 제시되어 있다. 식 2-45의 첫 번째 식은 $G(t)$를 시간에 대해 미분한 것이고 두 번째 식은 이를 2차 미분한 것이며, 계속해서 고차미분하는 방식의 근사해를 구할 수 있다. 하지만 실험 데이터의 2차, 3차 미분값은 정확하게 얻기 어려운 단점이 있어 한계가 있을 수밖에 없다. 식 2-45 외에도 근사해를 구하는 방식이 많이 제시되어 있다. 완화 스펙트럼을 얻기 위해 가장 중요한 것은 넓은 범위에 걸친 질 좋은 데이터이다. 넓은 범위의 주파수 영역에서 데이터를 얻어야 넓은 완화시간에 대한 스펙트럼을 구할 수 있다. 그림 2-14는 실험적으로 얻은 어느 고분자의 선형점탄성 데이터로부터 완화 스펙트럼을 얻은 예시이다.

$$\begin{aligned} H(\tau) &= -\left.\frac{dG(t)}{d\ln t}\right|_{t=\tau} \\ H(\tau) &= -\left.\frac{dG(t)}{d\ln t} + \frac{1}{3}\frac{d^2G(t)}{d(\ln t)^2}\right|_{t=\tau/\sqrt{2}} \end{aligned} \tag{2-45}$$

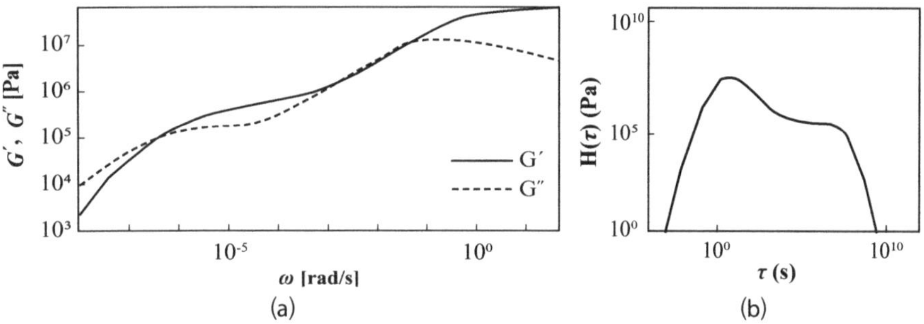

〈그림 2-14〉 선형점탄성 데이터와 이로부터 구한 완화 스펙트럼

모든 유체는 기본적으로 완화시간의 분포를 갖지만 굳이 대표 완화시간을 지정하는 것이 필요한 경우도 많다. 이 경우 완화 스펙트럼의 최대 피크가 관찰되는 시간을 사용할 수도 있고, G'과 G''이 일치하는 점이 Maxwell 모델의 경우 $\lambda\omega \sim 1$이므로 이에 해당하는 주파수의 역수로 얼추 잡아 볼 수도 있다. 후자의 경우는 가장 기본이 되는 점탄성 실험 결과로부터 쉽게 얻을 수 있기 때문에 편하게 사용할 수 있다. 하지만 이 교차점이 통상의 실험 조건에서 항상 나타나는 것은 아니며, 무엇보다도 유체의 완화시간분포, 즉 완화 스펙트럼의 개념을 잊지 않는 것이 중요하다. 또한 앞서 언급한 바와 같이 선형점탄성 함수들은 2개만이 독립적이고 나머지는 모두 이 2개의 함수로부터 계산 가능하다. 이런 성질을 이용해서 2개의 함수로 이뤄진 그림을 그리면, 가령 $\tan\delta$ vs. G'' 또는 G' vs. G''과 같은 그림을 그려 보면 재료 간의 차이점을 쉽게 볼 수 있으므로 이러한 플롯들은 산업현장에서 활용할 여지가 많다.

6. 온도 의존성

그림 2-15는 온도에 따른 LDPE의 점도 변화를 보여 주고 있다. 온도가 높아질수록 점도는 낮아지고 전단박화가 시작되는 전단속도 값이 높아진다. 높은 전단속도에서는 온도에 의한 차이가 크지 않으나 낮은 전단속도 영역에서는 매우 큰

차이를 보인다. 유체의 점도는 $\eta = Ae^{-E/RT}$와 같은 Arrhenius 형태의 온도 의존성을 보인다. 높은 전단속도에서는 유동이 빨라서 고분자사슬이 충분히 대응할 시간이 없기 때문에 사슬의 전체보다는 부분이 대응하여 구조적 차이가 크게 나타나지 않고 따라서 점도 차이도 크지 않다. 하지만 낮은 전단속도 영역에서는 사슬 전체가 유동환경에 대응하여 반응할 시간이 충분하고 이것이 점도에 반영되어 큰 점도 차이를 보이게 된다. 결국 유체의 구조적 특징은 낮은 전단속도 영역에서 충분히 발현되며, 이는 앞서 설명한 점탄성의 개념과 잘 일치한다.

그림 2-13은 선형고분자의 전형적인 동적점탄성 거동을 보여 주고 있다. 데이터를 잘 들여다보면 모듈러스는 6데케이드(decade)(10^0~10^6), 주파수는 9데케이드(10^{-2}~10^7)에 걸쳐 있음을 알 수 있다. 일반적으로 동적점탄성 실험에서 줄 수 있는 주파수는 대체로 0.1~100rad/s의 범위를 넘기 어렵다. 너무 낮은 주파수에서는 측정시간이 길어 실험기간 중 재료의 변성이 있을 수도 있고, 높은 주파수에서는 관성의 영향이 커져 측정의 정확도가 떨어질 수 있다. 적정 주파수 영역은 재료의 특성에 따라 달라지겠지만 통상적으로 2~3데케이드 정도로 보는 것이 적합하다. 하지만 그림 2-13은 9데케이드의 주파수 영역을 보이고 있다. 이는 여러 온도에서 실험한 결과를 겹쳐서 만들어 낸 것이다. 온도마다 2~3데케이드 영역에서 실험하고 이를 기준 온도 값으로 좌표 이동을 하면 데이터가 그

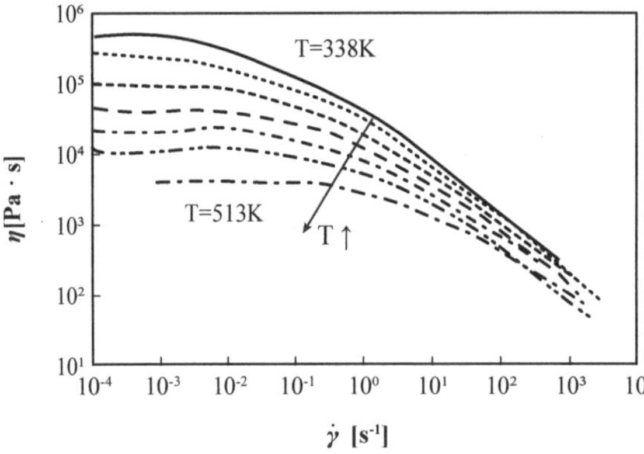

〈그림 2-15〉 LDPE 점도의 온도 의존성 (다음 문헌으로부터 다시 그림. J. Meissner, Kunststoffe, 61 (1971) 576)

림과 같이 넓은 영역에서 겹쳐 나타나게 된다.

이와 같이 유변학적으로는 시간과 온도 간에 상관관계가 있으며, 시간의 변화를 온도의 변화로 대체하는 기법을 시간-온도 중첩(time-temperature superposition; TTS)이라고 한다. 주파수의 변화도 시간의 변화와 본질적으로 동일하다. 이는 시간이 변화하는 것과 온도가 변화하는 것이 유변학적으로 다를 것이 없다는 개념으로서, 매우 다양한 종류의 물질에 대해 성립한다. 즉 동일한 물질에 빠른 자극을 준다면 이보다 느린 자극을 더 낮은 온도에서 주는 것과 동일하며, 매우 느린 자극을 주는 것과 이보다 더 빠른 자극을 더 높은 온도에서 주는 것이 동일하다는 의미이다. 빠른 자극은 낮은 온도와 관련이 있고, 고체상의 거동과 관련이 있다. 느린 자극은 높은 온도와 관련이 있고, 액체상의 거동과 관련이 있다.

먼저 응력완화함수에 대한 식 2-6을 살펴보자.

$$G(t) = \sum G_k e^{-t/\lambda_k} \tag{2-6}$$

9장에서 다루게 될 고분자 분자이론의 하나인 Rouse 이론에 의하면 $G_i = \rho RT/M$, $\lambda_i = \varsigma/2Ha_j$의 관계가 성립한다. 여기서 ρ는 고분자의 밀도, M은 분자량, ς는 분자 세그먼트의 마찰계수, H는 분자 세그먼트의 스프링상수(spring constant)로서 온도의 함수이고, a_j는 분자량에 관계하는 상수(eigenvalue of the Rouse matrix)이다. 각 변수의 물리적인 의미는 9장에서 자세하게 설명하겠지만 여기서는 G_i, λ_i가 각각 온도의 함수라는 점에 유의한다. 온도가 T_0에서 T로 변한다면 시상수는 $\lambda_i(T_0)$에서 $\lambda_i(T)$로 변할 것이다. 온도에 따른 시상수의 비를 a_T로 정의하자.

$$a_T = \frac{\lambda_i(T)}{\lambda_i(T_0)} \tag{2-46}$$

한편 온도 T에서의 모듈러스는 $G_i(T) = G_i(T_0)\rho T/\rho_0 T_0$가 되어 식 2-6은 다음과 같이 쓸 수 있다.

$$G(t,T)=\frac{\rho T}{\rho_0 T_0}\sum G_i(T_0)\exp[-t/\lambda_i(T_0)a_T] \tag{2-47}$$

여기서 환원 모듈러스(reduced modulus) $G_r(t) = G(t, T)\rho_0 T_0 \ / \ \rho T$와 환원시간(reduced time) $t_r = t \ / \ a_T$을 정의하면 이 식은 다음과 같이 쓸 수 있다.

$$G_r(t_r)=\sum G_i(T_0)\exp[-t_r/\lambda_i(T_0)] \tag{2-48}$$

우변은 일정한 온도 T_0에서 결정되기 때문에 더 이상 온도의 함수가 아니다. 이 식이 의미하는 바는 온도 T에서의 모듈러스가 적절히 shift된 시간에서의 온도 T_0에서의 모듈러스와 같다는 것이다. 즉 온도 T에서의 모듈러스는 온도 T_0에서의 모듈러스와 shift factor a_T로부터 구할 수 있다.

Shift factor a_T를 구하기 위해 점도에 관한 식 2-29에 앞서 정의된 환원 모듈러스, 환원시간을 적용하면

$$\eta_0(T)=\frac{a_T\rho T}{\rho_0 T_0}\int_0^\infty G_r(t_r)dt_r \tag{2-49}$$

T_0에서 a_T=1이므로 $\eta_0(T_0)=\int_0^\infty G_r(t_r)dt_r$. 따라서 두 온도에서의 점도비는 $\frac{\eta_0(T)}{\eta_0(T_0)}=\frac{a_T\rho T}{\rho_0 T_0}$가 되어 shift factor a_T는 다음과 같이 정의된다.

$$a_T=\frac{\eta_0(T)\rho_0 T_0}{\eta_0(T_0)\rho T}\approx\frac{\eta_0(T)}{\eta_0(T_0)} \tag{2-50}$$

각 온도에서의 점도값을 안다면 식 2-50을 통해서 shift factor a_T를 온도의 함수로 구할 수 있다. 또는 a_T는 다음의 WLF 식을 이용해서 구할 수도 있다.

$$\log a_T=-\frac{C_1(T-T_0)}{C_2+T-T_0} \tag{2-51}$$

여기서 C_1, C_2는 상수이며 고분자의 종류에 따라 값이 정해진다. 이 식은 고분자의 경우 유리전이온도 이상에서(T_g~T_g+100) 잘 맞는 것으로 알려져 있다.

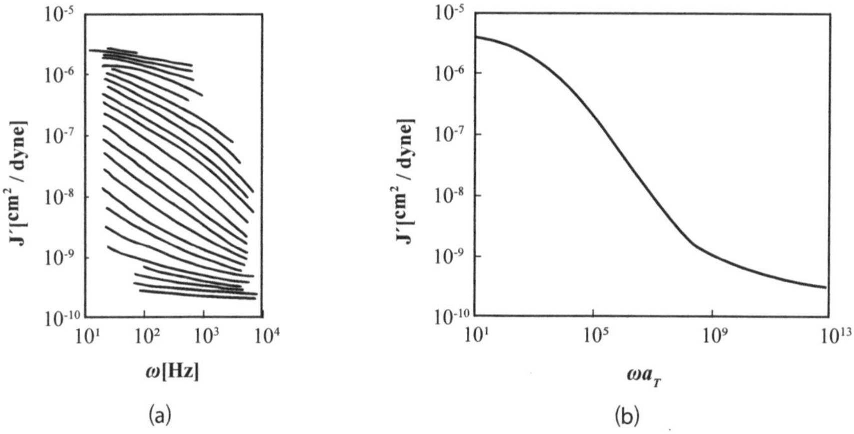

〈그림 2-16〉 크립 컴프라이언스의 시간-온도 중첩. (a) 최초 실험 데이터, (b) 시간축을 이용하여 얻은 중첩된 컴프라이언스 곡선 (다음 문헌으로부터 다시 그림. J. D. Ferry, Viscoelastic Properties of Polymers, 3rd ed., Wiley, 1980)

기술적으로는 각 온도에서 구한 모듈러스를 시간축으로 이동시켜 모듈러스가 서로 연속적으로 겹쳐지도록 하는 작업을 반복하여 마스터 곡선을 얻는다. 이때 시간축을 이동시킨 양은 식 2-50과 같아야 하지만 단지 그래프상에서 기술적으로 이동시켜 a_T를 구해도 무방하다. 원칙적으로는 시간축만 이동시키는 것이 옳지만 모듈러스 축도 약간의 이동이 필요할 수 있다. 주파수의 함수인 경우는 $t_r = t/a_T$ 대신에 $\omega_r = \omega a_T$로 변환하면 되며, 이 관계는 $G(t)$ vs. t/a_T, $G'(\omega)$ vs. ωa_T, $\eta'(\omega)/a_T$ vs. ωa_T 등 대부분의 유변물성에 대해 잘 성립한다. 핵심은 시간단위를 이동시키는 것이다. 식 2-50에서 볼 수 있듯이 a_T는 온도가 증가하면 감소하는 함수이다. 즉 온도가 증가하면 a_T가 감소하여 시간이 커지는 효과를 주고, 온도가 감소하면 시간이 작아지는 효과를 주게 된다.

고분자의 경우라면 높은 온도에서 천천히 완화하므로 긴 시간 특성(또는 낮은 주파수 특성)을 보이며, 낮은 온도에서 좀 더 고체적인 성질이 강해지고 빠른 시간 특성을 보이게 될 것이다. 이와 같이 TTS 관계가 잘 성립하는 유체를 열 유변학적으로 단순하다고 한다(rheologically simple). 그림 2-16은 선형고분자의 크립 컴프라이언스를 150도에 걸쳐 측정한 결과를 TTS를 통해서 하나의 곡선으로 만들어 준 것이다. 각 온도에서의 실험은 2데케이드에 걸쳐 이뤄졌지만 전체적으로 12데케이드 이상에 걸친 결과를 얻을 수 있었다. 비결정성 고분자는 유리전이온도 이상에서, 결정성 고분자는 용융온도 이상에서 대체로 잘 성립하는 것으로 알려져 있지만 저밀도 폴리에틸렌의 경우에는 잘 성립하지 않는다. 물론 온도가 너무 높아지면 열분해 등의 문제로 인해 적용되지 않을 것이다.

7. 비선형점탄성

선형과 비선형의 경계는 변형의 크기이다. 변형이 충분히 작아 변형의 제곱 항 이상이 무시될 수 있다면 응력은 변형에 비례하는 관계를 가지게 되며, 이는 선형점탄성 이론의 기초가 된다. 앞서 살펴본 응력완화 실험이나 동적점탄성 실험에서 변형이 작은 경우는 유변물성이 변형에 관계없는 선형점탄성 거동을 보이고, 특정 변형 값 이상에서는 변형에 관계하는 비선형점탄성 거동을 보인다. 그림 2-17은 동적점탄성 실험에서 변형의 크기에 따른 응력의 응답곡선을 보여 준다. 그림에서 보는 바와 같이 선형 영역에서는 응력이 정현파의 거동을 보이지만 비선형 영역에서는 파형이 깨끗하지 않아 단순히 사인, 코사인 함수로는 기술할 수 없고, 다음의 식과 같이 정현파의 고차항을 고려해야 한다.

$$\sigma(t) = \sum_{n=1,odd} \sigma_n \sin(n\omega t + \delta_n) \tag{2-52}$$

여기서 σ_n, δ_n은 각각 n차의 응력 및 위상차의 기여분인데, $n = 1$인 경우가 선형점탄성에 해당한다. 이와 같이 변형된 응답곡선을 해석하기 위해서 푸리에 변형(Fourier transformation) 기법이나 응력분해(stress decomposition) 기법 등이 개발되어 있다. 이를 이용하면 좀 더 고급 정보를 얻을 수 있지만 본서에서는 자세히 다루지 않도록 한다.

전단속도가 일정한 계단형 전단실험의 경우에는 전단속도 값이 아주 작은 경우를 제외하면 시간이 지날수록 변형이 충분히 커지게 되어 기본적으로 비선형 거동을 보이게 된다. 전단박화거동은 대표적인 비선형거동이며, 수직응력도

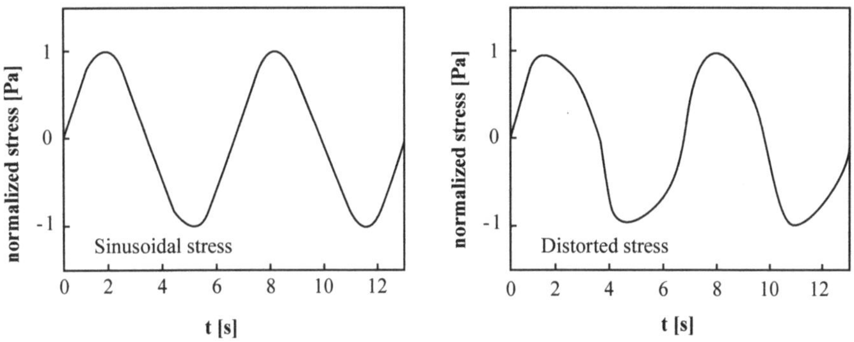

(a) (b)

〈그림 2-17〉 (a) 선형 영역에서의 응력 파형, (b) 비선형 영역에서의 응력 파형

변형이 클 때 두드러지게 나타나는 현상이다. 1차 수직응력계수는 그림 2-8에서 보듯이 낮은 전단속도에서는 일정한 값을 가진 후 강한 전단박화거동을 보인다. 낮은 전단속도에서 일정한 값을 보인다는 것은 식 2-26과 비교하면 1차 수직응력차가 전단속도의 제곱에 비례한다는 것을 의미한다. 결국 $\sigma \sim \dot{\gamma}$, $N_1 \sim \dot{\gamma}^2$의 관계를 보인다는 것을 알 수 있다. 1차 수직응력계수는 대체로 낮은 전단속도 영역에서는 전단응력보다 작지만 전단속도가 커짐에 따라 빠르게 증가하여 높은 전단속도 영역에서는 전단응력보다 커지게 된다. 고분자가공이 주로 높은 전단속도 영역에서 진행된다는 것을 생각하면 실제 가공에서는 수직응력의 영향이 크게 작용할 것이라는 것을 쉽게 알 수 있다. 그림 2-3에서 흐름의 수직 방향으로 힘이 작용하는 현상이나 4장에서 보게 될 다이스웰 같은 현상들이 1차 수직응력차에 의해 발생하는 것으로 알려져 있다.

한편 비선형함수와 선형함수가 상관관계를 보이는 경우도 있는데 대표적인 사례가 전단점도와 복소점도의 관계이다.

$$\eta(\dot{\gamma}) = \eta^*(\omega) \tag{2-53}$$

이는 전단속도를 복소점도의 주파수($\dot{\gamma} = \omega\ rad/s$)로 대체 가능하다는 것으로서 상당히 많은 경우에 잘 성립한다. 이를 콕스-메르츠 법칙(Cox-Merz rule)이라고 한다. 하지만 이는 항상 성립하는 것도 아니고 그래야 할 물리적 근거가 있는 것도 아니다. 다만 많은 경우에 유용하게 활용할 수 있다. 특히 전단속도의 함수로서의 점도는 측정시간도 오래 걸리고 정확한 측정이 쉽지 않는데, 이를 간단한 동적점탄성 실험을 통해서 대체할 수 있다면 매우 유용할 것이다. 이외에도 다음과 같이 1차 수직응력계수와 동적점탄성에 관한 관계식이 있다. 이들 식은 지극히 경험적인 것이지만 자신이 다루는 재료가 이들 관계식을 만족하는 경우에는 유용하게 사용할 수 있을 것이다.

$$\Psi_1(\dot{\gamma}) = 2\frac{G'}{\omega^2}\left[1+\left(\frac{G'}{G''}\right)^2\right]^{0.7} \tag{2-54}$$

신장유동은 단순신장유동, 이축신장유동, 평면신장유동의 세 가지 유동으로 구분된다(그림 2-18). 단순신장유동은 방사공정과 같이 한 방향으로 잡아당기는 유동이며 1방향으로 늘어나면 부피를 보존하기 위해서 그만큼 2, 3방향으로는 수축이 일어나게 된다. 이축신장유동은 필름 블로잉과 같이 두 방향으로 잡아당기는 유동이고, 평면신장유동은 압착공정에서 접착면에 마찰이 없는 것과 같이 한쪽 방향으로의 변형이 없이 늘어나는 유동이다.

신장점도는 각 유동에 따라 조금씩 다르게 정의되지만 단순신장유동의 경우는 다음과 같이 수직응력차에 의해 정의되며, 다른 유동의 경우도 유사하다.

$$\eta_E(t,\dot{\varepsilon}) = \frac{\tau_{11} - \tau_{33}}{\dot{\varepsilon}} \tag{2-55}$$

고분자를 중심으로 한 점탄성 유체의 대표적인 비선형거동으로는 전단박화, 수직응력 외에 신장농화(extension thickening) 현상을 들 수 있다. 우리는 앞에서 단순 전단유동을 가하고 그에 따른 응력거동과 적절한 점탄성 물질함수를 정의하였다. 유체에 단순신장유동을 가하고 점도를 측정하면 그림 2-19와 같은 결과를 얻을 수 있다.

신장점도는 작은 연신율이 가해질 때는 시간에 따라 증가하다가 일정한 값

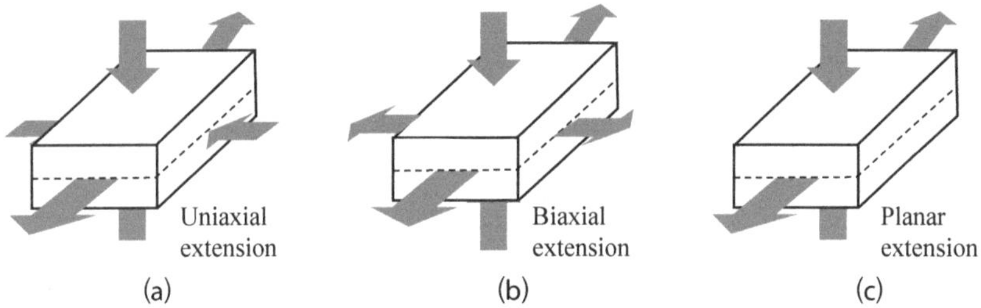

〈그림 2-18〉 세 가지 신장유동(화살표는 작용하는 힘의 방향)

에 도달한다. 이 과정에서 시편은 계속 늘어나고 가늘어지므로 어느 시점 이후에는 가늘어진 시편이 끊어지게 되어 더는 측정이 가능하지 않게 된다. 변형률이 커지면 변형률이 작을 때와 비슷한 방식으로 증가하다가 더 일찍 끊어지게 되어 그림 2-19의 PS III과 같은 모습을 보이게 된다. 이 경우를 신장박화라고 하는데 대부분의 선형고분자는 이와 같은 거동을 보인다. 하지만 고분자가 커다란 가지구조를 갖는 경우에는 PS II와 같이 신장 방향에 대한 저항이 급격히 커지면서 점도가 크게 증가하다가 끊어지는 현상을 보이게 되는데 이를 신장농화라 한다. 좀 더 엄밀하게는 점도가 낮은 연신율에서의 값보다 증가하는 현상을 말한다. 신장점도의 개형은 고분자의 구조에 대한 중요한 정보를 제공하는데, 신장농화가 있는 고분자는 진공성형이나 필름 블로잉과 같이 신장유동이 지배적으로 발생하는 공정에서 우수한 가공성을 보여 주므로 상업적으로 중요한 지표

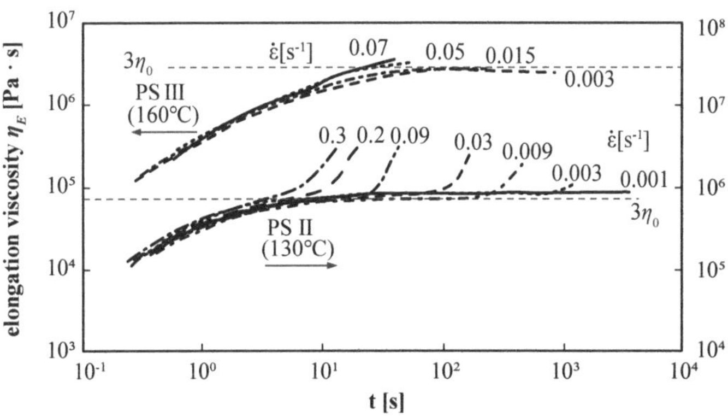

〈그림 2-19〉 선형고분자 PS III과 가지형 고분자 PS II의 신장점도 (다음 문헌으로부터 다시 그림. H. Munstedt, Soft Matter, 7 (2011) 2273)

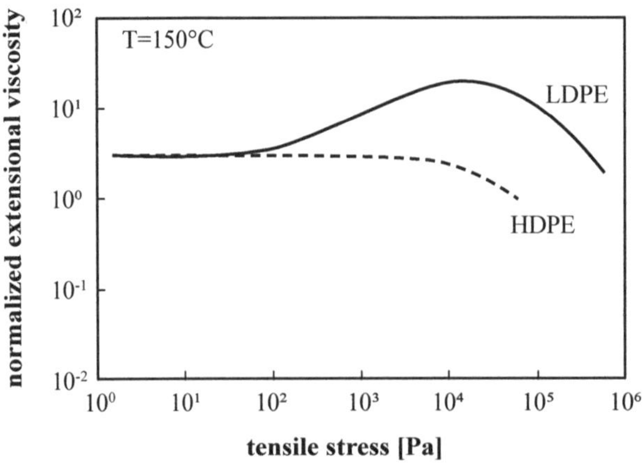

〈그림 2-20〉 HDPE 및 LDPE의 연신율에 따른 최대 신장점도곡선 (다음 문헌으로부터 다시 그림. H. Munstedt, Soft Matter, 7 (2011) 2273)

가 된다. 가령 고밀도 폴리에틸렌과 같은 선형고분자는 신장담화를 보이며 필름 성형에는 적합하지 않다. 하지만 저밀도 폴리에틸렌은 커다란 가지구조를 갖기 때문에 신장농화 거동을 보이며 필름성형에 널리 이용된다.

신장유동은 기본적으로 정상상태에 도달할 수 없는 유동이므로 신장점도를 연신율 $\dot{\varepsilon}$의 함수로 도표화할 수는 없다. 하지만 각 $\dot{\varepsilon}$에서의 신장점도의 최댓값을 $\dot{\varepsilon}$에 대해 그려 주면 그림 2-20과 같은 결과를 얻을 수 있으며, 이를 통해서 선형고분자(HDPE)와 가지구조 고분자(LDPE)의 차이를 뚜렷하게 구별할 수 있다.

제3장

유변물성의 측정

유변물성의 측정은 크게 전단실험과 신장실험으로 구분된다. 전단실험용 점도기(rheometer)로는 모세관 점도기, 회전형 점도기 등이 있으며, 신장실험을 위해서는 신장 점도기가 사용된다. 모세관 점도기는 용액을 담아 두는 배럴(barrel) 하단에 직경 1~2mm 정도의 모세관 다이를 연결하고 배럴 상단에서 피스톤을 밀어 용액이 모세관을 통과할 때 걸리는 압력을 측정하여 용액의 점도를 측정한다(그림 3-1a). 피스톤을 미는 방식은 일정한 속도를 유지하거나 일정한 유량을 유지하도록 선택할 수 있다. 압력계는 배럴 하단에 설치되어 모세관의 입구 압력을 측정하도록 한다. 용액은 모세관을 빠져나오면 공기 중에 방출되므로 모세관 하단부의 압력은 대기압이다.

평행판 점도기는 20~50mm 직경의 평행한 두 원판 사이에 시료를 놓고 한쪽 판을 회전시키면서 토크(torque)를 측정하여 점도를 구하는 방식이다(그림 3-1b). 두 평판의 갭은 통상 1~2mm 수준으로 놓지만 더 높은 전단속도를 원하는 경우나 시료의 양이 부족한 경우 더 낮출 수도 있다. 이 방식은 실험이 간단하고 점도뿐만 아니라 대부분의 유변물성을 측정할 수 있는 장점이 있어 가장 널리 사용된다. 콘플레이트 점도기는 평행판 점도기의 한쪽 판을 1~4° 정도의 작은 각을 주어 콘으로 만든 것이다(그림 3-1c). 이 방법의 장점은 유동장 내에서 전단속도가 일정하며 수직응력을 간단하게 측정할 수 있다는 점이다. 사용되는 시료의 양도 가장 적다. 원판의 중심부는 콘 중심부가 평판에 닿지 않도록 잘려

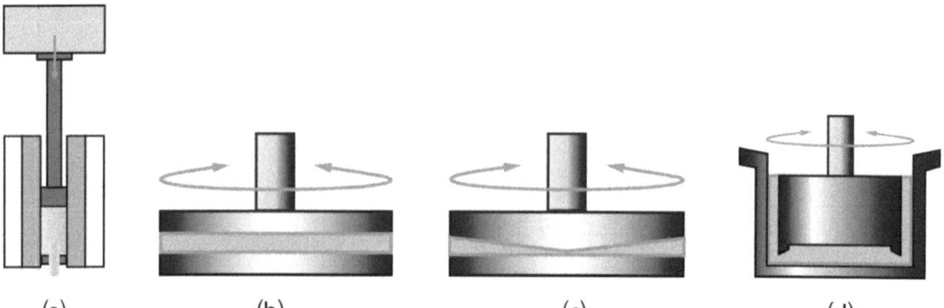

〈그림 3-1〉 네 가지 전단실험용 점도기의 개략도. (a) 모세관 점도기, (b) 평행판 점도기, (c) 콘플레이트 점도기, (d) 동축실린더 점도기

있으며, 약 20~50μm의 갭을 유지하도록 설계되어 있다. 따라서 측정하고자 하는 소재에 마이크론 크기의 입자나 구조체가 있다면 정확한 측정을 할 수 없는 단점이 있어, 미세구조가 있는 재료의 측정에서는 주의가 필요하다. 동축실린더 점도기는 약 1mm의 갭을 두고 떨어져 있는 두 실린더 사이에 시료를 놓고 안쪽 실린더를 회전시키면서 토크를 측정하여 점도를 구하는 방식이다(그림 3-1d). 토크는 액체가 접하는 단면적에 비례하므로 이를 증가시키기 위한 것으로서 주로 저점도 용액의 측정에 이용된다. 하지만 사용되는 시료의 양이 많고 최근의 점도기들은 트랜스듀서의 정밀도가 높아져 자주 사용되지는 않는다. 점도기의 측정원리를 이해하기 위해서는 상당한 수식이 동원되어야 하지만 여기서는 간단히 개념과 실용적인 측면만 살펴보기로 한다. 또한 이들 점도기 중에서 특히 산업현장에서 많이 이용되고 있는 모세관 점도기와 회전형 점도기의 상대적인 특성을 비교하고, 실험 시 유의해야 할 사항에 관해 알아보기로 한다.

1. 모세관 점도기

일반적으로 산업현장에서 가장 많이 사용하고 있는 점도기는 모세관 점도기이다. 이는 사용이 쉽고 높은 전단속도에서의 점도 데이터를 얻을 수 있으며, 압출이나 사출과 같은 고속 공정에서의 성형성에 관한 유용한 정보를 얻을 수 있기 때문이다. 즉 수지의 유동성 및 작업성을 평가하기 위한 초보적인 수준의 정보를 모세관 점도를 통해 얻고자 하는 것이다. 대부분의 산업현장에서는 유동지수(melt index)의 개념만 사용하고 있다. 반면 이 방법은 유동지수가 한 점에서의 정보를 제공하는 데 반해 넓은 전단속도 영역에서의 정보를 제공하며, 유동지수가 단지 특별히 정의된 실험에서의 파라미터임에 반해 점도는 물질의 고유성질이라는 점에서 보다 진보된 개념을 활용한다는 의미가 있을 것이다. 확실히 모세관 점도는 수지 간의 차이점이나 수지의 유동성 및 작업성에 관해 중요한 정보를 제공하고 있으며, 특히 유동해석 시뮬레이션을 수행하기 위해 필요한 점도 데이터로서 유용하게 사용되고 있다.

하지만 현장에서 느끼는 수지의 유동성은 높은 전단속도에서의 점도뿐만 아니라 수지의 점탄성 및 열적 특성에도 많은 영향을 받으며, 가공 기기나 공정 자체에도 영향을 받게 되어 단순히 점도만으로 이를 이해하려는 것은 다소 무리일 수 있다. 따라서 이를 이해하기 위해서는 유변학적 개념뿐만 아니라 수지의 물성 등 다양한 정보를 충분히 활용해야 하며, 모세관 점도는 하나의 보조적인 자료로서 활용해야 한다. 또한 수지 특성의 차이는 주로 낮은 전단속도에서 민감하게 발현되며, 모세관 점도 실험에서 얻게 되는 높은 전단속도에서는 큰 차이가 나지 않는 경우가 많다. 높은 전단속도 영역에서 차이를 볼 수 있는 수지 간의 비교라면 다행이겠으나, 그렇지 않은 경우라면 좀 더 낮은 전단속도에서의 정보를 확보하는 것이 중요할 것이며, 이를 위해서는 회전형 점도기를 사용할 필요가 있다. 또한 모세관 점도기는 회전형 점도기와는 달리 점도에 관한 정보만 제공하며, 탄성이나 수직응력 등에 관한 정보는 제공하지 않는다. 따라서 모세관 점도기는 유동성에 관한 단편적인 정보만 제공할 뿐이며, 가공 공정을 이해하기 위해서는 반드시 회전형 점도기를 함께 이용하는 것이 중요하다.

그림 3-1a와 같은 모세관 유동에서 전단속도와 전단응력은 위치에 따라 달라진다. 따라서 벽면에서의 값들을 고려한 후 이를 보정해 주는 방식으로 점도를 측정하게 된다. 벽면에서의 전단응력과 전단속도는 다음과 같이 주어진다. 여기서 겉보기 벽전단속도는 뉴톤유체의 벽면에서의 전단속도이다. 또한 $R, |\Delta P|, L, Q$는 각각 모세관의 반경, 압력 차이, 모세관의 길이, 유량을 의미한다.

벽면에서의 전단응력 $$\tau_w = \frac{R}{2}\frac{|\Delta P|}{L}$$ (3-1)

벽면에서의 전단속도 $$\dot{\gamma}_w = \frac{1}{4}\dot{\gamma}_{aw}\left[3 + \frac{d\ln Q}{d\ln \tau_w}\right]$$ (3-2)

겉보기 벽전단속도 $$\dot{\gamma}_{aw} = \frac{4Q}{\pi R^3}$$ (3-3)

본 과정에서는 유량을 달리하면서 압력을 측정하여 벽면에서의 전단속도와 전단응력을 구하고 이를 보정하여 점도값을 측정하게 된다. 여기서 모세관 점도기 사용 시 자주 등장하는 두 가지 보정에 대해 알아보자. 첫째는 라비노비치(Rabinowitsch) 보정으로서 이는 벽면에서의 전단속도와 전단응력의 관계를 지어주는 것이다. 점도는 이들 두 변수의 비로서 구할 수 있지만, 벽면에서의 전단속도를 정확히 구할 수 없다는 문제를 보완해 주기 위한 보정이다. 이러한 보정을 사용하면 그림 3-2에서 보듯이 점도값이 약간 작아지고, 전단속도의 범위가 특히 높은 쪽에서 상당히 넓어지는 경향이 있다. 현장에서 활용하는 데 있어서는 실험의 규격화가 중요한 것이기 때문에 보정을 하지 않아도 무방할는지 모르지만, 이것이 정확한 점도는 아니라는 점을 인식할 필요가 있다.

둘째는 배글리(Bagley) 보정으로서 다이 양단의 입구 및 출구 유동에 있어서의 압력 손실을 보정해 주는 것이다. 수지가 좁은 다이로 들어오면 한동안 정상상태에 도달하지 못하고, 수지가 다이를 빠져나갈 때는 수직응력으로 인해 다이 끝단에 압력이 걸리게 되어 이를 보정해 줘야 한다. 다이의 길이 대 직경비(L/D)가 작은 경우에는 손실이 커서 보정이 필수적이나 그렇지 않은 경우에는 상대적으로 보정의 필요성이 줄어든다(그림 3-3). 배글리 보정을 위해서는 2개의 다이를 이용해서 실험해야 하는 불편함이 있다. 최근 장비들은 한 번의 실험으로 배글리 보정을 실시할 수 있도록 실린더가 2개인 경우가 많지만, 그렇지 않은 경우라면 실험이 매우 번거로워 현장에서 사용하기에 적합하지 않을 수 있다. L/D가 충분히 크다면 (가령, 적어도 32 이상) 이를 무시할 수 있겠지만, 사전에 확인 실험을 통해 보정이 필요한지 여부를 알아두는 것이 바람직할 것이다.

모세관 점도 실험에서 유의해야 할 점으로는 다음과 같이 몇 가지를 들 수

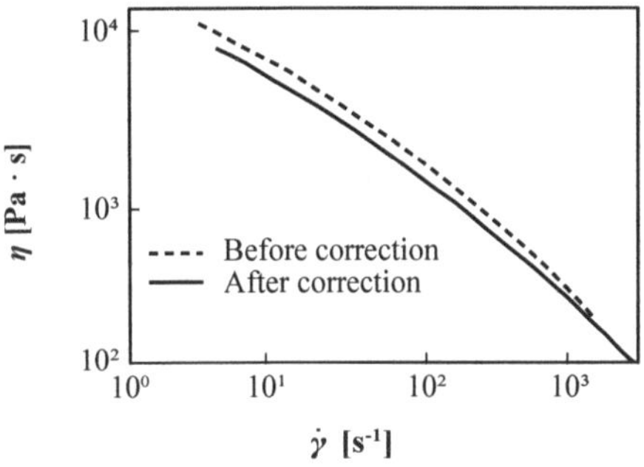

〈그림 3-2〉 라비노비치 보정 전후의 점도 곡선

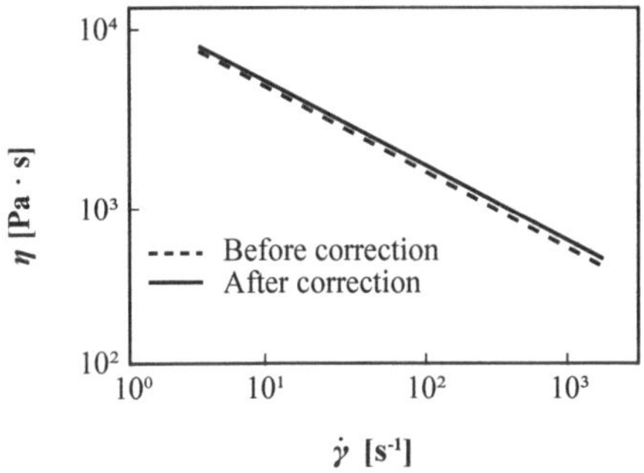

〈그림 3-3〉 Bagley 보정 전후의 점도곡선

있다. 첫째, 모세관 점도기는 제한된 범위의 전단속도 영역에서만 신뢰할 수 있는 정보를 제공한다는 점이다. 작업자는 가능하면 넓은 범위의 점도를 얻고 싶겠지만 장비의 한계를 정확하게 이해하는 것은 매우 중요하다. 그림 3-4는 하나의 점도곡선을 얻기 위해서 여러 가지 점도기를 이용하여 측정한 결과를 보여주고 있다. 그림에서 보는 바와 같이 모세관 점도기로 얻을 수 있는 전단속도의 범위는 재료의 특성에 따라 다르긴 하지만 대체로 몇십에서 몇천 정도의 2~3데케이드(10^1~10^3) 범위이다. 고분자의 완화 스펙트럼이 매우 넓은 점을 고려하면 이는 매우 제한적인 정보이며, 회전형 점도기를 함께 이용해서 넓은 범위의 전단속도에서의 유변물성 값을 확보하는 것이 중요하다. 점도가 높고 전단속도가 큰 경우에는 전단발열에도 주의해야 한다. 전단발열은 유체가 흐르면서 발생하는 마찰열로 생각하면 되는데 대략 ~ $\eta\dot{\gamma}^2$와 같이 점도와 전단속도 제곱에 비례하여 발생한다. 전단발열의 정도는 식 3-4로 정의되는 Nahme 수로 알 수 있는데, 이 값이 1보다 크면 전단발열로 인한 오차가 무시할 수 없게 된다.

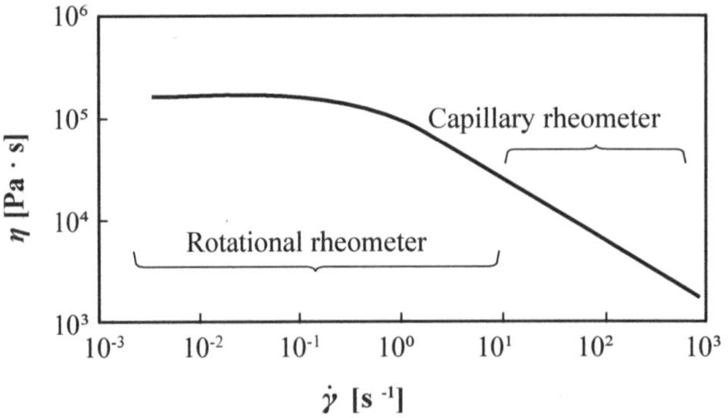

〈그림 3-4〉 고분자 용융체의 점도곡선 예시(전단속도 영역에 따라 다른 유형의 점도기를 사용하여 측정함)

$$Na = \frac{\beta \tau \dot{\gamma} R^2}{4k} \tag{3-4}$$

여기서 k는 열전도도, β는 $\eta = \eta_0 e^{\beta(T_0 - T)}$로 정의되는 온도민감도 파라미터이다. 또 다른 문제는 전단발열의 영향이 커지는 경우는 응력이 매우 큰 경우라는 점이다. 응력이 $\tau_w \sim 10^5 Pa$ 수준에 이르면 통상 용융파괴(melt fracture) 현상이 나타나고, 더는 점도 측정의 의미가 없게 된다. 결국 모세관 점도기를 이용해서 고점도 유체의 점도를 측정하는 것은 제한된 전단속도 영역에서만 가능하다. 가령 점도가 $100 Pa \cdot s$이라면 전단속도 $1{,}000 s^{-1}$ 이상에서의 측정은 신뢰하기 어렵다.

트랜스듀서(transducer)의 신뢰 범위에도 유의해야 한다. 일반적으로 점도는 전단속도를 여러 데케이드에 이를 정도로 넓은 범위에서 구하게 되는데, 이 점에 너무 집착하여 신뢰 범위 밖에서의 실험을 수행하는 경우가 많다. 낮은 전단 영역에서는 압력이 낮게 발생하여 트랜스듀서가 신뢰할 만한 수준에 이르지 못하는 경우가 많다. 보통 트랜스듀서 허용치의 수 % 이내 범위의 데이터는 문제가 있을 소지가 많다. 높은 전단 영역에서 압력이 너무 많이 발생하면 보통의 기기에서는 자동적으로 해당 실험을 건너뜀으로써 기기에 발생할 수 있는 과부하 문제를 해결하고 있다. 전단속도가 큰 경우에는 전단발열이 과도하여 온도 상승이 커서 원하는 온도에서의 점도를 측정하지 못하게 될 수 있다. 앞서 언급한 바와 같이 전단발열은 대략 ~ $\eta \dot{\gamma}^2$ 정도로 발생하는데, 점도가 높거나 전단속도가 높으면 수지의 온도는 크게 증가한다. 따라서 너무 높은 전단속도 영역에서의 실험은 해석에 유의할 필요가 있다.

일반적으로 모세관 점도 실험을 일반 물성 실험과 같이 별 생각 없이 미리 설정해 놓은 전단속도 영역과 온도에서 실험하는 경우가 많은데, 이는 좋지 않은 습관으로서 부정확한 결과를 초래할 가능성이 높다. 수지별로 적정 실험 온도와 해당 온도에서의 적절한 전단속도 영역을 미리 확인하여 실험하는 것이 바람직하다. 또한 장기간 사용하는 경우나 실험 과정에서의 부주의로 인해 트랜스듀서에 문제가 생기는 경우가 발생할 수 있으므로, 주기적으로 점검을 실시하거나 표준 시료에 의한 확인 과정을 잊지 말아야 한다. 특히 실험 후 청소 과정에서 잔류 수지를 제거할 때, 미리 다이를 해체하지 않는 경우에는 과도한 압력이 걸려 트랜스듀서가 손상을 입기 쉬우므로 주의해야 한다. 실험상의 부주의 등으로 인해 트랜스듀서뿐만 아니라 배럴이나 다이가 손상되는 경우도 있다. 피스톤이 배럴의 벽면을 치거나 긁어 상처를 주면 마찰이 증가하게 되어 압력이 증가하는 효과가 발생할 수 있다. 실험상의 부주의가 아니더라도 장기간 사용 시 마모에 의해 다이 직경이 변하게 되는 경우도 있으므로 주기적인 점검이 필요하다.

이외에도 실험 중에 수분이나 휘발 성분으로 인해 기포가 발생하는 경우가 있으며, 오차의 중요한 원인이 될 수 있다. 이는 파우더 샘플을 이용하는 경우에 특히 주의해야 한다. 수지가 배럴 내에 체류하는 동안 경우에 따라서 일부 성분이 열분해가 될 수도 있으며, 주어진 열 이력에 따라 점도 자체가 다르게 관측될 수도 있다. 경우에 따라 다를 수 있겠지만 일반적으로 실험은 고체상의 펠렛이나 파우더를 넣고 1차 압축한 후 1차 대기하고 이후 2차 압축 후 수 분 이상 대기한 후 실험에 들어가게 된다. 피스톤에 의한 압축 시에는 경우에 따라 강한 난류 유동이 유발될 수도 있다. 수지 온도 자체도 낮은 열전도도로 인해 설정 온도에 바로 도달하지는 못하기 때문에, 설정 온도에 도달하고 수지가 충분히 완화할 때까지 충분한 시간을 기다린 후 실험에 들어가게 된다. 이 시간 동안 수지의 자유부피가 증가하기 때문에 실험의 초반부에는 이로 인한 오차가 발생할 수 있다. 이러한 문제를 해결하기 위해서는 초기 데이터를 포기하는 것이 필요할 수 있다. 따라서 전단속도 설정을 낮은 값에서 높은 값으로 했다가 다시 낮은 값으로 하는 등의 아이디어를 낼 필요도 있다. 이와 같이 전단속도 스윕(sweep) 실험을 한 경우 전단속도가 증가하는 방향의 점도곡선과 감소하는 방향의 점도곡선이 차이가 날 수 있는데, 보통은 전단속도가 증가하는 방향의 점도곡선이 반대의 경우보다 낮은 점도값을 가지게 된다.

앞서 설명한 콕스-메르츠 법칙을 이용하여 비교해 보면 전단속도가 감소하는 경우(또는 실험 후반부)의 점도가 낮은 전단속도에서의 회전형 점도기에 의한 실험 결과와 일치하는 것으로 보아, 초기 실험에서 자유부피에 의한 오차가 상당한 수준으로 발생할 수 있으며, 실험 후반부의 데이터를 취하는 것이 바람직하다는 것을 알 수 있다. 한편 낮은 전단속도의 경우에는 정상상태에 도달할 때까지 매우 긴 시간이 소요될 수도 있기 때문에 전체 실험에 소요되는 시간은 상당한 수준에 이를 수 있다. 이렇게 비교적 장시간 열을 받게 된 수지는 열분해 및 화학반응이 수반될 수 있으며, 이는 결과에 상당한 영향을 미칠 수 있으므로 실험의 설계나 결과 해석에 있어서 주의해야 한다.

모세관 점도기는 주로 고분자 멜트의 점도를 측정하는 데 이용된다. 고분자 멜트는 점도가 매우 높아 큰 압력을 걸어 줘야 하며, 트랜스듀서의 용량도 커야 한다. 사용되는 시료의 양도 적지 않다. 모세관 점도기의 이론을 마이크론 크기의 미세채널에 적용하여 모세관 점도기를 제작할 수 있다. 극소량의 샘플로 점

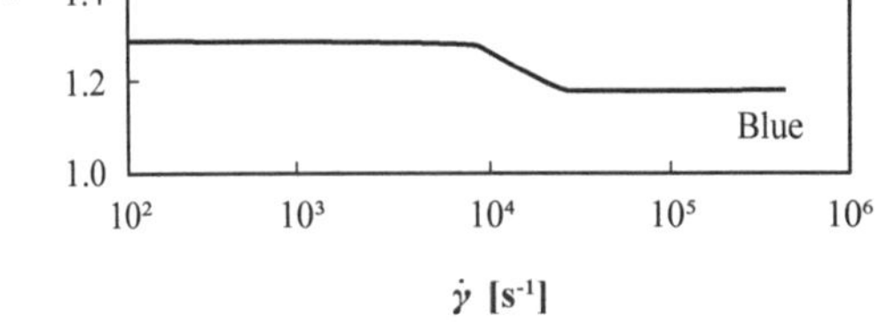

〈그림 3-5〉 미세채널을 이용한 모세관 점도기로 측정한 사무용 잉크의 점도 (다음 사이트로부터 다시 그림. http://www.rheosense.com)

도와 수직응력을 측정할 수 있는데, 점도가 비교적 낮거나 샘플이 적은 경우에 유용하다. 그림 3-5는 사무용 잉크의 점도 측정 결과를 보여 주고 있다. 점도가 물의 2배 정도밖에 되지 않는 저점도 잉크의 점도를 정확하게 측정하고 있으며, 더욱이 높은 전단속도 영역에서 전단박화현상을 잘 보여 주고 있다. 샘플이 귀한 바이오, 제약 분야나 나노 분야의 소재 및 저점도 용액의 점도 측정에 유용하지만, 이론적으로는 범용 모세관 점도기와 다를 바 없다.

2. 회전형 점도기

산업현장에서뿐만 아니라 연구 개발 과정에서도 유변학적 정보를 가장 유용하게 확보할 수 있는 방법은 회전형 점도기를 사용하는 것이다. 이 방법은 수지의 점도뿐만 아니라 수직응력이나 탄성에 대해서도 정확한 정보를 제공하기 때문에 활용도가 높다. 유동지수의 개념이 극히 초보적인 개념이라면 모세관 점도의 활용은 이보다 한 단계 진전된 것이라 볼 수 있다. 이보다 더욱 진전된 접근방법이 회전형 점도기를 사용하는 것이라고 볼 수 있겠으나, 사실 이를 정확하고 유용하게 사용하고, 또한 실험 결과를 제대로 해석하는 것은 별개의 과정으로 볼 만큼 많은 주의가 필요한 부분이다.

본서의 여러 부분에서 강조하고 있는 유변학적 개념의 유용성은 사실 대부분 회전형 점도기의 효율적인 활용을 전제로 하는 경우가 많다. 회전형 점도기는 크게 속도제어형(rate control type)과 응력제어형(stress control type)으로 구분된다. 속도제어형은 모터와 트랜스듀서가 분리되어 한쪽은 모터에 의해 일정한 변형을 가하고 다른 한쪽은 그 변형에 의해 발생하는 힘을 측정한다. 이 방법은 변형을 직접 가하는 방식으로 관성의 영향이 작고 빠르고 직접적인 측정이 가능한 장점이 있다. 응력제어형은 아래 판이 고정되어 있으며 위쪽에 모터와 센서가 결합되어 함께 존재하며, 가해진 힘에 의한 변형을 측정한다. 즉 힘을 가하고 이에 해당하는 변형량을 찾아야 하는 관계로 서보 방식을 통해 계속해서 변형량을 찾아 나가는 방식이다. 위 판의 회전을 위해 공기 베어링을 사용하며 이로 인해 마찰과 관성의 영향이 비교적 크다. 경우에 따라 이로 인해 데이터가 부정확할 수 있기 때문에 특히 주의할 필요가 있다.

두 가지 유형의 구체적인 구분은 본서의 내용을 넘는 것으로 여기에서는 다루지 않겠으나, 일반적으로 고분자 산업계에서는 전자를 많이 사용하고 페이스트, 화장품 및 일부 코팅 재료와 같이 낮은 응력환경에서의 정보가 중요한 경우에는 후자를 많이 이용하는 경향이 있다. 하지만 반드시 그렇게 하는 것이 유리하다고 볼 근거는 없다고 생각된다. 회전형 점도기는 제대로만 사용한다면 매우 유용한 결과를 얻을 수 있으나, 실험 과정에서 주의할 점이 많다. 회전형 점도기는 두 평판 사이에 수지를 놓고 한쪽 판을 회전시키면서 수지에 걸리는 토크를 측정하여 유변물성을 측정하는데, 평판의 유형에 따라 평행판 점도기와 콘플레이트 점도기로 구분한다.

1) 콘플레이트 점도기

콘과 플레이트 사이에 있는 유체는 위판이 회전할 때 응력을 받게 되며, 이때 토크(torque)를 측정하여 점도를, 평판에 수직하게 미치는 힘을 측정하여 수직응력을 측정할 수 있다. 여기서 M, R, Ω, β, F_z는 각각 토크, 평판의 반경, 회전 각속도, 콘의 각도, 수직 방향으로 미치는 힘을 의미한다.

전단응력 $$\tau_{12} = \frac{3M}{2\pi R^3} \quad (3\text{-}5)$$

전단속도 $$\dot{\gamma} \sim \frac{\Omega}{\beta} \quad (3\text{-}6)$$

1차 수직응력차 $$\tau_{11} - \tau_{22} = \frac{2F_z}{\pi R^2} \quad (3\text{-}7)$$

이 방법의 특징은 식 3-6에서 볼 수 있듯이 전 유동 영역에서 전단속도가 위치에 관계없이 일정하고, 1차 수직응력차를 비교적 쉽게 측정할 수 있다는 점이다. 회전형 점도기에서는 관성의 영향에 주의해야 한다. 관성은 1차 수직응력차와 반대로 두 판을 당겨 주는 쪽으로 작용하여 다음과 같은 보정이 필요하다.

$$N_1 = \frac{2F_z}{\pi R^2} - 0.15\rho\Omega^2 R^2 \tag{3-8}$$

또한 관성은 2차 유동(secondary flow)을 발생시켜 토크(M)를 증가시킬 수 있다.

$$\frac{M}{M_0} = 1 + 6.1 \times 10^{-4}\ \mathrm{Re}^2 \tag{3-9}$$

여기서 $\mathrm{Re} = \frac{\rho\Omega\beta^2 R^2}{\eta_0}$ 이다. 보통의 경우라면 이들 보정은 필요 없지만, 각 보정항을 계산해서 문제가 없겠는지 확인하는 것도 바람직할 것이다. 콘플레이트 점도기에서도 전단발열은 다음 식을 이용해서 파악할 수 있다.

$$\frac{M}{M_0} = 1 - \frac{Na}{5n} \tag{3-10}$$

여기서 Na는 식 3-4에서 정의된 Nahme 수이며, n은 power-law 유체의 지수이다.

콘의 각도가 커지면 이차유동의 가능성이 더 커지게 되어 주의해야 하며, 콘과 플레이트를 본체에 고정시킬 때 각도가 틀어지면 큰 오차가 발생할 수도 있다. 전단속도가 커지면서 샘플의 가장자리(공기와 맞닿는 부분)에서 자유경계면(free surface)이 파괴되는 경우도 있는데, 이런 경우 점도 측정이 의미가 없게 된다는 것도 유의해야 하겠다. 이와 같이 레오미터의 사용은 그 원리를 잘 알고 정확하게 사용해야 하므로 초기에 많은 공부와 노력이 필요하다. 단지 장비에 샘플을 놓고 프로그래밍을 통해 가동시키면 무언가 결과가 나오겠지만, 이것이 정확한 유변물성인지의 여부는 별개의 얘기이므로 많은 주의가 필요하다.

2) 평행판 점도기

평행판 점도기는 직관적이고 사용이 용이해서 가장 많이 사용되는 점도기이다. 평행판 사이에 샘플을 놓고, 한쪽 판을 회전시켜 토크를 측정하여 유변물성을 구하게 된다. 여기서 M, R, $\boldsymbol{\Omega}$, F_z는 각각 토크, 평판의 반경, 회전 각속도, 수직방향으로 미치는 힘을 의미한다.

전단응력 $\tau_{12} = \frac{M}{2\pi R^3}\left[3 + \frac{d\ln M}{d\ln \dot{\gamma}_R^2}\right]$ (3-11)

전단속도 $\dot{\gamma}(r) = \frac{r\Omega}{h}$ (3-12)

수직응력차 $N_1 - N_2 = \frac{F_z}{\pi R^2}\left[2 + \frac{d\ln F_z}{d\ln \dot{\gamma}_R}\right]$ (3-13)

콘플레이트 점도기와의 가장 큰 차이는 평행판 점도기에서는 유동장의 전단속도가 위치의 함수라는 점이다. 이론적으로는 콘플레이트 점도기에서 N_1을 측정하고 평행판 점도기를 함께 사용해서 N_2를 측정하는 것이 가능하지만 대부분 전단응력을 측정하는 데 널리 이용된다. 콘플레이트 점도기와 마찬가지로 관성, 2차 유동, 전단발열 등에도 주의해야 한다.

3) 회전형 점도기를 사용할 때 유의해야 할 점

(1) 시편 제조상의 유의할 점

용액의 경우가 아니라면 보통 시편은 프레스를 이용하여 제작한다. 사출이나 시트(sheet) 등 성형품을 이용할 수도 있는데, 특히 사출시편과 같이 잔류응력이 심하게 남게 되는 경우에는 이로 인한 문제가 있을 수 있으므로 데이터 해석에 각별히 주의해야 한다. 사실 고온 환경에서 실험하는 경우, 시간에 따라 변화하는 잔류응력의 기여분을 분리하여 생각하기 어렵기 때문에 가능하다면 규격화된 방법으로 잔류응력을 최소화할 수 있도록 프레스를 이용하여 시편을 제작하는 것이 바람직하다. 물론 실험 시작 전에 완화시간을 충분히 준 후에 실험한다면 잔류응력의 영향은 많이 제거되겠지만, 반대로 고온에서의 장시간 체류로 인해 열분해나 화학반응이 수반될 가능성이 높아져 또 다른 문제가 야기될 가능성이 높다. 시편 제조 과정에서도 고온 고압에 의한 열분해 및 화학반응의 가능성을 줄이기 위해 주의해야 하며, 시편 내에 기포가 형성되지 않도록 주의해야 한다. 시편 내에 존재하는 약간의 기포도 실험 결과에 큰 영향을 줄 수 있다는 것이 잘 알려져 있다.

(2) 열 안정성

좋은 실험을 위해서는 사전에 예비 실험을 수행하는 것이 바람직하다. 앞서 설명한 바와 같이 낮은 주파수에서의 실험을 위해서는 실험 가능한 최대 온도에서 실험하는 것이 유리하다. 하지만 이 경우에 열분해 및 화학반응이 심하게 일어날 수 있으므로 이를 사전에 확인하는 것이 바람직하다. 보통 시간 스윕(time sweep)이라 하여 일정한 조건의 실험을 지속적으로 실시하여 시간에 따른 점탄성의 변화를 살펴본 후 실험을 설계하는 것이 바람직하다. 실험 시, 시편을 거치하고 시편 자체가 설정 온도에 도달하고 충분히 완화될 때까지 기다린 후 시작되는데, 완화시간과 실험시간 동안 수지가 열적으로 안정한지를 확인해야 하는 것이다.

그림 3-6은 ABS(Acrylonitrile-Butadiene-Styrene) 수지의 시간 스윕 실험 결과이다. 실험은 시편을 로딩한 후 설정 온도에의 도달 여부 및 시편의 완화에 관계없이 즉시 측정을 시작한 것이다. 처음에는 시편 로딩을 위해 오븐을 열었다가 닫은 관계로 온도가 설정 온도보다 낮았다가 오븐이 닫힌 이후 빠르게 열이 공급되어 설정 온도보다 높게 오버슈트된 다음 설정 온도에 도달한다. 그 때문에 측정 결과가 낮은 값을 보인 이후에 다시 증가하여 일정하게 되거나 화학반응에 의해 증가하는 결과를 보이는 것이다. 1시간의 실험시간 동안 200℃에서는 G' 값이 거의 일정하게 유지되는 데 반해 250℃에서는 화학반응이 진행되어 G' 값이 지속적으로 증가한다. 장시간 실험이 진행되는 경우라면 250℃보다 낮은 온

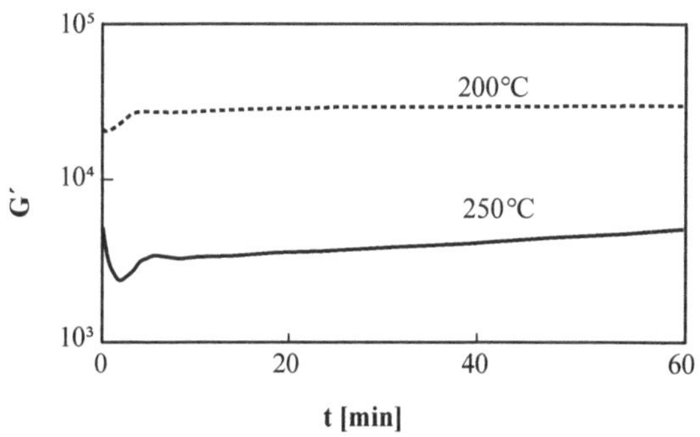

〈그림 3-6〉 ABS 수지의 저장 모듈러스의 온도 및 시간에 따른 변화

도에서 실험해야 할 것이다. 하지만 실험이 10분 남짓의 짧은 시간 동안만 진행된다면 그 사이의 화학반응의 영향은 그리 크지 않아 현실적으로 무시할 수 있을 것이다.

또한 품질관리나 수지 간 비교를 위해서는 실험방법만 표준화된다면 250℃에서 실험을 진행해도 문제는 없을 것이다. 물론 이 경우에 측정된 값을 수지의 점탄성이라고 할 수는 없겠으나 여전히 유용한 정보를 확보하는 데에는 문제가 없을 것이다. 한편 고분자가 고온의 환경에 있을 때, 일반적으로 수지의 열분해와 화학반응이 동시에 일어나게 되며, 두 반응의 속도 차이에 따라 유변물성 측정 시 시간에 따라 값이 증가하거나 감소하는 것임에 유의해야 한다. G'이 증가한다고 경화반응만 일어나는 것이 아니라 열분해도 함께 일어나며, 다만 경화반응의 속도가 분해반응의 속도보다 빠른 것으로 해석해야 할 것이다.

250℃에서 질소환경에서의 실험 결과나 일반 대기환경에서의 실험 결과는 일치했으며, 산소에 의한 산화반응은 크게 영향을 주지 못하는 것을 알 수 있었다. 실험에 따라 산화반응이 문제가 될 수 있겠으나, ABS 수지의 경우에는 산화반응의 영향은 무시할 만하다. 이 경우 산화반응은 시편이 대기와 접하는 자유경계면에서만 발생하며 시편 내부에까지 전달되지 않는다. 실험이 끝난 후 플레이트를 분리할 경우 그제야 급속히 내부까지 산화가 진행되는 것을 육안으로 확인할 수 있다. 결국 ABS의 경우라면 유변물성 측정을 위해 질소환경을 유지할 필요가 없다는 것을 의미한다.

일반적으로는 고온실험의 경우에 산화반응으로 인해 반드시 질소환경을 유지해야 한다고 알려져 있다. 질소환경을 유지하기 위해서는 많은 비용이 발생하는데, 이와 같은 간단한 예비실험을 통해 많은 비용을 절약할 수 있다. 비용의 문제가 아니라 고정관념에 잡혀 실험을 하는 경우에 유용한 정보를 놓칠 수 있는 것이다. 이와 같은 예비실험을 통해 장기적으로 상당한 수준의 비용을 절약할 수 있을 뿐만 아니라 ABS 수지의 화학반응의 특성에 대한 부가적인 정보를 얻을 수 있다. 당연한 일이겠지만, 고정관념을 버리는 것과 예비실험을 실시하는 것은 모든 실험에 있어서 매우 중요한 일이다.

(3) 변형 스윕(strain sweep)

일반적으로 가장 널리 활용되는 유변학적 정보는 주로 선형동적점탄성(linear oscillatory viscoelastic) 실험을 통해 얻어진다. 여기서 선형이라 함은 변형의 크기에 관계없이 유변물성이 일정한 값을 보이는 경우를 의미하는데, 이는 변형 스윕(strain sweep) 실험을 통해 확인할 수 있다. 변형을 증가시키면서 동적실험을 해 보면 일정한 값을 보이다가 변하게 되는데, 이때의 변형량을 임계변형(critical strain)이라 하여 변형이 이 값보다 작은 경우는 선형, 큰 경우는 비선형실험이 되는 것이다. 선형 여부를 확인하기 위한 가장 좋은 방법은 출력으로 나오는 응력(속도제어형의 경우) 또는 변형(응력제어형의 경우)이 입력 신호와 마찬가지로 사인파로 나오는지를 관찰하는 것이다. 비선형의 경우에는 사인파가 깨지는 것을 쉽게 확인할 수 있다. 선형점탄성의 경우에 수학적으로나 물리적으로 그 의미가 명확한 데 반해 비선형의 경우에는 해석이 어렵고 일반화하기 어려운 문제가 있어 선형점탄성에 대한 정보가 선호된다.

또한 선형점탄성만 해도 물질의 미세한 구조 차이가 충분히 감지되는 경우가 일반적이다. 비선형실험을 한다고 해도 실험이 규격화되어 있다면 품질관리 등의 초보적인 목적에는 아무런 문제가 없으나, 분자설계나 제품설계를 위한 보다 고급정보를 활용하기 위해서는 가급적 선형실험을 실시하는 것이 바람직하다. 또한 변형이 작은 경우에는 선형성은 보장되지만 토크가 작게 걸려 실험의 정확도가 떨어진다. 변형이 큰 경우에는 토크가 크게 걸려 실험의 정확도는 올라가지만, 비선형에 이를 수 있으므로 선형을 보장하는 범위 내에서 최대한의 변형을 주고 실험하는 것이 필요하다.

그림 3-7a는 생체고분자의 일종인 히알루론산(hyaluronic acid) 수용액의 변형 스윕 실험 결과이다. 변형이 작을 때는 유변물성이 일정하다가 임계변형 이상에서는 감소하고 있다. 임계변형은 물질뿐만 아니라 실험온도나 실험 주파수에도 크게 의존하며, 주파수가 높아질수록 감소하는 경향을 보인다. 따라서 본격적인 실험을 하기에 앞서 변형 스윕 실험을 실시하여 적절한 변형의 크기를 미리 결정하는 것이 필요하다. 고분자 멜트의 실험 결과도 이 그림의 모습과 정성적으로 일치한다. 하지만 일부 용액의 경우에는 그림 3-7b와 같이 임계변형에서 유

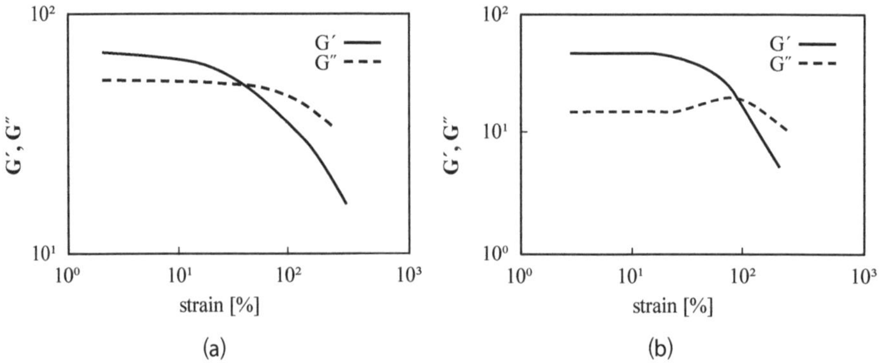

〈그림 3-7〉 변형 스윕 결과. (a) 히알루론산 수용액, (b) 잔탄검 수용액

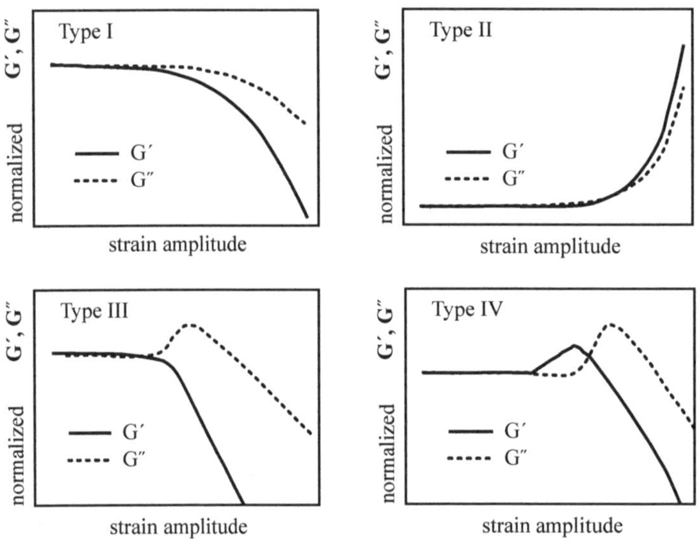

〈그림 3-8〉 변형 스윕의 네 가지 패턴 (다음 문헌으로부터 다시 그림. K. Hyun et al., Prog. Polym. Sci., 36 (2011) 1697)

변물성이 감소하기만 하는 것이 아니라 증가하다가 감소하는 등 정성적으로 다른 거동을 보이고 있는데, 변형의 크기에 따른 미세구조의 변화와 관계가 있을 것으로 추정될 뿐 이에 대한 원인은 아직 밝혀져 있지 않다.

변형 스윕 실험의 패턴으로부터 복잡유체의 유형을 그림 3-8과 같이 네 가지로 구분하기도 한다. 유형 I은 변형이 증가하면서 일정하던 값들이 전단박화와 같이 감소하는 유형으로(strain thinning) 대부분의 고분자 용액 및 용융체들이 이런 거동을 보인다. 값이 작아지는 것은 미세구조가 유동 방향으로 배향하기 때문이다. 유형 II는 유동에 의해 물리적인 가교점을 형성하여 네트워크 구조가 형성되는 경우이다(strain hardening). 유형 III은 G'은 유형 I과 같이 감소하는 데 반해 G''이 살짝 증가하다가 다시 감소하는 유형이다(weak strain overshoot). G''이 증가하는 정확한 원인은 알려져 있지 않지만 새로운 미세구조를 형성했다가 다시 깨지는 것으로 생각되며, 입자계 소재, 생체고분자, 블록공중합체 등 미세구조 변화가 심한 유체들에서 흔히 볼 수 있다. 유형 IV는 G'과 G''이 모두 증가했다가 감소하는 유형인데(strong strain overshoot) 계면활성제 용액이나 입자응집계에서 주로 나타난다.

(4) 관성의 영향

동적점탄성 실험에서 실제로 측정하는 양은 출력으로 나오는 사인파의 크기와 위상차(phase angle)이다. 이로부터 유변물성을 계산해 줄 수 있는데, 이 과정에서 일반적으로 관성 항을 무시할 수 있다는 가정을 사용한다. 점도가 높은 고분자 멜트와 같은 경우에는 문제가 없지만 점도가 낮은 용액의 경우에는 이 가정이 유효하지 않은 경우가 발생할 수 있으며, 필요한 경우에 보정을 해 주어야 한다. 하지만 현실적으로는 보정을 해 주기보다 이러한 실험 영역을 피하고, 데이터 해석에 주의를 기울이는 것이 바람직할 수 있다.

점도가 낮은 경우에는 관성의 영향이 수학적인 유도 과정에서만 문제를 야기하는 것이 아니고, 유동장 자체에 영향을 주어 2차 유동이 발생할 수도 있다. 그림 3-9는 그러한 예를 보여 주고 있다. 잔탄검(xanthan gum) 수용액을 응력제어형 레오미터를 이용하여 측정한 결과이다. 직경이 20mm인 평행판을 사용한 경우 복소점도가 주파수 10 부근에서 올라가는 현상을 보이고, 직경이 35mm인 평행판인 경우에는 다소 지연되어 주파수 40 부근에서 발생하며, 콘플레이트를 사용하는 경우에는 주파수 100 이상 수준까지 완화된다.

이와 같이 관성에 의한 점도 증가 현상은 일반적으로 응력제어형 점도기를 사용하는 경우에 쉽게 발생하며, 작은 평행판을 사용하는 경우에 심하게 발생한

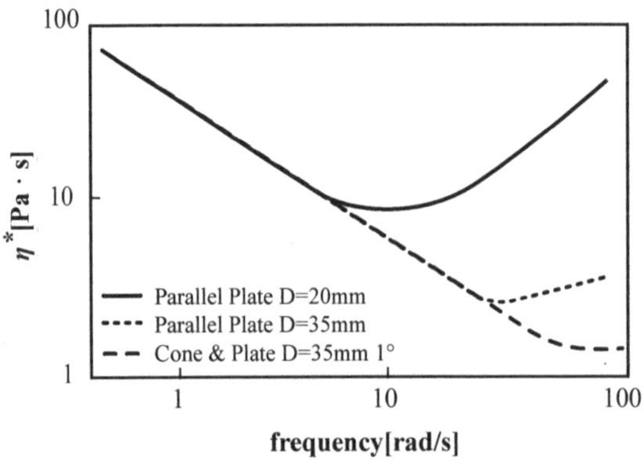

〈그림 3-9〉 잔탄검 수용액의 점도 측정 결과

다. 평행판의 직경이 커질수록 이러한 현상은 완화 또는 지연되며 평판 사이의 갭을 줄여 주면 더욱 완화시킬 수 있다. 콘플레이트의 경우에는 쉽게 관찰되지는 않으나 콘의 각도가 너무 작거나 크면 문제가 발생할 소지가 있다. 이와 같이 응력제어형 점도기의 경우에는 주파수가 커질수록 기계적인 문제가 발생할 가능성이 높아 실험에 주의해야 하며, 또한 데이터 해석에도 유의해야 한다. 일반적인 실험의 경우라면 주파수가 100 이상의 데이터는 무의미할 가능성이 높다고 볼 수 있다.

최근 관심이 높아지고 있는 복잡유체의 경우 거동이 특이하고 유동에 의한 미세구조의 변화가 수반되는 경우가 많아 점도 증가나 전단농화(shear thickening)와 같은 특이 거동을 보이는 경우가 많다. 겉으로 보기에는 잔탄검 수용액도 점도증가 현상을 보이는 것처럼 보이지만, 실제로는 전단박화(shear thinning) 현상만을 보이며, 그림에서 보이는 점도 증가는 관성에 의한 원인으로 이해된다.

(5) 증발의 영향

수용액이나 휘발성이 있는 저점도 용매를 사용한 용액은 실험 중 물이나 용매가 증발할 수 있다. 이런 경우 시간이 지남에 따라 상대적으로 농도가 증가하게 되어 유변물성이 커지는 문제가 있을 수 있다. 또한 용액의 종류에 따라서는 자유경계면에 얇은 막이 형성되면서 실험이 비정상적으로 진행될 수 있으므로, 이와

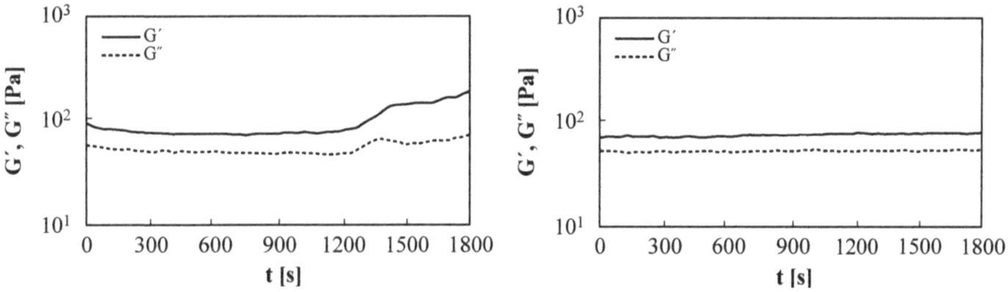

(a) (b)

〈그림 3-10〉 히알루론산 수용액의 시간 스윕 실험 결과. (a) 오일을 사용하지 않은 경우, (b) 오일로 증발을 막아 준 경우

같은 증발현상을 방지할 수 있도록 주의해야 한다. 그림 3-10a는 고분자수용액의 시간 스윕 실험 결과이다. 약 20분이 경과한 후부터 유변물성이 크게 증가하는 것을 볼 수 있다. 이는 수분의 증발로 인해 자유경계면에 얇은 막이 생성되고, 이것이 플레이트와의 마찰을 증가시키기 때문이다. 이를 방지하기 위해 솔벤트 트랩(solvent trap)을 사용한다든지 저점도 오일을 자유경계면에 발라 주어 수분의 증발을 막을 수 있는데, 이와 동일한 실험에 단지 오일만 발라 준 결과가 그림 3-10b에 비교되어 있다. 오일을 발라 준 경우 장시간 일정한 유변물성이 측정되는 것으로 보아 앞서의 수분 증발을 다른 부작용 없이 확실하게 방지하고 있다는 것을 알 수 있다.

용액에 따라서는 실험 시작부터 지속적으로 용매가 증발되어 유변물성이 꾸준하게 증가하는 경우도 흔히 볼 수 있다. 반드시 실험 전에 시간 스윕 실험을 실시하여 용액의 증발 특성을 확인하고, 필요하면 솔벤트 트랩을 사용하거나 적절한 오일을 발라 주는 대책이 필요하다. 오일의 경우도 종류에 따라 자유경계면에 튼튼한 얇은 막을 형성하거나 용액과 반응하는 등 부작용이 있을 수 있으므로 충분한 사전 실험을 거친 후 본격적인 실험 준비를 해야 한다.

(6) 시료의 안정성

콘플레이트나 평행판의 경우에는 시료가 플레이트와 맞닿지 않고 대기와 직접 접촉하는 자유경계면이 존재한다. 플레이트가 회전하는 회전형 점도기에서의 실

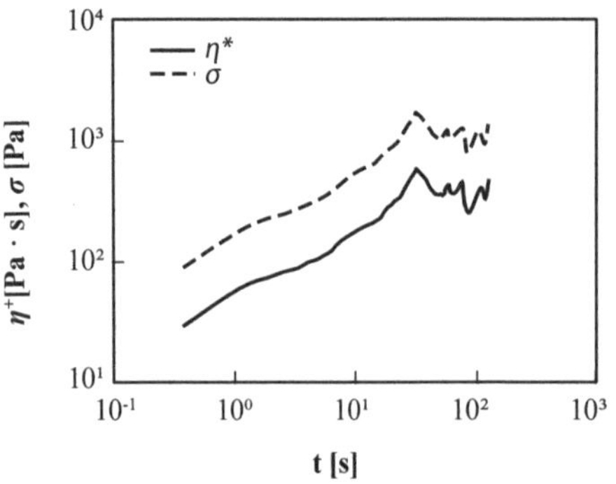

〈그림 3-11〉 PVA/Borax 수용액의 시간에 따른 점도 및 전단응력 곡선(전단속도 = 3/s)

험에서는 회전에 의해 원심력이 작용하고 자유경계면 바깥으로 샘플이 튀어나가려는 힘이 작용하는데 이것이 심하면 유동장이 파괴될 수 있다. 전단속도가 높은 경우 또는 회전속도가 빠른 경우 이와 같이 원심력에 의해 샘플의 안정성이 파괴될 수 있다. 자유경계면에서 샘플의 파괴가 일어나는 경우 크랙이 자유경계면으로부터 내부로 전파되어 토크의 감소를 초래할 수도 있다.

그림 3-11은 평행판 사이에 PVA/Borax 용액을 담고 전단속도 3/s에서 측정한 실험 결과로서 점도와 응력의 시간에 따른 변화를 보여 주고 있다. 이들 결과는 시간에 따라 증가하다가 약 20초 이후부터 급격히 증가하고 약 34초 경과 후 다시 감소한 후 불안정한 모습을 보이고 있다. 이 용액은 전단농화현상을 보이는 용액으로서 20초 후의 급격한 증가는 유동에 의한 물리적 겔(physical gel)의 형성과 관계가 있으며, 34초에서 급격히 감소하는 것은 자유경계면에서 용액이 외부로 튀어나가 실험이 파괴된 것으로, 이후의 데이터는 실질적으로 의미를 갖지 않는다. 점도곡선상으로 보기에는 어찌 되었건 실험이 34초까지는 정상적으로 진행된 것으로 보인다. 그러나 실제 자유경계면에서의 모습을 관찰해 보면 이보다 훨씬 일찍부터 자유경계면에 시료의 불안정성이 관측되며, 이미 오래전에 유동장이 파괴되어 있다는 것을 알 수 있다.

이 실험에서 15초와 25초 경과 시의 자유경계면의 모습을 사진으로 찍은 것이 그림 3-12이다. 그림에서 알 수 있듯이 15초가 경과한 시점에서 이미 시료의 불안정성이 관찰되며 유동장이 상당히 파괴되어 있다는 것을 알 수 있다. 사실

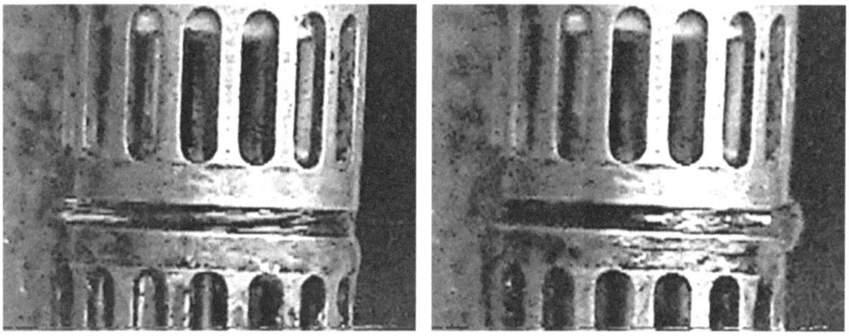

〈그림 3-12〉 PVA/Borax 수용액의 전단 실험 중 샘플 표면의 모습(전단속도 = 3/s). 15초(좌), 25초(우) 경과 후

이쯤 되면 어느 시간까지의 데이터가 의미 있는 것인지 판단하기 어렵다. 이와 관련해서는 앞으로 많은 연구가 필요하겠으나, 현재로써는 회전형 점도기를 이용하여 빠른 속도로 회전하는 실험에 있어서 매우 세심한 주의가 요구된다는 정도만 짚고 넘어가기로 한다. 시료가 투명하지 않거나 혹은 고분자 멜트의 경우라도 회전속도가 충분히 빠른 경우라면 (여기서는 3/s) 이와 같은 현상이 숨어 있을 수 있다는 점에 유의해야 한다.

(7) 기계적 영향

레오미터는 정밀도가 매우 높은 장비이므로 제대로 관리되지 않으면 많은 오차를 초래할 수 있다. 사용상의 부주의로 트랜스듀서에 과부하가 걸리는 경우에는 기기에 치명적 손상이 초래될 수 있으므로 주의해야 한다. 일반적으로 회전형 점도기의 경우에는 다른 장비와 달리 소수의 숙달된 인원만이 사용하도록 하는 것이 바람직할 수 있다. 기계적 특성을 파악하는 일도 중요하다. 특히 응력제어형의 경우 높은 주파수 영역에서 신뢰하기 어려운 결과를 주는 경우가 많으므로, 각각의 경우에 신뢰할 수 있는 실험 영역을 충분히 이해하는 것이 중요하다.

고가의 예민한 기기에 플레이트가 제대로 중심을 맞춰 정렬되도록 하는 것도 주의할 일이며, 기계마다 기계적인 지연(delay)이나 관성의 영향이 있을 수 있으므로 기기의 특성을 정확히 이해하는 것도 필요하다. 가령 실험을 시작하기 몇 시간 전부터 기기를 가동하여 기기의 관성을 줄여 준다든지, 열적 관성 효과를 고려하여 충분한 시간 동안 미리 예열한다든지 하는 주의가 필요할 수 있다.

실험 시 온도 제어의 특성도 파악하여 오븐을 닫은 후 몇 분 후에 설정 온도에 도달하는지를 파악하고 있는 것도 필요하다. 주기적으로 표준 시료를 이용하여 장비 상태를 점검하는 일도 중요하다.

콘플레이트의 경우 콘의 각도가 4°보다 작은 것이 필요하며 가능하다면 작은 각도의 것이 유리할 수 있다. 동축실린더의 경우라면 밑면에서의 마찰에 의한 영향은 고려되고 있지 않다는 점을 인식해야 하며, 또한 밑면 근처에서는 유동이 다를 수 있다는 점도 유의해야 한다. 필요하다면 보정을 하는 것도 고려할 수 있겠으나, 현실적으로는 단지 이러한 문제점에 대해 정확히 인식하는 것만으로도 충분할 수 있을 것이다. 모세관 점도의 경우 전단속도가 크지 않더라도 점도가 높은 경우에는 전단발열에 의한 효과가 나타날 수 있으며, 이는 특히 수지의 열전도도가 매우 낮은 관계로 유동장 내에 적지 않은 온도 불균일을 초래할 수 있다는 점도 유의해야 한다. 시료 내에 갇혀 있던 소량의 용매나 휘발성 성분이 고온실험의 경우에 기포를 형성한다든지 하여 시편 상태에서 확인되지 않았던 기포가 영향을 줄 수도 있다.

(8) 기타

시편과 관련해서도 다양한 종류의 오차 원인이 있을 수 있으므로 세심한 주의가 요구된다. 앞서 멜트 실험의 경우 프레스 시편의 제작과 관련하여 주의할 점을 지적했으나, 일반적으로 시편의 상태는 다양한 방식으로 유변물성에 영향을 줄 수 있다. 멜트의 경우에는 별로 문제가 되지 않지만, 용액이나 현탁액 또는 젤과 같은 경우에는 미끄럼(slip)에 의한 오차가 발생할 수 있다. 특히 금속 표면에 저점도의 층이 형성되는 경우에 미끄럼이 발생하기 쉽다. 최근 이에 대한 연구가 크게 증가하고 있으며, 이를 방지하기 위해서는 플레이트의 표면을 거칠게 한다든지, 샌드페이퍼(sand paper)를 부착해 준다든지 하는 방법 등이 사용된다. 가령 샌드페이퍼를 부착하는 방법은 샌드페이퍼가 플레이트면에서 뜨지 않게 완전히 접착시키는 것이 어려워 문제가 발생할 소지가 있으나, 이러한 문제만 극복하면 미끄럼을 방지하는 데에는 상당한 효과가 있는 것으로 알려져 있다.

블렌드 시편이나 용액 또는 현탁액의 경우에 시료의 균질성(homogeneity)이 문제를 일으킬 수 있다. 비균질 상태의 시료는 미세구조가 안정한 상태가 아니기 때문에 실험환경에 따라 매번 다른 결과를 줄 수 있다. 열 및 유동에 의해 미세구조는 쉽게 바뀔 수 있기 때문에 시료가 균일한 상태가 아니라면 더욱 쉽게 미세구조가 바뀌고, 결과적으로 유변물성 또한 쉽게 바뀔 수 있는 것이다. 이와 더불어 유동에 의한 확산 또는 물질이동(migration)이 있을 수 있다. 플레이트 사이의 갭이 작은 경우나 플레이트 근처에서는 이와 같은 유동에 의한 물질이동 현상이 두드러지게 나타날 수 있다.

또한 평행판의 경우에는 전단속도가 서로 다른 영역으로 구분되어 불균일하고 불안정한 유동장이 발생하는 경우도 종종 발생하는 것으로 알려져 있다. 콘 플레이트를 사용하는 경우 유동장 중앙의 정점 부위는 약 50μm 이하의 좁은 간격으로 이뤄져 있으므로, 입자계의 경우 입자가 좁은 공간을 메워 주어 과도한 토크가 발생하는 경우가 있을 수 있다. 입자가 침전하는 경우에도 불균일 유동이 초래된다든지 하여 정확한 정보를 얻기 어려운 경우가 발생할 수 있다. 이외에도 다양한 오차의 원인이 있을 수 있겠으나, 일차적으로는 이 정도만 이해하고 있어도 무리가 없을 것이다. 좀 더 체계적인 이해를 원한다면 관련 문헌들을 참고해야 하겠다.

3. 신장 점도기

신장점도는 측정이 용이하지 않고, 대부분의 소재 특성을 전단유동 실험에서 확인할 수 있기 때문에 많이 사용하지는 않는다. 하지만 진공성형이나 필름 블로잉과 같이 신장유동이 중요한 공정에서는 수지의 신장점도를 측정해야 한다. 소위 용융강도가 큰지 작은지 구분해야 할 때 2장에서 설명한 바와 같이 점도곡선상에서 신장농화현상을 확인하는 것이 중요하다. 신장농화가 있으면 용융강도가 큰 것이고 그렇지 않으면 작은 것이다. 신장점도는 시편을 항온조에 담그고 시편의 양끝을 잡아당기거나, 한 끝은 고정하고 한 끝을 잡아당기면서 고정된 축에 걸리는 힘과 시간에 따라 감소하는 시편의 단면적을 측정하여 계산해 줄 수 있다(그림 3-13). 하지만 이를 정밀하게 구현하는 것은 간단하지 않고, 실험의 재현성도 많이 떨어지는 어려움이 있다. 과거 몇 종의 신장 점도기가 보급된 적이 있지만 최근에는 크게 멜트용은 SER, 용액용은 CaBER를 이용하여 신장거동을 측정하고 있다. 신장 점도기는 실험이 까다롭고 데이터상의 특이점이 신장농화의 존재 여부 외에 거의 없어 이를 확인하기 위한 목적으로 주로 사용된다.

1) SER

SER은 Meissner형 레오미터이지만 회전형 레오미터에 액세서리로 부착하여 신장점도를 측정하는 혁신적인 방법을 제공하고 있다. 이 방법은 2개의 회전하는 원통 사이에 필름 형태의 시편을 거치하고 원통의 회전에 따라 시편이 늘어나면서 여기에 걸리는 토크를 측정하여 신장점도를 구하는 방식이다. 시편이 많이 필요하지 않고 회전형 레오미터에 액세서리로 부착하여 사용할 수 있으므로 간편히 신장점도를 측정할 수는 있지만, 재현성을 확보하는 것이 용이하지 않아 정확한 측정을 위해서는 많은 숙련이 필요한 단점이 있다.

이 실험에서의 신장변형률은 $\dot{\varepsilon}_H = 2\Omega R/L_0$로 주어지며, 이때 Ω는 원통의 회전 각속도, R은 원통의 반경, L_0는 두 원통 사이의 거리이다. 원통이 회전하면서 시편은 늘어나고 가늘어지는데 이때 시편의 단면적은 $A(t) = A_0 \exp[-\dot{\varepsilon}_H t]$와 같이 시간에 대해 지수함수적으로 감소한다. 이때 원통에 걸리는 토크($T = 2FR$)를 측정하면 힘을 알 수 있으며, 이들 정보로부터 다음 식으로부터 신장점도를

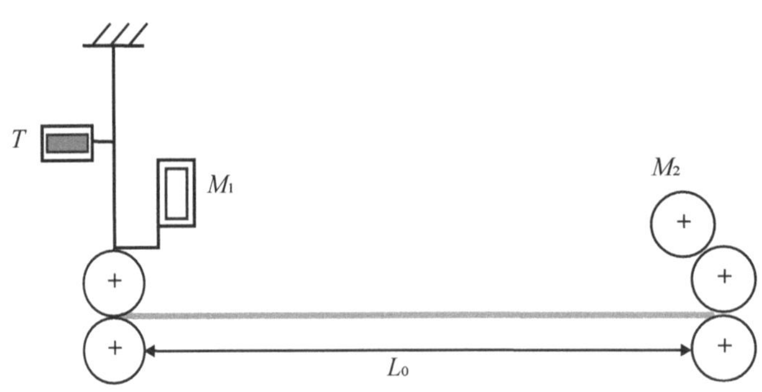

〈그림 3-13〉 Meissner형 레오미터의 도식도(T: 트랜스듀서, M: 모터, L_0: 시편의 길이). (다음 문헌으로부터 다시 그림. J. Meissner, Rheol. Acta, 10 (1971) 230)

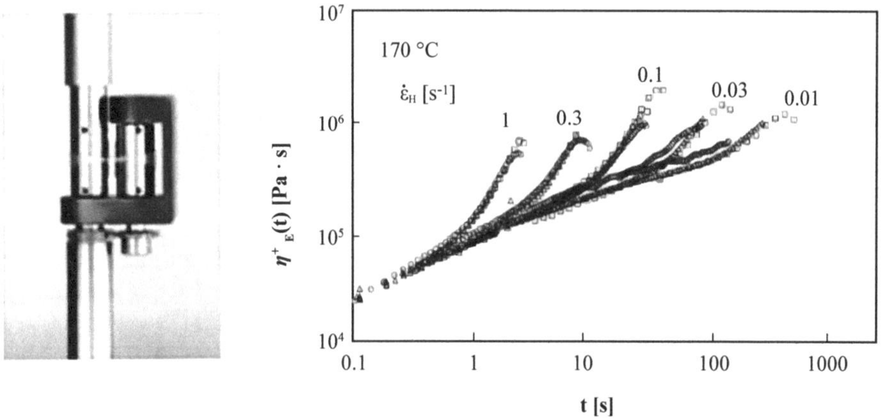

〈그림 3-14〉 SER의 설치 모습과 이를 이용한 LDPE의 신장점도 측정 결과 (다음 문헌으로부터 다시 그림. J. Aho, et al., Rheol. Acta, 49 (2010) 359)

계산할 수 있다.

$$\eta_E^+(t) = \frac{F(t)}{\dot{\varepsilon}_H A(t)} \tag{3-14}$$

그림 3-14는 SER을 이용하여 측정한 LDPE의 신장점도이며 기존의 Meissner 형 레오미터로 측정한 결과와 동일하다.

2) CaBER(Capillary Breakup Extensional Rheometry)

저점도 액상 소재의 신장점도를 측정하는 것은 용이하지 않으며 실질적으로 CaBER라는 상용 장비에 의해서 측정 가능하다. 직경이 6mm 정도 되는 두 플레이트 사이에 샘플을 거치하고 위 판을 당겨서 떨어뜨려 주면 늘어난 샘플에는 모세관력이 작용하게 되어 중앙부의 샘플 직경이 감소하게 된다. 이 부분의 직경을 레이저를 이용하여 실시간으로 측정하면 그 변화율로부터 다음 식을 통해 점도를 구할 수 있다.

$$\eta_E \equiv \frac{\Delta\tau(t)}{\dot{\varepsilon}(t)} \approx -\frac{\sigma}{dD(t)\,/\,dt} \tag{3-15}$$

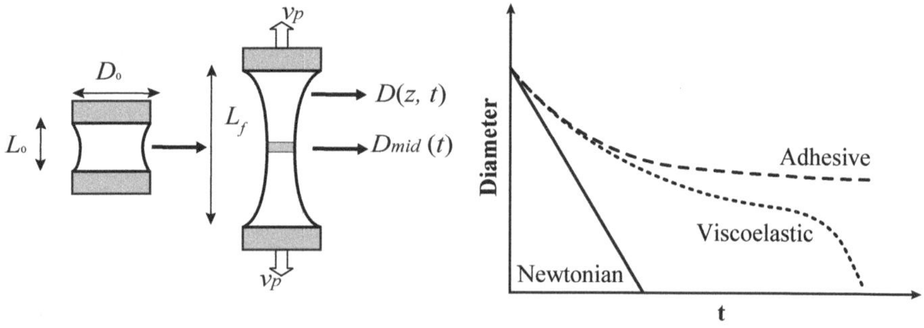

〈그림 3-15〉 CaBER의 개요도 및 실험 결과 (다음 출처로부터 다시 그림. G. H. McKinley, Presentation to XIIIth Int. Cong. Rheol., 2000)

여기서 $\Delta\tau$는 샘플에 가해지는 모세관압력, $\dot{\varepsilon}$은 신장변형률, σ는 표면장력, D는 시편의 직경이다. 시편 직경의 변화를 관찰하면 시편의 종류에 따라 그림 3-15와 같은 거동을 볼 수 있으며, 이를 환산하여 신장점도를 구할 수 있다.

신장점도를 측정하는 대표적인 방법 두 가지를 간단히 살펴보았지만, 이 방법들로 구한 점도는 겉보기(apparent) 점도로 생각하는 것이 좋겠다. 엄밀한 유변물성이라기보다는 공학적으로 유용한 점도값이라는 의미이다.

4. 기타 유동 특성 평가 방법

이외에도 수지의 유동 특성을 평가하기 위해 용융지수(melt index)를 측정하거나, 신장유동 특성을 보기 위해 레오텐스(rheotens)를 이용하여 용융강도(melt strength)를 측정하기도 한다. 더 높은 수준의 평가를 위해 회전형 레오미터나 신장 점도기를 사용해야겠지만, 실질적인 데이터 해석 능력이나 편의성을 고려하여 이들 방법들이 널리 이용되기도 한다. 여기서는 산업현장에서 널리 이용되고 있는 몇 가지 방법의 특징 및 사용상 주의점에 대해 간단히 알아보기로 한다.

1) 유동지수(melt index)

통칭 MI로 불리는 유동지수의 개념은 고분자 관련 산업에서 가장 널리 사용되고 있는 유동 특성의 척도이다. 이 방법은 측정이 용이하고, 오랫동안 널리 사용되어 왔기 때문에 수지의 유동 특성을 나타내기 위한 대푯값으로 널리 애용되어 왔다. 하지만 이 방법은 수지의 점탄성 성질을 충분히 설명하지 못하며, 경우에 따라서는 혼란과 오류를 초래하는 극단적인 양면성을 가지고 있는 방법이기도 하다. 따라서 좀 더 과학적이고 진보된 산업적 활용을 위해서는 이 방법의 엄밀한 의미와 수지 점탄성에 대한 개념을 잘 이해하는 것이 중요하다. 그림 3-16에 MI 측정 장비의 개략적인 모습이 주어져 있다.

이 방법은 일정한 온도의 수지를 일정한 무게의 추로 밀어내서 단위시간에 흘러나온 수지의 무게를 측정하는 것이다. 가령 190℃에서 2.16kg의 추를 매달아 수지를 흘려 주고, 10분 동안에 다이를 빠져나온 수지의 무게를 측정하여 gram/10min의 단위를 갖는 값을 얻는 것이다. 보통은 이런 실험을 3~5회 반복하여 평균값을 취해 사용한다.

하지만 유동지수의 문제점은 첫째, 이것이 한 가지 조건에서의 물성이라는 것이다. 앞에서 살펴본 바와 같이 점탄성을 기술하기 위해서는 넓은 범위의 외부 자극에 대한 수지의 반응(완화 스펙트럼)을 이해하는 것이 중요하며, 실제로 대부분의 유변물성 측정은 보통 전단속도나 주파수가 3데케이드에 이를 정도로 넓으며, 또한 시간-온도 중첩 원리를 이용하면 이보다도 훨씬 넓은 범위의 정보를 얻을 수 있다. 이에 반해 유동지수는 단지 한 점에서의, 그것도 매우 제한된 정보

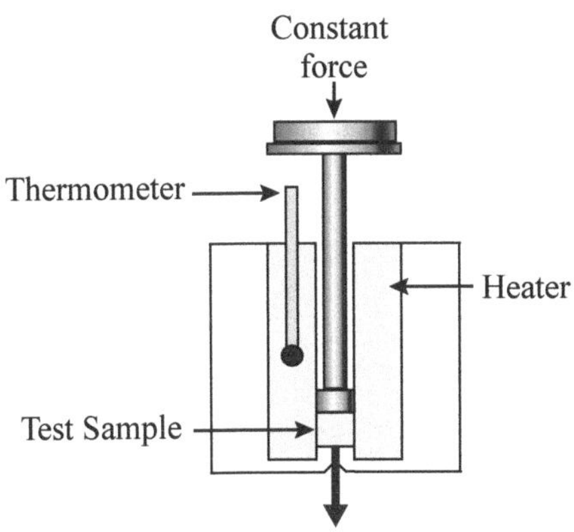

〈그림 3-16〉 MI 측정 장비의 개요도

를 제공하고 있을 뿐이다.

둘째, 이 정보는 수지의 점도에 관한 정보를 직접적으로 제공하는 것이 아니고, 단지 전단속도에 상당하는 정보를 제공할 뿐이다. 다이를 통과하는 수지의 유동지수는 다음 식에 주어진 관계에 의해 다이 내에서의 전단속도와 동등한 수준의 정보를 제공한다.

$$\dot{\gamma} = \frac{4Q}{\pi R^3}, \quad Q \sim \frac{MI}{\rho}\left(\frac{g}{10\,\text{min}}\right)\left(\frac{cm^3}{g}\right)\left(\frac{\text{min}}{60s}\right)$$

여기서 $\dot{\gamma}$는 전단속도, Q는 유량, R은 다이의 반지름, ρ는 수지의 밀도이다. 즉, 유동지수는 실질적으로 전단속도에 상당하는 것을 의미하며, 결국 비교 수지 간에 해당하는 전단속도에서 흐름성이 좋은지 나쁜지에 대한 판단 근거만을 제공하는 것이다. 따라서 비슷한 유동지수를 갖는 수지라도 점도 특성이 상당히 다를 수 있으며, 그러한 예가 그림 3-16에 주어져 있다. 일반적으로 같은 종류의 수지인 경우라면 대체로 점도곡선의 형태가 비슷할 수 있기 때문에 MI 차이가 바로 점도 차이를 의미하는 경우가 많을 수 있겠으나 항상 그렇지는 않기 때문에 MI를 이용하여 수지를 비교하는 경우에는 매우 주의할 필요가 있다.

셋째, 일반적으로 유동지수 측정은 비교적 낮은 전단속도 영역에 해당한다. 그림 3-17에서 유동지수 1.0은 전단속도가 약 2.0에 해당하는 조건으로, 그림의 LLDPE와 LDPE는 바로 그 점에서만 점도가 같을 뿐이다. 또한 이 점에서 MCPE의 점도가 낮기 때문에 MCPE의 유동지수가 조금 크게 측정된 것이다. 문제는 유동지수에 상당하는 전단속도가 매우 작은 값이기 때문에 실제 가공 공정에서 수지가 겪게 되는 유동환경을 이해하는 데 그리 도움이 되지 않는다는 것이다.

일반적으로 일축압출가공(single screw extrusion)의 경우 전단속도는 대체로 스크류 회전 수와 거의 일치하는 것으로 볼 수 있어 수십에서 수백에 이르며, 사출의 경우에는 이보다 훨씬 큰 수천 정도의 유동환경을 겪게 될 것으로 알려져 있다. 그림 3-17의 경우라면 세 수지 중에서 LDPE가 압출 및 사출에서 공히 가장 낮은 토크가 걸릴 것으로 예상되며, 유동성이나 생산속도 면에서도 가장 유리할

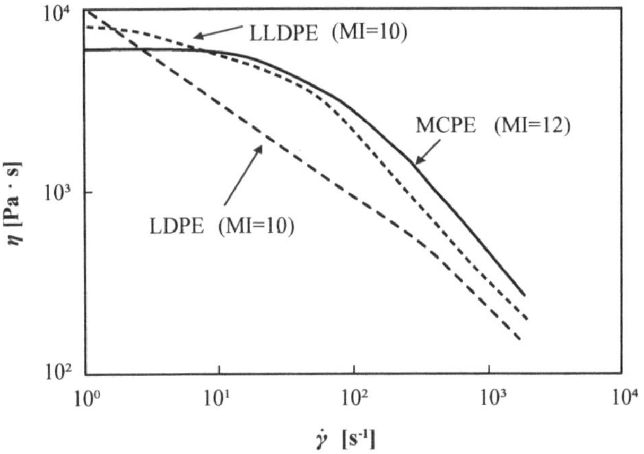

〈그림 3-17〉 MI가 비슷하지만 유동 특성이 다른 세 가지 폴리에틸렌의 점도곡선 (다음 문헌으로부터 다시 그림. J. M. Dealy and P. C. Saucier, Rheology in Plastics Quality Control, Hanser, 2000)

수 있을 것으로 예상된다. 물론 이는 공정 및 작업환경에 따라 다를 수 있으므로, 단지 점도곡선의 형태로부터 유추해 본 일차적인 판단기준만을 제공할 뿐이라는 점에 유의해야 한다. 사실 사출의 경우라 하더라도 높은 전단속도가 걸리는 곳은 유동환경이 크게 변하지 않는 런너에서 수지가 빠르게 차 들어가는 경우에 그러한 것이고, 좁은 유로를 빠르게 이동해 온 수지가 넓은 금형 내에 차 들어간다든지 하는 경우에는 전단속도가 크게 떨어질 수 있으며, 점도뿐만 아니라 탄성 또는 기타 물리적인 특성 또한 크게 영향을 주게 되어, 높은 전단속도에서의 점도값만으로 유동성을 설명하거나 예측하기 어려워진다. 이러한 이유로 MI뿐만 아니라 점도 측정까지 해도 실제 현장에서 느끼는 유동성 차이를 직접 비교하거나 설명하기 어려운 경우가 흔히 발생한다.

이와 같이 점도 데이터를 가지고도 설명이 안 되는 현장에서의 상황을 유동지수만으로 설명하고자 하는 것은 여러 면에서 무리가 많다. 비록 유동지수가 편리하며 적지 않은 경우에 있어서 유동성에 대한 좋은 지표가 될 수는 있겠으나 (특히 점도곡선의 형태가 유사한 수지 간의 비교인 경우), 복잡한 현장에서의 상황을 설명하고 예측하기에는 어려움이 많다. 유동지수는 오랫동안 현장에서 뿌리 깊게 사용되어 왔고 간편하게 측정할 수 있기 때문에 유용한 지표로서 활용되고 있는 것에 불과하며, 실제 유동성과는 관계가 적고 오히려 혼란을 초래할 수 있는 물성이라는 점에 유의할 필요가 있다.

실제로 ASTM(American Society for Testing Materials)이나 ISO(International Organization for Standardization)에서 여전히 유동지수를 계속해서 사용하고 있는 이유가 단지 유동지수가 오랫동안 현장에서 뿌리 깊게 사용되어 왔기 때문에, 굳이 사람들이 익숙해 있는 관성이나 타성을 바꾸기 어렵기 때문이라는 지적도 있다. ASTM에서도 유동지수는 수지의 본질적인 특성이 아니라 단지 실험적으로 규정된 파라미터에 불과하며, 고분자의 구조나 여러 가지 물리적 특성 및 실험 조건에 따라 크게 영향을 받는다는 점을 명시하고 있다.

한편 유동지수를 점도와 관련 짓고자 하는 노력이 오랫동안 계속되어 왔으나 결국 결론은 이것이 가능하지 않다는 것이다. 실험적으로 규정된 단순한 파라미터와 물질의 고유 특성이 직접적으로 관련된다는 것은 본질적으로 가능하지 않은 것이다. 유동지수와 점도의 관계는 이와 같은 것이다.

2) 스파이럴 테스트(spiral flow test)

이 방법은 나선형 형태로 설계된 금형을 이용하여 사출기를 통해 직접 수지의 유동성을 평가하는 방법이다. 현장에서 느끼는 수지의 유동성을 실험실에서 가장 비슷하게 재현할 수 있을 것으로 기대되어 많이 활용되고 있는 방법이다. 사출의 경우 유동성은 점도와 밀접하게 관련되어 있지만, 사실은 수지의 열적 특성, 금형, 사출기, 사출 과정 등에 크게 영향을 받기 때문에 실험 결과를 해석하는 데 매우 주의해야 한다. 특히 동일한 기계, 금형, 사출 과정 등 완전히 동일한 조건하에서 수지 간의 유동성을 비교할 때만 의미를 가질 수 있다는 데 유의해야 한다. 즉 이 방법은 물성 평가를 위한 스펙으로 활용될 수 있는 가능성은 전혀 없다. 가령 서로 다른 장소에 동일한 기종의 사출기와 동일한 설계의 금형을 동일한 업체에서 제작하여 동일한 조건에서 실험한다 해도 그 결과는 충분히 다를 수 있는 것이다.

수지의 유동성에 대해 아직 엄밀한 의미에서 과학적으로 의미 있는 판단기준이 확립되어 있지 않은 실정이다. 이런 의미에서는 점탄성만으로도 실용적인

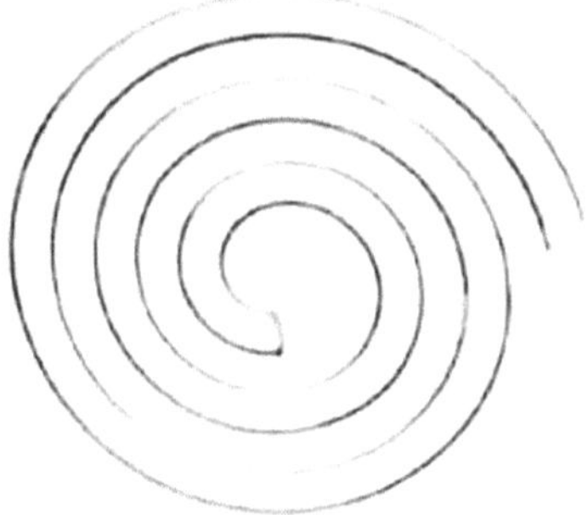

〈그림 3-18〉 스파이럴 실험 결과물 (다음 사이트로부터 다시 그림. http://www.eastman.com)

판단기준을 충분히 확보할 수는 없다. 비록 수지의 점탄성에 대한 정보가 매우 유용하기는 하나, 현장에서 벌어지는 복잡한 상황을 이해하기 위해서는 다양한 방법을 이용하여 평가함으로써 좀 더 유용하고 정확한 정보를 얻는 방법밖에는 길이 없는 것이다. 이러한 관점에서 스파이럴 테스트의 한계를 명확하게 이해하는 것이 중요하다. 비록 사출기 내에서 일어나는 일을 사출기를 통해 재현한다고 해도 다른 사출기에서는 다른 상황이 전개될 수 있으며, 사출기에서 일어나는 복잡한 유동환경을 충분히 이해하는 것은 매우 어려운 일이다. 하지만 점탄성 측정 등과 더불어 스파이럴 테스트를 함께 실시한다면 보다 유용한 정보를 취할 가능성이 높을 것이다.

3) 토크레오미터

하케(Haake)나 브라벤더(Brabender) 믹서를 이용하여 토크를 측정하는 것도 경우에 따라서 유용할 수는 있다. 이것은 복잡한 실제 공정을 실험실에서 재현하기 위한 목적으로 사용되며, 믹싱이나 반응의 진행 정도를 모니터링할 수 있는 장점이 있다. 여기서 얻게 되는 토크는 원칙적으로 점도와 직접 관련이 없으며, 이러한 면에서 위의 스파이럴 테스트에서의 설명이 마찬가지로 유효하다.

믹싱 챔버 내의 수지에 작용하는 유동환경은 실제 공정에서의 환경과 매우 유사하다고 할 만큼 복잡하며, 작용하는 전단속도도 위치에 따라서 수십 배 이상 차이가 날 수 있다. 가령 50rpm으로 실험하는 경우에 유동환경 내에 작용하는 전단속도는 가령 1이 겨우 넘는 정도의 낮은 값에서 수백에 이르기까지 다양

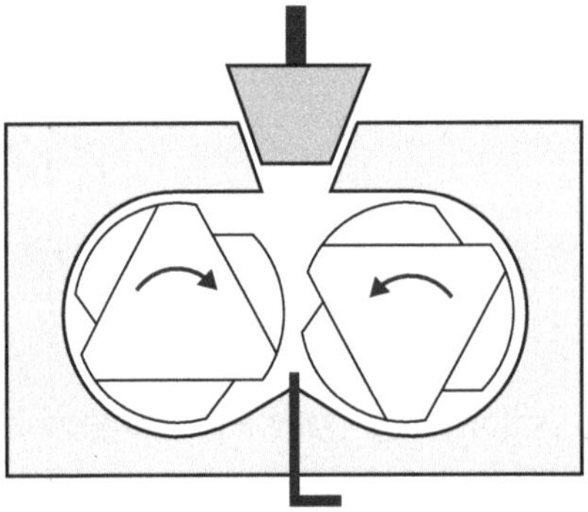

〈그림 3-19〉 토크레오미터의 개요도 (다음 사이트로부터 다시 그림. https://doi.org/10.1515/cppm-2017-0039)

한 범위의 값을 가지게 되는 등 유동환경은 단순하지 않다. 하지만 화학반응이나 열분해가 지배적인 경우 또는 수지의 열 안정성을 보고자 하는 경우에는 비교적 유용하게 활용할 수 있다. 이 장비는 흔히 토크의 측정과 관계없이 블렌드를 혼합하는 목적으로도 많이 사용되며, 믹싱 챔버 대신에 싱글이나 트윈 압출기를 연결하여 사용하기도 하는 등 실험실에서 매우 유용하게 사용할 수 있는 장비이다.

4) 브룩필드(Brookfield) 점도

이 방법은 잉크, 슬러리, 페이스트와 같은 입자계 소재의 점도를 측정할 때 가장 널리 사용되고 있는 방법으로서, 그림 2-3과 같이 액상이 채워진 용기 내에 임펠러나 회전체를 돌려주고 이때 걸리는 토크를 측정하여 점도를 구하는 방법이다. 이 방법은 입자계 소재를 다루는 거의 모든 산업에서 널리 사용되고 있으나 앞서 설명한 유동지수(MI)와 같이 하나의 지표에 불과하다는 점에 유의해야 한다. 회전체의 속도를 바꿔 주면 서로 다른 전단속도에서의 점도를 구할 수 있는 것처럼 보이지만, 사실은 회전체 주위의 유동장 자체가 너무 복잡해서 물질함수로서의 점도를 측정하는 것은 아니다. 점도에 상당하는 인덱스를 제시하는 것인데, 문제는 입자계 소재의 구조적인 차이는 이보다 훨씬 낮은 전단속도 영역에서 발현된다는 것이다.

입자계 소재는 유동환경이나 외부 조건에 따라서 다양한 구조를 형성하여 이를 제대로 제어하고 관리하는 것이 중요한데, 브룩필드 점도는 대부분의 경우

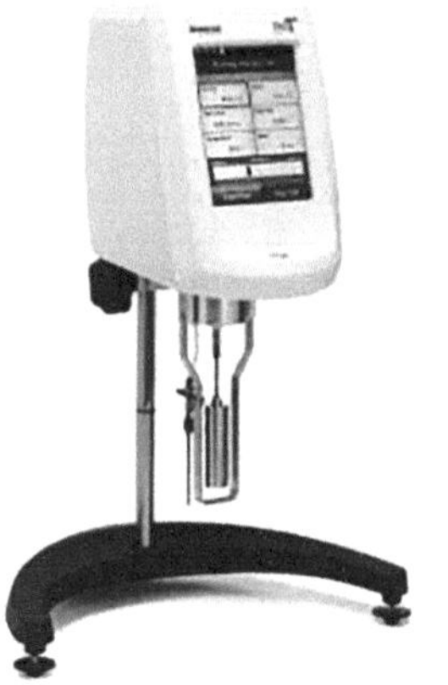

〈그림 3-20〉 브룩필드 점도기 (다음 사이트로부터 다시 그림. http://www.brookfieldengineering.com)

에 충분한 정보를 제공할 수 없다. 브룩필드 점도가 같은데 제품 성능이 다르게 나오는 경우가 허다하며, 이 경우 회전형 점도기를 이용하여 유변물성을 측정하면 큰 차이가 나는 것을 쉽게 확인할 수 있다. 입자계 소재의 경우 그 구조가 공정 및 제품 성능에 크게 영향을 주는데, 이를 위해서는 회전형 점도기를 이용해서 낮은 주파수 또는 낮은 전단속도에서의 정보를 구하는 것이 필수적이다. 브룩필드 점도기는 입자계를 사용하는 거의 모든 산업현장에 널리 사용되고 있지만, 이를 이용해서 입자계 소재를 제대로 설계하거나 품질을 관리하는 것은 실질적으로 가능하지 않다고 보는 것이 현명할 것이다.

5) 용융강도(melt strength)

필름 공정과 같이 신장 특성이 중요한 경우 수지의 용융강도를 측정하기 위해 현장에서 자주 사용되는 방법으로 용융강도 측정기가 있다. 게페르트(Goettfert)사의 레오텐스(Rheotens)와 같은 장비가 대표적인 경우이다. 이 방법은 모세관 점도기나 MI 측정기와 같이 적절한 힘에 의해 다이를 빠져나온 수지를 그림 3-21에서 보는 바와 같이 테이크업(take-up) 장비를 이용하여 필라멘트처럼 잡아당겨 주면서 여기에 걸리는 힘을 측정하는 것이다. 다양한 실험이 구상될 수 있겠으나 일반적으로는 잡아당기는 속도를 점차 빨리 하면서 필라멘트에 걸리는 힘을 측정하는데, 이 힘은 점차 증가하다가 일정하게 되고 속도가 충분히 빨라진 이후에는 필라멘트가 끊어지게 된다. 이때 최종적으로 도달한 힘을 용융강도라

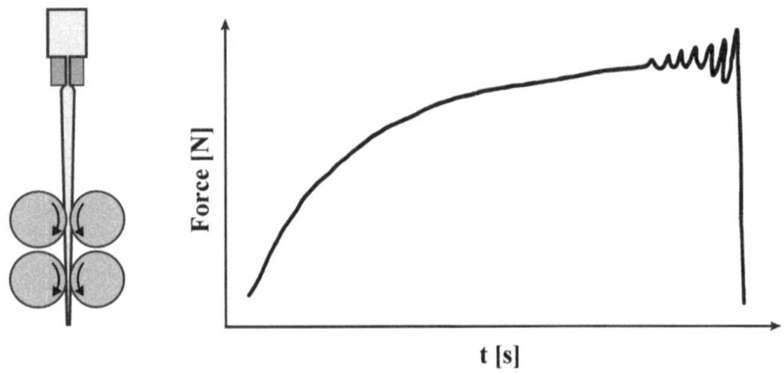

〈그림 3-21〉 용융강도 측정의 개요도 및 측정 결과 예시

고 한다. 하지만 속도가 증가하면서 측정되는 힘은 점차 심하게 진동하여 평균과 산포를 고려한 통계적 개념이 필요하다. 또한 이렇게 측정된 힘을 유변물성과 관련 짓고자 하는 노력이 많이 있었으나 필라멘트의 생성 및 거동 자체가 단순 신장유동에만 의한 것만이 아니고, 다이 전후의 입구 및 출구 유동 등과 같이 복잡한 유동환경에 심하게 영향을 받으며, 출구 이후의 수지 직경이 크게 되는 다이스웰 현상 및 필라멘트의 불균일한 온도 분포 등에도 영향을 받아 결국 구체적인 관련성을 얻을 수는 없다.

수많은 실험을 통해 얻은 결과는 첫째, 필라멘트가 끊어질 때의 힘, 즉 용융강도는 수지의 분자량, 분자량 분포, 실험 온도, 다이 설계 등에 영향을 받으며, 둘째, 이때의 응력은 주어진 고분자에 대해 실험 온도, 분자량, 다이에서의 유동환경 등에 관계없이 항상 일정하다는 점이다. 가령 폴리에틸렌의 경우 용융강도는 대략 폴리에틸렌의 종류에 관계없이 1.10±0.25MPa 정도의 값을 갖는다. 현실적으로 유용한 정보는 필라멘트가 끊어질 때의 테이크업 속도이다. 이 값은 신장유동에서 수지가 늘어나면서 최대한 버틸 수 있는 정도를 의미하며, 현재까지 알려진 바로는 이와 같은 실험을 통해서 얻을 수 있는 가장 유용한 정보로 보인다.

이 실험은 현장에서 쉽게 사용할 수 있다는 장점으로 인해 널리 이용되고는 있지만, 매우 제한된 정보를 제공하며 재현성 높은 결과를 얻기 어려운 문제가 있다. 현장에서 품질관리를 위한 목적으로 사용될 경우에는 매우 엄격한 실험 규격이 설정되어야 하며, 이는 충분히 많은 데이터의 축적을 통해 현장의 실정에 맞도록 설정되어야 할 것이다. 이 방법은 용융강도라는 하나의 값을 제공한다는 면에서 유동지수와 비슷한 개념으로 이해될 수 있으나, 힘과 속도의 관계를 얻을 수 있다는 면에서는 보다 많은 정보를 제공할 수 있을 것으로 기대된다. 따라서 이를 통해 신장점도와 같이 잘 정의된 유변물성과의 상관관계를 찾고자 하는 노력이 많이 있었다.

하지만 신장점도 실험이 등온, 균일 유동하에서 실시되는 데 반해 이 실험은 매우 복잡한 비등온, 비균일 유동하에서 실시되기 때문에 본질적으로 물질의 고유 특성에 관한 정보를 제공하지 못하며, 실험 조건에 따라 큰 차이가 나는 결과를 보이게 된다. 신장거동에 관한 좀 더 근본적인 정보를 얻고자 한다면 신장점도를 측정하는 것이 필요하다. 현장에서 용융강도에 대한 유용한 정보를 얻고자 한다면, 나름대로 체계적이고 풍부한 실험과 다양하고 신중한 접근을 통해 충분한 지식을 축적한 이후 조심스럽게 사용해야 할 것이다. 현장에서 이를 활용하기 위해서는 매우 세심한 주의가 요구된다. 이러한 이유로 경우에 따라서는 유용하기보다는 오히려 혼란스러운 결과만을 얻게 되는 경우가 종종 있을 수 있다.

제4장

고분자 유변학

1. 고분자의 구조와 변형

고분자 유변학을 이해하기 위해서는 고분자의 형상을 이미지화하는 것이 중요하다. 고분자가 어떻게 생겼고 외부에서 유동이나 힘이 가해졌을 때 어떻게 모습이 변하면서 반응하는지 생각해 보자. 그림 4-1a는 폴리에틸렌의 화학구조식이다. $-CH_2-CH_2-$ 구조의 에틸렌 단량체들이 수천, 수만 개 이상 연결되어 있는 구조이다. 하지만 폴리에틸렌은 3차원 공간에서 그림 4-1a와 같이 일자로 늘어서 있지는 않다. 각 원자가 차지할 수 있는 공간적인 영역이 제한되고 탄소원자 간의 결합 각이 109°로 한정되기 때문이다. 원자 크기의 길이단위에서 본다면 오히려 그림 4-1b와 같이 탄소 결합은 각을 이루고 있다. 탄소 간 결합이 109°로 고정되더라도 3차원 공간에서 하나의 탄소를 기준으로 이웃 탄소가 가질 수 있는 위치는 실질적으로 무한하다. 결합이 109°를 유지하면서도 회전할 수 있기 때문이다. 이렇게 바로 이웃하는 탄소의 위치는 확률적으로 결정된다. 이러한 임의성이 수천, 수만 개의 탄소 결합을 통해 반복되면 고분자의 구조는 일자로 늘어선 구조보다는 3차원 공간에서 임의로 굴곡된 확률적 구조를 형성한다. 그림 4-1c는 이러한 모습을 2차원 평면에서 보여 주고 있다. 고분자 크기의 길이단위에서는 원자 크기의 길이단위와는 전혀 다른 확률적으로 굴곡진 구조를 형성하게 된다. 고분자는 평형상태에서도 브라운운동을 하기 때문에 그 모습이 계속

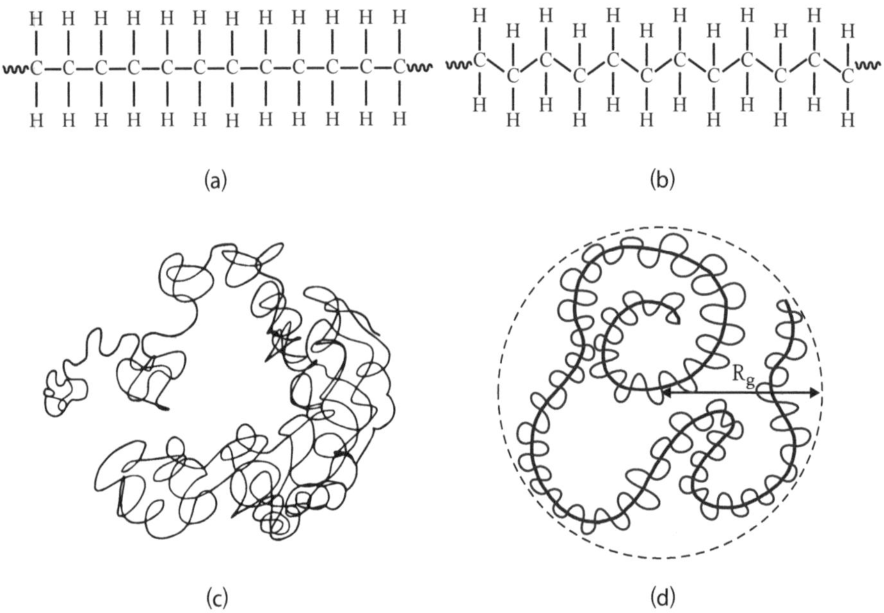

〈그림 4-1〉 폴리에틸렌의 구조. (a) CH_2-CH_2 단량체가 화학적으로 연결되어 있는 모습, (b) C–C 사슬의 결합각을 고려한 고분자사슬의 구조, (c) 고분자사슬의 배향과 브라운운동을 고려한 고분자사슬의 구조, (d) 고분자사슬의 랜덤 구조를 고려하여 구형으로 단순화한 모델

변하며, 하나의 직경으로 대표될 수 있는 통계적인 구체를 이루고 있다. 그 직경은 분자량에 따라 대체로 수~수십 나노미터 정도가 된다. 일반적으로 하나의 고분자가 다른 고분자의 간섭을 받지 않고 있다면 마치 그림 4-1d와 같이 실타래가 얽혀서 하나의 공을 이루고 있는 것처럼 형상화할 수도 있다. 고분자를 완전히 일자로 펼친다면 그 길이는 쉽게 마이크론 크기까지 도달하겠지만 공간적인 제약으로 인해 실제로는 그리 크지 않은 구형 분자처럼 존재하게 된다. 여기에 힘이 가해지거나 유동이 주어지면 꼬여 있는 실타래가 힘이 가해지는 방향으로 펼쳐지는 타원체와 같은 구조를 형성하게 된다. 아주 강한 신장유동이 가해지지 않는다면 아무리 강한 전단유동하에서도 고분자는 일자로 펼쳐지지 않는다.

분자량이 큰 고분자의 경우, 고분자의 농도가 아주 높아지거나 고분자 용융체와 같이 고분자사슬들로만 공간을 채우고 있는 경우에는 서로 엉켜 있다고 하며(entanglement), 이웃하는 고분자들이 바로 옆에 존재하기 때문에 움직임이 심

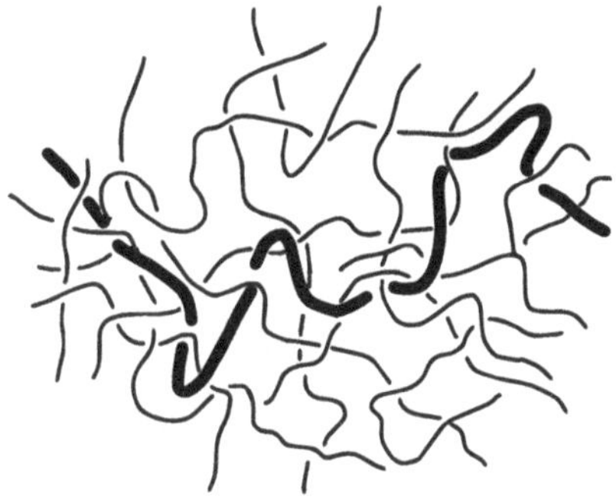

〈그림 4-2〉 엉킴상태에 있는 고분자용융체의 모습 (다음 문헌으로부터 다시 그림. W. W. Graessley, Adv. Polym. Sci., 23 (1982) 67)

하게 제한된다. 긴 분자들이 이웃 분자들과 함께 존재하는 모습은 마치 항아리에 뱀들이 잔뜩 들어 있는 모습과 유사하다. 뱀들이 꿈틀대며 움직이고 있는데 그 움직임은 다른 뱀들에 의해 제한되어 뱀은 주로 자신의 길이 방향으로만 움직일 수 있다. 그림 4-2는 고분자들이 서로 엉켜 있는 모습을 형상화한 것이다. 선들은 개별 고분자를 의미하며 굵게 표현된 특정 고분자사슬을 고려하면, 외부에서 힘이나 유동이 주어질 때 엉킴상태에 있는 고분자사슬은 주로 그 축 방향으로만 움직이며 변형한다.

2. 고분자의 구조에 따른 유변 특성의 변화

고분자 용액이나 용융체의 가장 큰 특징은 이들 유체가 점탄성을 갖는다는 것이다. 점탄성 유체의 특징은 앞서 충분히 학습하였고, 본 절에서는 고분자의 구조적인 특징에 따라 유변물성이 어떻게 변화하는지 알아보기로 한다. 고분자의 가장 큰 특징은 분자량이 매우 크다는 것이다. 묽은 고분자용액의 점도는 분자량에 비례하여 증가하지만 진한 고분자용액이나 용융체의 점도는 이와는 다른 양상을 보인다. 그림 4-3a는 선형구조를 갖는 진한 고분자용액이나 고분자 용융체의 분자량에 따른 영전단점도(전단속도가 매우 작을 때의 점도)의 변화를 보여 주고 있다. 각 축은 로그축으로 구성되었으며, 각 선은 서로 구분이 되도록 로그축에서 적절히 옮겨 줌으로써 모든 데이터를 보기 좋게 모아 놓은 것이다. 중요한 점은 각 선의 좌푯값이 아니라 기울기이다. 로그-로그축에서 기울기는 지수 승을 의미한다. 모든 경우에 분자량이 어느 임계점 이하일 때는 기울기가 1이고 그 이상에서는 3.4 근처의 값을 갖는다. 이는 임계점 이하에서는 점도가 분자량에 비례하고 $\eta_0 \sim M$, 임계점 이상으로 분자량이 큰 경우에는 점도가 분자량의 3.4제곱에 비례한다는 $\eta_0 \sim M^{3.4}$의 관계를 의미한다. 점도가 고분자의 분자량에 비례하여 증가하는데 임계점 이상의 높은 분자량의 경우에는 분자량이 커짐에 따라 점도가 훨씬 커지는 것이다.

이 임계점 이상에서 고분자는 소위 엉킴현상을 보인다. 즉 분자량이 아주 크지 않을 때는 고분자들이 같이 존재하더라도 서로 엉키는 정도까지는 아니지만 분자량이 아주 커지면 서로 심하게 엉키게 되어 움직임에 심한 저항을 유발시키

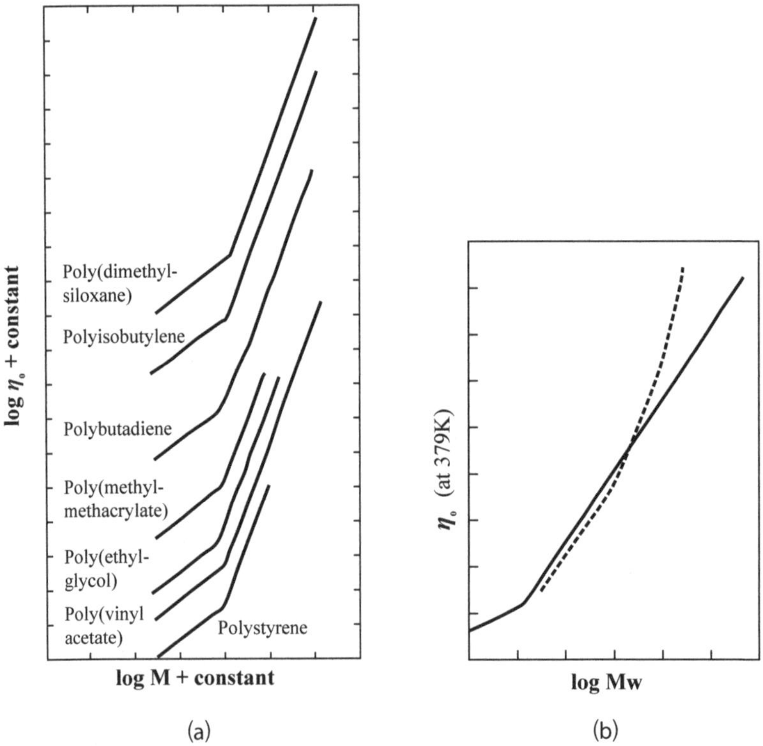

〈그림 4-3〉 영전단점도의 분자량 의존성. (a) 선형고분자(실선), (b) 가지구조 고분자(점선) (다음 문헌으로부터 다시 그림. G. C. Berry and T. G. Fox, Adv. Polym. Sci., 5 (1967) 261; G. Kraus and J. T. Gruver, J. Polym. Sci. A, 3 (1965) 105)

는 것이다. 아마도 앞서 설명한 항아리에 미꾸라지나 새끼 뱀들이 있는 경우와 기다란 뱀들이 있는 차이로 생각해 보면 좋을 것이다. 점도는 흐름에 대한 저항의 정도를 나타내는 물리량이니 분자의 길이가 길어질수록 움직임이 더 어렵고 저항이 커지는 것을 쉽게 상상할 수 있을 것이다.

가지구조의 고분자는 같은 분자량이라면 선형고분자보다 좀 더 작은 크기의 구조체를 형성한다. 고분자사슬이 공간적으로 좀 더 조밀하게 위치할 수 있기 때문이다. 앞서 설명한 실타래의 크기가 좀 더 작아지는 경우이다. 고분자의 공간적 크기가 작아지면 흐름에 대한 저항도 작아져 점도가 작아지는 효과를 준다. 하지만 옆으로 붙은 가지의 길이가 길어질수록 또는 가지구조를 갖는 고분자의 분자량이 아주 커지면서 주방향의 흐름에 매우 큰 저항으로 작용하게 되어 점도가 커지게 된다. 이러한 내용이 그림 4-3b에 주어져 있다. 선형고분자와 달리 가지구조의 고분자는 분자량이 작을 때는 선형고분자보다 작은 점도를 갖지만 분자량이 커지면서 훨씬 큰 분자량 의존성을 보이게 된다. 이와 같이 고분자의 구조적 특징은 유변물성에 그대로 반영된다. 하지만 가지구조에 의한 영향은 이보다 신장점도에서 더욱 극적으로 나타나는데, 이는 앞서 설명한 바와 같다.

점도의 전단속도 의존성은 그림 4-4에 주어져 있다. 분자량이 작은 경우에 전단속도가 작을 때는 일정한 영전단점도를 보이며, 특정 전단속도에서 점도가 작아지기 시작한다. 높은 전단속도에서는 점도가 감소하는 전단박화현상을 보

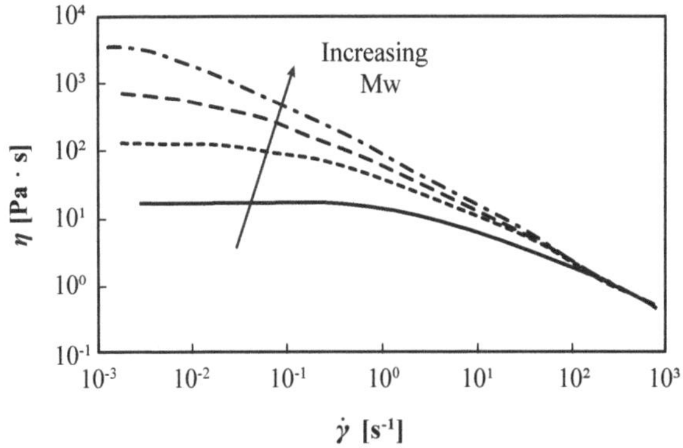

〈그림 4-4〉 분자량에 따른 고분자의 점도곡선 (다음 사이트로부터 다시 그림. http://www.pslc.ws)

이며 이때 기울기가 일정한 power law 형태로 기술될 수 있음을 알 수 있다. 분자량이 커질수록 전단박화가 시작되는 특정 전단속도는 작아지며 점도값은 전단속도에 관계없이 증가하는데, 주로 낮은 전단속도에서 크게 증가하고 높은 전단속도에서는 큰 차이가 나지 않는다. 그림 4-3에 주어진 것처럼 엉킴상태에 있는 고분자는 영전단점도가 분자량의 3.4제곱에 비례하여 점도가 수백 배나 증가하지만 높은 전단속도에서는 거의 같은 점도값을 갖는다. 높은 전단속도에서는 (빠른 유동환경) 고분자사슬의 일부분만 유동환경에 반응할 수 있고, 낮은 전단속도에서는 고분자사슬 전체가 반응할 수 있다. 부분의 구조는 같은 종류의 고분자라면 분자량이 다르더라도 크게 다르지 않을 테니 높은 전단속도에서 점도가 거의 같은 것이다. 하지만 전체의 구조는 분자량에 따라 크게 다를 수 있기 때문에 낮은 전단속도에서의 점도의 차이가 수백 배 이상 나는 것이다. 이는 1장에서 설명한 점탄성의 개념과 일치하며, 이러한 이유로 브룩필드 점도의 사용이 덜 유용할 수 있다는 것이다. 이 부분을 정확히 이해할 수 있다면 점탄성에 대한 개념을 잘 알고 있는 셈이다.

고분자 용융체에 무기물이 함유되면 점도곡선에서 특히 낮은 전단속도에서의 점도가 증가하는 현상을 보인다(그림 4-5a). 무기물 함량이 높아지면 점도는 더욱 증가한다. 이때 높은 전단속도에서의 점도는 거의 무기물의 영향을 받지

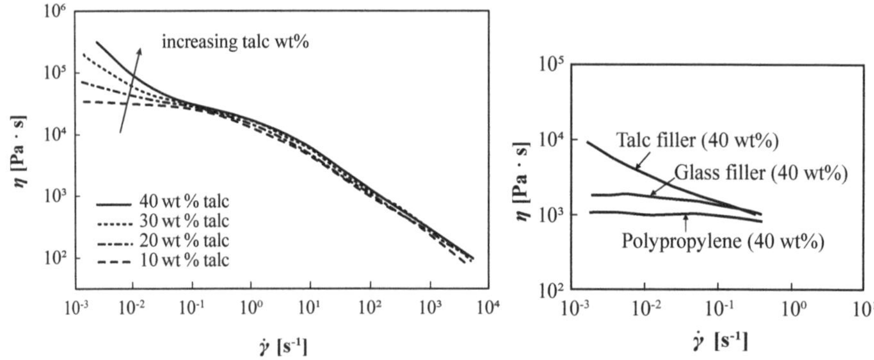

(a) (b)

〈그림 4-5〉 무기물이 포함된 고분자 용융체의 점도 (다음 문헌으로부터 다시 그림. F. M. Chapman and T. S. Lee, SPE J., 26 (1970) 37)

않는다. 이러한 성질은 산업적인 소재의 설계에 매우 유용하게 이용될 수 있다. 가공성이 유지되면서 (높은 전단속도에서의 점도 증가 없이) 수지 특성을 조절할 수 있다면 좀 더 유용한 소재를 만드는 데 유리할 것이다. 한편 같은 함량의 무기물을 충진시킨다 하여도 무기물의 종류에 따라 점도는 서로 다를 수 있다. 이는 그림 4-5b에서 볼 수 있는데 무기물과 수지 간의 친화도 차이에 기인한다. 좀 더 친화도가 높은 조합이라면 점도가 더 커지게 되며, 친화도가 없는 경우에는 점도 증가가 상대적으로 작게 된다. 또한 그 정도는 입자의 크기에도 많은 영향을 받게 된다. 가령 나노 크기의 입자들이 잘 분산되어 있다면 적은 함량의 입자가 들어가더라도 수지와 입자 간의 접촉면이 크게 증가해서 매우 큰 점도 증가가 유발된다. 이에 반해 입자들이 잘 분산되지 않아 뭉쳐 있는 경우라면 점도 증가가 그리 크지 않을 수 있다. 기본적으로 입자와 수지가 서로 다른 화합물이어서 친하지 않다는 것을 고려하면 나노 입자의 효과를 충분히 보는 것이 쉽지 않다는 것을 알 수 있다.

분자량에 따른 유변물성 차이는 동적점탄성 실험을 통해서 더욱 두드러지게 알 수 있다. 그림 4-6은 분자량에 따른 저장 모듈러스 G'의 주파수에 대한 측정 결과이다. 각 그림은 로그-로그축에 그렸으며 시간-온도 중첩원리에 의해 표준온도에서의 값으로 변환한 것이다. 주파수 차이가 9데케이드(10^{-5}~10^{4})에 이를

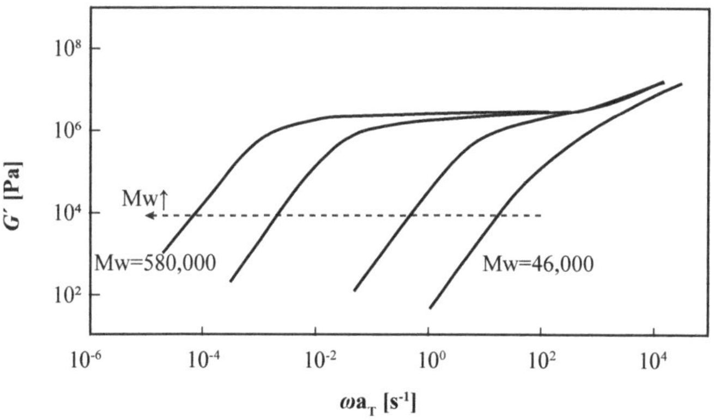

〈그림 4-6〉 분자량에 따른 PS 용융체의 동적점탄성 거동 (다음 문헌으로부터 다시 그림. S. Onogi, T. Masuda, and K. Kitagawa, Macromolecules, 3 (1970) 109)

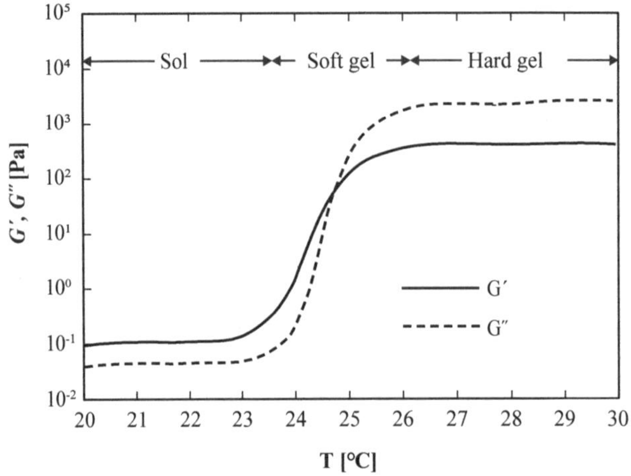

〈그림 4-7〉 PEO-PPO-PEO 공중합체의 온도에 따른 동적점탄성 (다음 문헌으로부터 다시 그림. H. Kyu et al., Rheol. Acta, 45 (2006) 239)

정도로 넓은 영역에서의 동적 거동을 보여 주고 있다. 분자량이 큰 경우 G'은 낮은 주파수에서 기울기 2로 증가하다가 일정한 값에 도달한 후 다시 증가한다. 평탄한 영역은 분자량이 클수록 넓으며, 분자량이 어느 이하로 작아지면 나타나지 않는다. 또한 그 값은 분자량에 관계없이 일정하며, 고분자의 구조적 특성에 의해 결정된다. 고분자의 동적 거동은 이와 같이 넓은 시간대에 걸쳐 반응한다는 점에 유의해야 한다. 단량체 몇 개로 구성되는 작은 부위가 아주 짧은 시간(높은 주파수)에 반응한다면 이들이 모인 더 큰 단위체는 좀 더 긴 시간(낮은 주파수)에 반응할 것이고, 최종적으로 거대 분자의 반응은 이보다 더 긴 시간이 소요될 것이다. 단량체의 개수가 수천, 수만에 이른다는 것을 고려하면 고분자의 반응이 이처럼 넓은 시간 영역에 걸쳐 일어난다는 것을 이해할 수 있다. 특히 분자량이 클수록 더 넓은 또는 더 오랜 시간에 걸쳐 반응하게 된다. 이와 같이 고분자의 유변 특성은 분자량에 크게 의존한다.

고분자의 구조가 유변물성에 미치는 영향은 공중합체의 경우에도 확인할 수 있다. 그림 4-7은 공중합체의 동적점탄성을 온도에 따라 측정한 것이다. 짧은 온도 범위에서 유변물성이 수 order의 큰 변화를 보이며 완전히 다른 구조의 물질로 변화한 것을 볼 수 있다. 이는 공중합체의 구조 전이로 인한 것이다. 사실상 나노미터 크기에서 서로 다른 구조가 형성될 때 유변물성이 전혀 다른 값을 보이는 대표적인 사례이다.

고분자의 유변 특성 중 또 한 가지 흥미로운 점은 그림 4-8과 같은 완화 거동에서 볼 수 있다. 일정한 변형을 준 뒤 응력을 측정하여 이를 가해 준 변형값으로 나눠 주면 시간과 변형에 의존하는 완화 모듈러스 $G(t, \gamma)$를 구할 수 있다. 변형이 작을 때는 선형점탄성 값 $G(t)$에 수렴하며, 변형이 커지면서 값이 작아지게 된다. 선형점탄성 이론으로부터 완화 모듈러스는 지수함수적으로 감소한다는 것을 알고 있으며, 변형이 작을 때 실험 데이터는 이를 잘 입증하고 있다. 시간과 변형의 영향은 일반적으로 독립적이라고 볼 수는 없는데 용융체의 이론에 의하면 $G(t, \gamma) = G(t)h(\gamma)$와 같이 완화 모듈러스를 시간과 변형의 함수로 분리할 수 있다. 그림 4-8a에서 측정된 완화 모듈러스를 감쇄함수(damping function, $h(\gamma)$)로 나눠 주면 그림 4-8b와 같은 결과를 얻는다. 아주 짧은 시간을 제외하면 시간과 변형의 기여가 분리된다는 이론과 잘 일치하며, 이 결과는 지수함수적으로 감소하는 선형 완화 모듈러스가 된다. 하지만 용융체 이론은 아주 짧은 시간에는 성립하지 않는다는 것을 알 수 있다. 고분자의 거동이 워낙에 넓은 스펙트럼을 가지기 때문에 이를 모두 잘 모사하는 이론도 실질적으로 없지만, 여기서도 고분

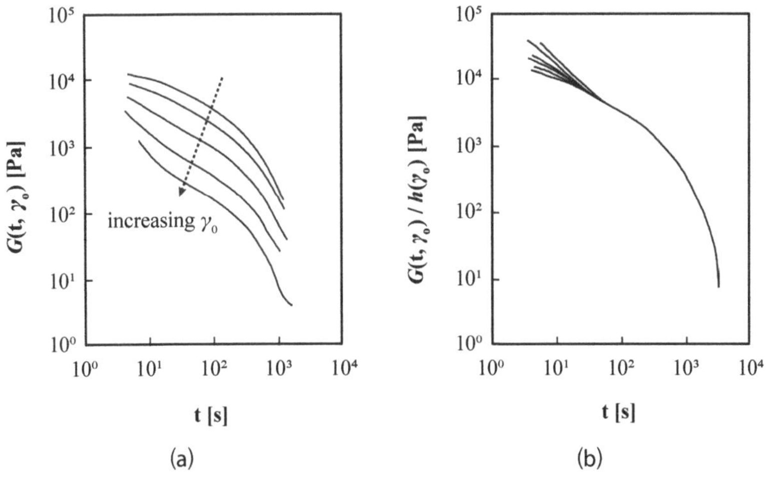

〈그림 4-8〉 시간과 변형량에 따른 완화 모듈러스 예시 (다음 문헌으로부터 다시 그림. Y. Einaga et al., Polymer J., 2 (1971) 550)

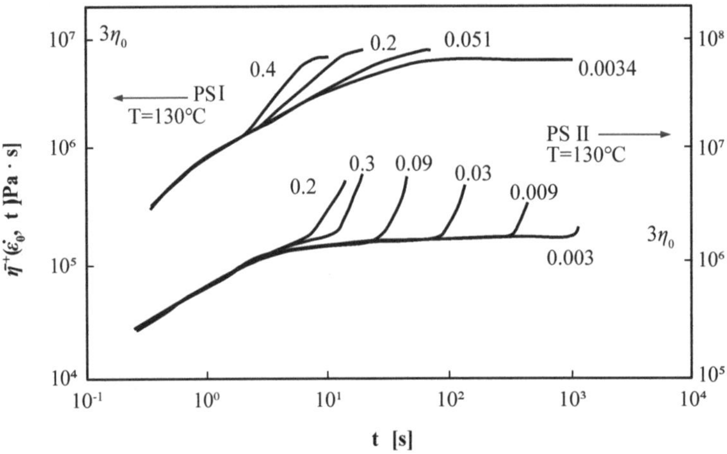

〈그림 4-9〉 PS의 신장점도 (다음 문헌으로부터 다시 그림. H. Munstedt, J. Rheol., 24 (1980) 847)

자 거동의 다양한 스펙트럼에 대해 다시 한번 생각해 볼 필요가 있다.

고분자의 구조가 유변물성에 잘 반영되고 있는 또 다른 예는 신장점도이다. 선형고분자의 신장점도는 그림 4-9의 PS I과 같이 시간에 따라 증가하다가 일정한 값에 도달한다. 실험이 진행될수록 샘플은 가늘어지고 결국에는 끊어지게 된다. 끊어질 때까지 샘플에 걸리는 응력을 신장변형률로 나눠 준 값이 신장점도인데 변형이 작을 때의 값은 이론적으로 영전단점도의 3배 $3\eta_0$가 된다. 변형률이 커지면 더 빠른 시간에 끊어지게 되며 선형고분자의 경우 대체로 변형률이 작을 때의 곡선에서 크게 벗어나지 않는 특징이 있다. 하지만 가지구조를 갖는 고분자의 경우 PS II와 같이 변형률이 커지면서 작을 때의 값을 넘어 신장점도 값이 크게 증가하다가 샘플이 끊어지게 된다. 변형이 커지면서 점도가 크게 증가하는 이와 같은 현상을 신장농화(extension thickening)라고 한다. PS I의 경우는 변형률이 커지면서 신장점도의 최대치(또는 정상값)가 거의 일정하지만 대부분의 고분자는 최댓값이 감소하게 되며 이를 신장박화(extension thinning)라고 한다. 선형고분자는 양쪽으로 잡아당기면 엉킴상태가 풀어지는 데 반해 가지구조를 갖는 고분자는 기다란 곁가지가 주위 고분자와 엉켜 있어 쉽게 풀어지지 않고 더 많은 저항을 느끼게 되는 것이다. 가지구조 고분자는 전단유동하에서도 저항을 증가시키기는 하지만 신장유동에서는 극적으로 저항이 증가하여 점도가 크게 증가하는 결과를 보여 준다.

이에 대한 또 다른 예는 HDPE와 LDPE의 차이이다. HDPE는 아주 짧은 곁가지를 가지고 있는 거의 선형적인 고분자이고 LDPE는 긴 가지구조 곁가지를 가지고 있다. HDPE는 신장박화를 보이며 LDPE는 강한 신장농화 거동을 보인다. 필름 블로잉과 같이 신장유동이 강한 공정에서 HDPE는 변형이 커지면서 두께 분포가 크게 차이 나거나 심하게는 찢어져 필름을 만들지 못하지만, LDPE는 두께가 일정하면서 견고한 필름이 잘 형성된다. 이와 같이 고분자의 구조에 따라 그 특성을 잘 반영하는 유변물성은 다를 수 있다. 전단유동하에서 두 수지의 유변물성은 차이가 나지 않더라도 신장유동이 지배적인 공정에서는 크게 차이가 날 수 있으며, 이러한 특성 차이는 제품 생산에 그대로 반영될 수 있다.

고분자 용액 또는 용융체는 다이 속을 흘러갈 때 공간적인 제약으로 움추린 상태로 흘러가는데, 이후 다이를 빠져나오게 되면 공간적인 제약이 없어지므로 흐름의 수직 방향으로 펼쳐지는 특징을 보인다. 그림 4-10a와 같이 관을 빠져나온 수지는 관의 직경보다 큰 흐름을 보이게 된다. 이때의 직경 차이를 다이스웰이라고 하며, 물과 같은 뉴톤유체는 대체로 1보다 작은 값을 보인다. 고분자는 탄성 정도에 따라 1보다 큰 값을 보이며, 이는 1차 수직응력차에 기인하는 것으로 알려져 있다. 이러한 성질로 인해 프로파일 압출을 할 때 다이 출구의 형상과

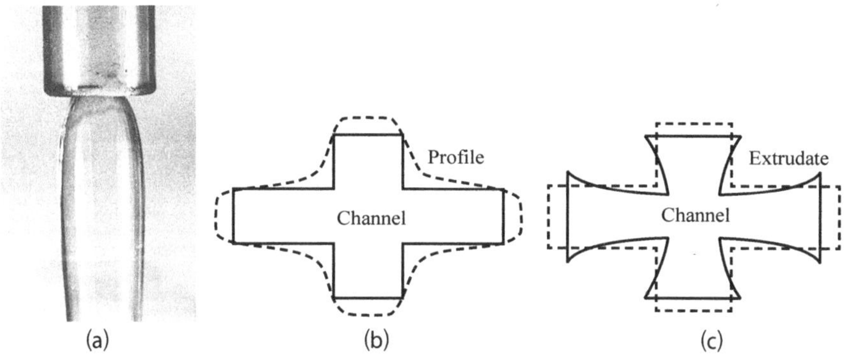

〈그림 4-10〉 다이스웰 현상 및 이로 인한 프로파일 압출 다이의 설계 가이드

프로파일의 형상이 일치하지 않게 되어 원하는 형상을 얻기 위해서 다이의 형상을 잘 설계해야 한다. 그림 4-10b와 같이 직각의 채널을 빠져나온 수지는 전혀 다른 형상을 띠게 되며, 직각 형태의 제품을 원한다면 그림 4-10c와 같이 수지의 1차 수직응력차를 고려하여 설계해야 한다. 다이를 빠져나올 때 속도가 높아 전단응력을 많이 받게 되면 빠져나온 고분자의 표면이 거칠어지게 되어 품질 문제를 야기할 수 있다. 이를 용융파단(melt fracture) 현상이라고 한다.

제5장

입자계 유변학

1. 입자계 유체에 대한 이해

입자계 유체는 용매에 입자가 떠다니는 포괄적인 유체 시스템을 말한다. 입자는 그 크기에 따라 브라운운동을 할 수도 있다. 작은 입자들은 열운동에 의해 무작위적인 움직임을 보이며, 그 움직임에 의해 유체와의 마찰을 느끼게 된다. 얼추 수 마이크론 이상의 크기이면 브라운운동을 무시할 수 있으나 그보다 작은 입자들은 브라운운동을 피할 수 없다. 입자는 표면상태에 따라 서로 뭉치면서 큰 구조체를 형성하기도 하고 안정적으로 분산되기도 한다. 하지만 대부분의 화합물들은 다른 화합물과 어울리기를 싫어하기 때문에 쉽게 뭉치는 것이 일반적이며, 입자들을 잘 분산시키는 것은 충분한 양의 계면활성제(surfactant)를 넣어 주는 경우가 아니라면 매우 어려운 것이 현실이다. 산업적으로 많은 양의 계면활성제를 넣어 주는 것은, 다른 부차적인 문제로 인해 거의 있을 수 없다는 점을 고려하면, 입자계 유체는 본질적으로 분산 이슈로부터 자유로울 수 없다.

입자계 유체의 거동에 영향을 주는 요인은 이와 같이 기본적으로 입자의 크기와 그 분포, 그리고 무엇보다도 입자의 표면 특성이다. 입자는 그 표면상태에 따라 입자간력이 작용하여 서로 뭉치기도 하고, 서로 떨어져서 분산이 되기도 한다. 즉 유동장하에서 입자는 브라운력(Brownian force), 입자간력(inter-particle force), 전단력(shear force)을 받게 된다. 이러한 요소들이 힘의 균형을 이루면서 입

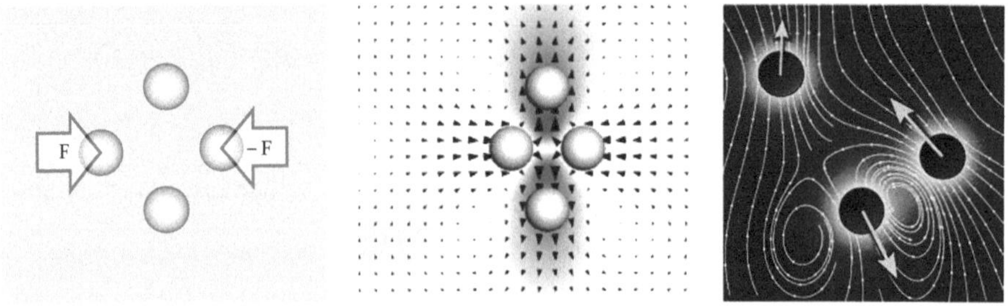

(a) (b) (c)

〈그림 5-1〉 입자 상호작용에 따른 주위 유동장의 변화

자계 유체는 끊임없이 새로운 구조를 만들며 흘러가게 된다.

유동장에 입자가 떠 있으면 입자 주위의 유동장은 교란된다. 그림 5-1에서 2개의 입자가 가까이 다가가게 되면(a) 입자 사이의 압력이 증가하면서 유체는 바깥으로 빠져나가게 된다. 입자 사이의 거리가 아주 가깝다면 강한 압착 유동이 발생하고 이로 인해 위아래 입자들이 밀려나는 힘을 받게 되어 복잡한 유동장이 형성된다(b). 입자의 농도가 높아지면 입자의 움직임은 주위 입자에 의해 교란된 유동장의 영향을 받게 되고 또 다른 영향을 다른 입자에 미치게 되는 등 연쇄적으로 유동에 영향을 주게 된다(c). 단순 전단유동장하에서도 입자 주위의 미세한 유동장은 크게 교란을 받아 매우 복잡한 양상을 띠게 된다. 입자들이 서로 뭉쳐 새로운 구조체를 형성하면, 이 구조체와 다른 입자 간에도 상호작용이 존재하여 주위 유동에 영향을 미치고 또다시 새로운 구조를 형성하게 된다. 연쇄적인 복잡성의 증가가 입자계 유동의 핵심이다.

먼저 브라운운동이 없고 입자 간의 상호작용도 없는 단순한 경우를 생각해 보자. 순수하게 유체역학적인 요소만을 고려하는 경우이다. 입자의 농도가 매우 낮아 다른 입자에 의해 교란된 유동의 영향을 무시할 수 있는 경우 입자계 용액의 상대점도 $\eta_{rel} = \eta/\eta_m$는 다음과 같은 Einstein 식에 의해 입자의 부피분율에 비례하여 선형적으로 증가한다. 여기서 η는 입자계 용액의 점도이고 η_m은 용매의 점도이다.

$$\eta_{rel} = 1 + 2.5\phi \qquad (5\text{-}1)$$

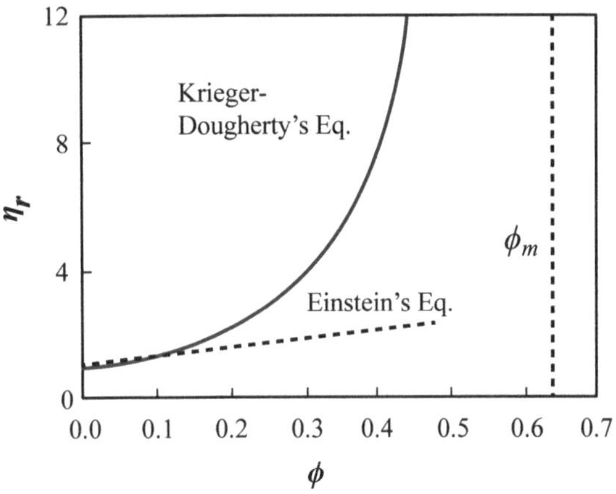

〈그림 5-2〉 부피분율에 따른 상대 점도의 변화

농도가 높아지면 용액의 점도는 그림 5-2에서 보는 바와 같이 지수적으로 증가하게 되며 식 5-2, Krieger-Dougherty 식에 의해 잘 기술된다. 여기서 $[\eta]$는 용액의 고유점도, ϕ_m은 입자가 최대로 들어갈 수 있는 부피분율이다. ϕ_m은 단분산 구형입자가 이상적으로 충진되면 0.64의 값을 가질 수 있지만, 입자의 크기 분포가 존재하거나 입자 표면에 유기물이 흡착되어 있어 입자간력이 작용하는 경우 이보다 작은 값을 갖게 된다. 중요한 점은 용액의 점도가 입자 농도에 따라 지수적으로 증가한다는 점이다.

$$\eta_{rel} = \left(1 - \frac{\phi}{\phi_m}\right)^{-[\eta]\phi_m} \tag{5-2}$$

입자의 크기 분포 또한 점도에 많은 영향을 준다. 이는 입자계 소재를 설계할 때 유용하게 활용할 수 있다. 서로 다른 크기의 입자를 섞어 주면 그림 5-3에서 보는 바와 같이 용액의 점도를 크게 낮출 수 있다. 가령 입자 농도가 55%인 경우 20배 작은 입자를 (그림의 a = 0.048에 해당하는 경우) 40% 섞어 주면 용액의 점도는 대략 5배 정도 낮아진다. 입자 농도가 0.65인 경우에는 큰 입자 대비 22배 작은 크기의 입자를 40% 정도 섞어 주면 (그림의 a = 0.045에 해당하는 경우) 큰 입자만 사용하는 경우에 대비해서 점도를 수십 배 이상 낮춰 줄 수 있다.

입자들이 잘 분산되어 있는 경우의 점도곡선이 그림 5-4에 주어져 있다. 입

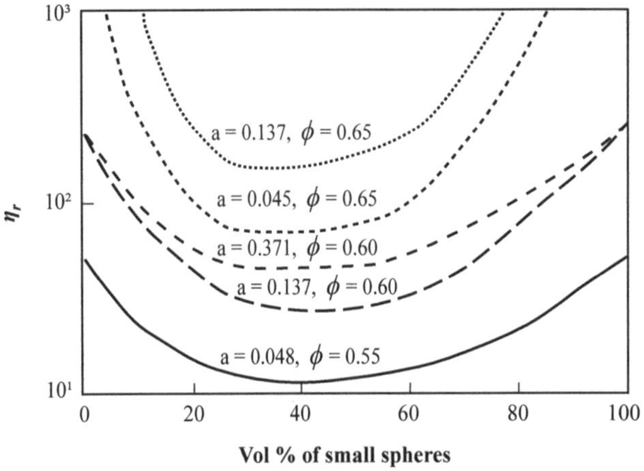

〈그림 5-3〉 크기가 다른 두 종류의 입자를 섞은 경우 작은 입자 부피분율에 따른 상대 점도의 변화 (다음 문헌으로부터 다시 그림. J. S. Chong, et al., J. Appl. Polym. Sci., 15 (1971) 2007)

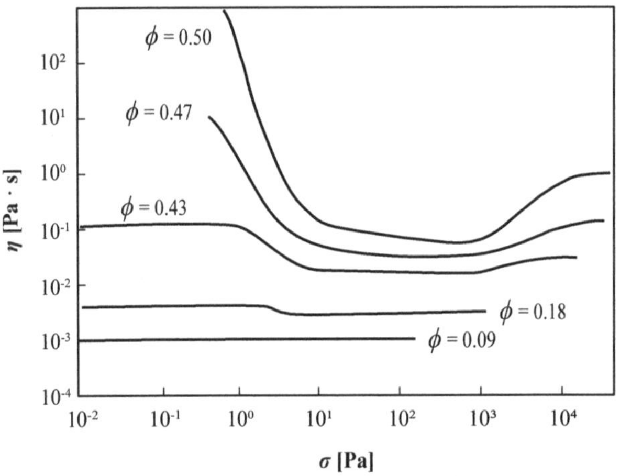

〈그림 5-4〉 부피분율에 따른 점도곡선의 변화 (다음 문헌으로부터 다시 그림. H. M. Laun, Angew. Makromol. Chem., 123 (1984) 335)

자들은 표면에 같은 부호의 전하층이 존재하여 가까이 다가가면 서로 밀치게 되어 분산이 유지되고 있다. 점도는 응력의 함수로 주어졌으나, 응력이 점도와 전단속도의 곱이라는 것을 생각하면 실제로는 전단속도에 따른 점도곡선을 보여주고 있는 셈이다. 입자의 농도가 작을 때는 입자계의 점도가 용매(물)의 점도와 거의 같으며 식 5-1을 따라 농도에 비례하여 증가한다. 하지만 입자 농도가 증가하면서(0.2~0.4) 약한 전단박화현상을 볼 수 있으며, 농도가 그 이상 증가하면 낮은 전단력에서의 점도가 지수적으로 증가하며 강한 전단박화현상을 볼 수 있다. 특히 농도가 높은 경우 높은 응력에서는 점도가 증가하는 전단후화현상이 나타나기도 한다. 높은 응력에서 입자들이 서로 밀치는 와중에 그 나름의 구조체를 형성하게 되는 것이다. 입자계 유체는 이와 같이 입자 농도가 증가하면서 낮은 전단속도에서의 점도가 크게 증가하고, 전단박화현상을 보이며, 높은 전단속도에서 전단후화현상을 보일 수 있다.

2. 입자간력

입자의 표면상태에 따라 입자에는 다양한 형태의 힘이 작용한다. 모든 입자에 기본적으로 작용하는 반데르발스력, 입자 표면의 전하에 의해 발생하는 정전기력, 첨가된 고분자에 의해 발생하는 고분자력, 그리고 수소 결합 등 상황에 따라 다양하게 작용하는 힘들이 존재할 수 있다.

1) 반데르발스력(van der Waals force)

극성을 가진 분자들은 가까이 존재하는 다른 분자의 쌍극자와 서로 뭉치려고 하는 인력이 작용한다. 비극성 분자의 경우에도 전자밀도분포의 확률에 의해 순간적으로 극성이 형성되면 다른 쌍극자와 인력이 작용하게 된다. 이러한 힘은 모든 분자 사이에 존재하며 입자 사이에도 인력으로 작용하게 된다. 이 힘은 입자의 크기에 비례하고 입자 간 거리에 대체로 반비례한다. 기본적으로 언제든 작용하는 힘이므로 별도의 척력이 없을 경우 이 힘에 의해 입자들은 응집하게 된다. 다만 다른 힘들에 비해 상대적으로 작은 크기의 힘이기 때문에 다른 척력이 작용할 경우 쉽게 극복되어 응집이 일어나지 않게 된다.

2) 정전기력(electrostatic force)

입자가 물에 분산되어 있을 때 표면에는 전하나 이온이 달라붙어 음극 또는 양극으로 대전할 수 있다. 입자계가 주어지면 표면은 대체로 같은 부호를 갖게 되므로 일반적으로 척력으로 작용하며 비교적 먼 거리까지 작용하는 힘이다. 이온들은 입자 표면에 층을 이루고 있으며, 그 농도는 입자 표면으로부터 거리가 멀어질수록 지수적으로 감소한다. 어느 거리까지는 이온들이 실질적으로 입자에 붙어 있는 것으로 볼 수 있으며, 이 경계면에서의 전기적 포텐셜을 제타전위라고 한다. 이 값은 입자의 실질적인 표면 전하를 반영하는 값으로서, 실제로 측정할 수 있어 입자계에 존재하는 정전기적 반발력을 가늠하는 데 유용하게 사용된다. 경험적으로 제타전위의 절댓값이 30mV 이상이면 정전기에 의한 척력이 세기 때문에 입자 간의 응집은 잘 일어나지 않는다. 제타전위 값이 작으면 척력이 없어 유동이나 열운동에 의해 입자들이 가까이 위치하면 반데르발스력에 의해 응집할 수 있다. 제타전위는 pH에 의존하며, 수계 입자계에서는 산이나 염기를 이용하여 정전기력을 통해 분산성을 제어할 수 있다.

3) 고분자력(polymeric force)

입자계 용액 내에 고분자가 존재할 때 흡착에너지가 충분히 크다면 고분자가 입자 표면에 흡착할 수 있다. 흡착에 의해 엔트로피를 잃게 되지만, 흡착에 의한 에너지 감소의 이점이 더 큰 경우에 고분자는 입자에 흡착하여 존재한다. 고분자 농도가 충분히 작을 때는 흡착된 고분자끼리 엉켜 입자들을 실질적으로 응집시키는 효과를 낼 수 있다(bridging flocculation). 농도가 더 높아지면 흡착된 고분자층이 가까워지면서 고분자사슬들에 의한 엔트로피가 감소하고, 이때 이를 증가시키기 위해 입자 사이에는 반발력이 발생하게 된다. 고분자층끼리 서로 밀어내어 분산이 유지되는 것이다(steric repulsion). 이 힘은 고분자의 용해도와 농도에 의해 결정되며, 고분자가 입자에 잘 흡착하고 용매에도 잘 녹으면(good solvent) 안정적인 반발력을 유지할 수 있다. 하지만 용매에 잘 녹지 않으면(poor solvent) 인력이 생겨 입자들은 서로 뭉치기 쉽게 된다.

고분자 농도가 더 증가해서 흡착된 두 입자 사이에 흡착되지 않은 자유 고분자가 존재하면 입자가 서로 가까이 다가갈 때 압착 유동에 의해 자유 고분자가 바깥쪽으로 빠져나가게 되며, 이때 국부적인 삼투압에 의해서 입자들을 응집시키는 힘으로 작용한다(depletion flocculation). 농도가 더 높아지면 흡착되지 않은 고분자들이 매질에 충분히 존재하여 입자들의 응집을 방해하게 된다(depletion stabilization). 실제 상황은 매우 복잡하지만 고분자 농도가 증가하면서 응집(bridging flocculation), 분산(steric repulsion), 응집(depletion flocculation), 분산(depletion stabilization)의 과정이 반복적으로 나타나게 된다. 이 과정에는 입자와 고분자, 용매의 상호 친화도 등 수많은 열역학적 변수가 관여하므로 입자계의 분산은 매우 복잡한 양상으로 나타난다. 실제 사용되는 입자계 소재들은 막을 형성하기 위해서 대부분 고분자를 같이 사용하므로 이들 성분 간의 상호작용을 충분히 이해한 후 소재를 설계해야 한다.

4) DLVO 포텐셜

입자계에는 위와 같이 다양한 인력과 척력이 작용한다. 이 중 가장 기본이 되는 반데르발스력과 정전기력만을 고려하여 입자계에 작용하는 포텐셜을 구한 것을 DLVO 포텐셜이라고 한다. $F = -dU/dr$이므로 그림 5-5에서 기울기가 음인 영역은 척력을 나타내고 양인 영역은 인력을 나타낸다. 반데르발스력은 두 입자 간의 거리(r)가 작아지면서 음의 값으로 크게 떨어지고, 정전기력은 양의 값으로 크게 증가한다. 이 두 함수의 합에 의해 실제 포텐셜이 결정된다. 그림 5-5의 경우에 두 입자 간의 거리가 가까워지면서 먼저 약한 인력이 작용하고(secondary minimum), 어느 정도 가까워지면 다시 척력이 작용한다. 이는 어느 정도 분산이 유지될 수 있다는 것을 의미한다. 하지만 이 장벽을 넘게 되면 다시 큰 인력이 작용하게 된다. 입자가 서로 접촉하게 되면 고체 입자들이 서로 공간적으로 겹쳐 있을 수 없기 때문에 매우 강한 척력이 작용하게 되어 다시 포텐셜은 증가하게 된다.

하지만 실제로는 입자들이 이렇게까지 가까워지지 못하고 강한 응집 상태를 유지하게 된다(primary minimum). Secondary minimum에 의해 형성된 응집은 전단력으로 깰 수 있지만 일단 primary minimum에 빠지면 재분산은 거의 어렵게 된다. DLVO 포텐셜은 반데르발스력과 정전기력만을 고려한 것이고 실제 시스템의 포텐셜은 다른 힘들을 함께 고려해야 하니 더 복잡할 것이다. 상황에 따라

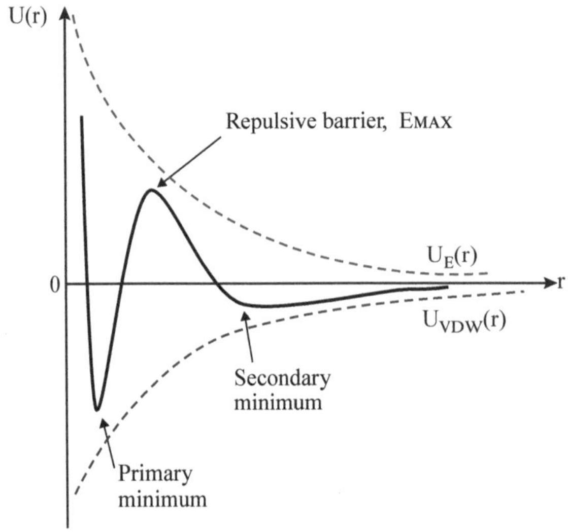

〈그림 5-5〉 DLVO 포텐셜의 예시

서 에너지 장벽이 없을 수도 있고, secondary minimum이 없을 수도 있다. 고분자가 없다면 입자 표면의 전하만 제어해서 잘 분산된 입자계를 만들 수 있겠지만, 고분자가 같이 포함된 실제 상황에서의 포텐셜은 매우 다양하고 복잡할 수 있다. 하지만 인력과 척력의 균형이라는 점에서 모든 입자계 시스템을 이와 같은 포텐셜, 이와 같은 그림으로 이해할 수 있다.

3. 입자계 유체의 유변 특성

입자계 유체의 유변물성은 기본적으로 고분자 시스템의 그것과 유사한 부분이 많지만, 고분자 시스템이 갖지 못하는 특징도 많다. 공통점으로는 전단박화현상을 들 수 있겠지만 입자계 유체는 전단박화를 기본으로 항복응력과 전단후화의 특성을 보인다. 항복응력은 유체가 임계응력을 받을 때까지는 흐르지 않고 고체의 특성을 보이다가 그 이후에 흐르는 성질을 말한다. 치약을 칫솔에 짜 놓으면 고체와 같이 형체를 유지한다. 손으로 가볍게 건드려 보면 약간의 변형이 발생하지만 곧 원래 모습을 회복한다. 하지만 양치를 하게 되면 고체는 간 곳 없고 물처럼 잘 흐르는 모습을 볼 수 있다. 항복응력이 있는 유체의 점성 모델은 식 5-3과 같고 이때 점도가 일정한 경우를 Bingham 모델이라고 한다.

$$\begin{aligned} &\dot{\gamma} = 0 \quad for \quad \tau < \tau_y \\ &\tau = \tau_y + \eta\dot{\gamma} \quad for \quad \tau \geq \tau_y \end{aligned} \tag{5-3}$$

그림 5-4와 유사한 또 다른 데이터가 그림 5-6에 주어져 있다. 농도가 작을 때는 낮은 전단속도에서 점도가 일정한 뉴톤거동을 보이다가 전단속도가 높아지면서 약한 전단박화현상을 보인다. 농도가 높아지면 낮은 전단속도 영역에서 강한 전단박화현상이 보이고, 높은 전단속도 영역에서는 전단후화현상이 나타난다. 높은 농도에서는 매우 강한 전단후화현상을 보이고 있으며, 임계 전단속도 이상에서는 점도 측정이 가능하지 않다. 점도가 무한히 커지는 고체의 속성을 보이는 것이다. 이 경우 공정 중에 전단속도가 임계점 전후로 분포한다면 점도가 낮은 액체와 점도가 무한히 큰 고체가 공존하는 상황이 될 것이며, 극단적으로 불균일한 공정 상황에 도달할 것이다. 전단후화현상은 일반적인 공정에서는 피해야 할 위험요인이지만, 방탄복과 같은 특수 목적에 의도적으로 설계되어 사용되기도 한다.

낮은 전단속도 영역에서의 강한 전단박화현상은 실제로는 전단박화보다는 항복 거동으로 해석하는 것이 합당하다. 식 5-3의 응력식을 전단속도로 나눠 주면 $\eta = \tau_y/\dot{\gamma} + \eta_0$와 같은 형태가 되어 점도는 전단속도에 반비례하게 된다. 일반적인 유체의 전단박화 거동은 $\sim\dot{\gamma}^{-(0\sim0.5)}$ 정도의 약한 의존성을 갖기 때문에 $\sim\dot{\gamma}^{-1}$ 거동은 전단박화와는 다른 항복 거동에 의해 지배되고 있다. 전단박화현상이 있더라도 항복 거동이 더 지배하고 있는 것이다.

그림 5-7에서는 표면이 음전하로 덮여 있는 PS 입자가 강한 척력으로 인해 높은 응력이 가해질 때까지는 고체의 거동을 보이다가 이후 급격히 점도가 감소하는 거동을 보이고 있다. 입자끼리 서로 밀쳐 내지만 농도가 높아 서로 밀치면서도 견고한 구조체를 형성하여 고체처럼 반응하는 것이다. 여기에 충분히 높은 응력이 가해지면 비로소 구조체의 균형이 깨지면서 유체의 속성을 보이며 점도가 현저히 낮아진다. 여기에 염산을 조금 더하면 해리된 H^+ 이온이 입자 표면

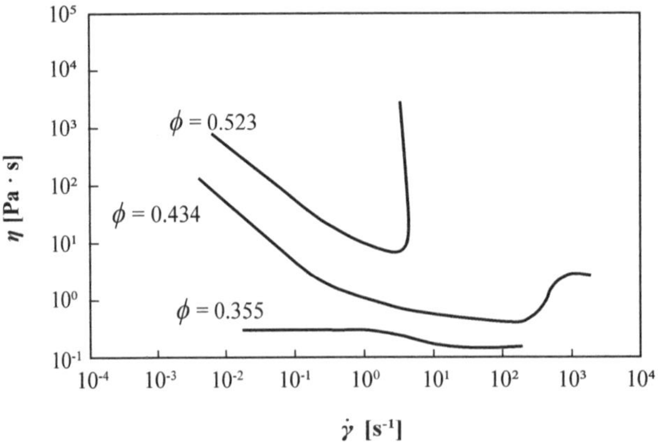

〈그림 5-6〉 82.5nm SEA 입자 현탁액의 입자 농도에 따른 점도의 변화 (다음 문헌으로부터 다시 그림. H. M. Laun et al., J. Rheol., 36 (1992) 743)

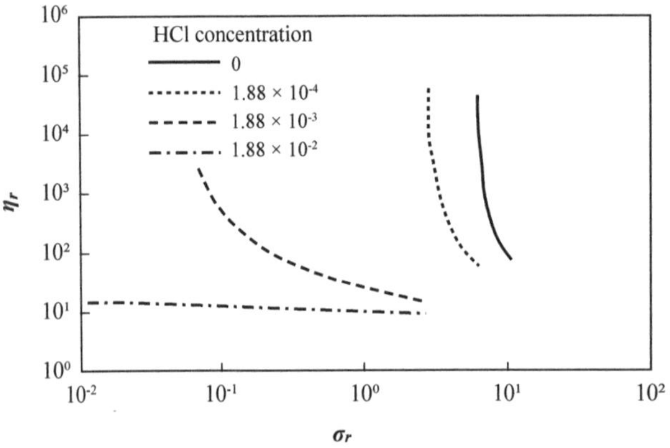

〈그림 5-7〉 부피분율 40%, 110nm PS 입자 현탁액의 pH에 따른 점도 변화 (다음 문헌으로부터 다시 그림. R. Buscal, J. Chem. Soc. Faraday Trans., 87 (1991) 1365)

의 음전하와 결합하여 표면을 덮고 있는 음전하의 수가 줄어들어 척력이 감소하게 되며, 강한 항복 거동이 점차 약해진다. 염산의 농도가 높아 충분한 H^+ 이온이 공급되면 입자 표면이 중성화되어 더는 척력이 작용하지 않고 입자는 자유롭게 용매 속에 떠다니게 되며, 이런 정도의 액상에서는 점도가 거의 일정한 뉴톤 거동을 보이게 된다. 입자계 유체의 경우, 매우 적은 양의 산, 염기만으로도 극단적인 유변물성의 변화를 가져올 수 있다는 점에 주의해야 한다.

그림 5-8은 항복 거동을 보이는 또 다른 사례이다. 임계응력 이하에서는 매

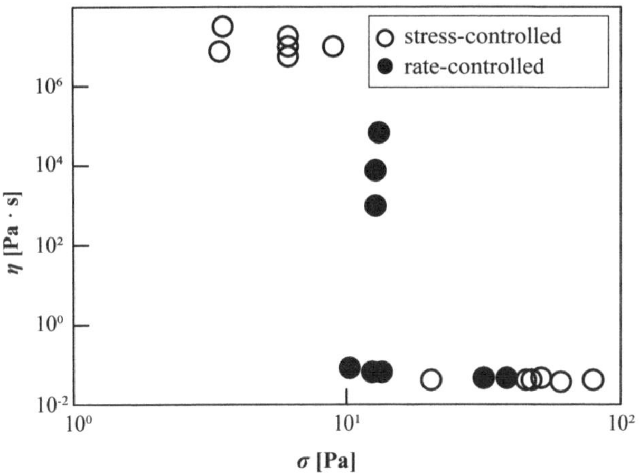

〈그림 5-8〉 2.5% 응집된 실리카 현탁액의 점도 예시 (다음 문헌으로부터 다시 그림. E. van der Aerschot, Mewis, J., Colloids and Surfaces, 69 (1992) 15)

우 높은 점도가 측정되는데, 임계점에서 급격한 점도 감소가 있고, 이후 물과 같은 액상으로 존재한다. 여기서 특이한 점은 이 그림은 두 가지 유형의 레오미터를 활용해서 얻은 것이라는 점이다. 속이 빈 기호는 응력제어형 점도기로 측정한 것이고 찬 기호는 속도제어형 점도기로 측정한 것이다. 응력제어형 점도기로 측정하는 경우 임계점 근처에서의 값을 측정하지 못하는 것인데, 이는 서보 시스템의 정밀도에 관한 문제로서 응력제어형 점도기의 기계적 한계로 볼 수 있다. 이 영역에서는 속도제어형 점도기로 각각의 전단속도에서 계단형 전단유동을 주어 점도값을 하나하나 구해야 한다. 하나의 점도곡선을 구하기 위해 여러 대의 서로 다른 장비가 필요한 경우를 보여 주는 또 다른 사례이다. 전단후화 현상이 강한 경우에는 두 대의 서로 다른 점도기로 조심해서 측정하는 것이 바람직하다.

입자계 유체의 또 다른 특징은 전단속도를 올려가면서 하는 실험과 내려가면서 하는 실험의 결과가 다를 수 있다는 점이다. 오르막, 내리막 스윕을 하면 높은 전단속도 영역에서는 점도값이 거의 같지만, 낮은 영역에서는 큰 차이가 나는 경우가 많다. 시간이 가면서 (스윕 실험을 하면서) 점도가 작아지는 경우를 thixotropy, 반대의 경우는 rheopexy라고 한다. 그림 5-9의 사례를 보면 낮은 전

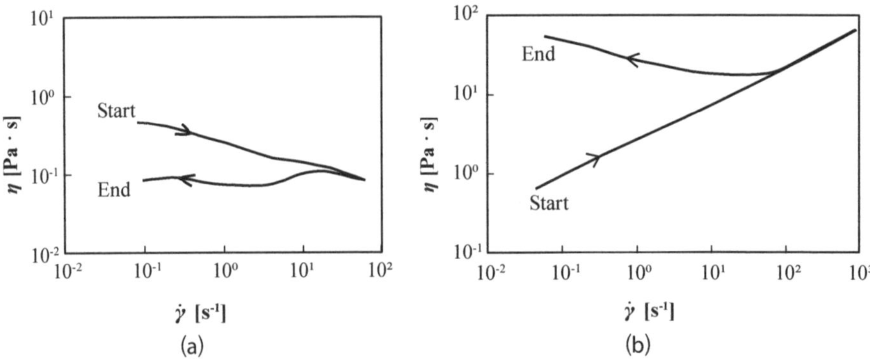

〈그림 5-9〉 카본블랙 현탁액의 히스테리시스 실험 결과. (a) thixotropy, (b) rheopexy

단속도 영역에서 10배 이상이나 값 차이가 나는 경우도 흔하다. 입자계 유체의 이력 의존성이 얼마나 심한지 보여 주는 사례이다. 사실 입자계 유체의 경우 실험 조건이나 심지어 샘플 로딩의 정도에 따라서도 구조가 크게 달라질 수 있기 때문에 유변물성 측정 시 많은 어려움이 있다. 보통은 유체를 레오미터에 로딩한 후 강한 유동을 먼저 주고, 이후 안정화 시간을 거쳐 측정을 시작하는 경우가 많다. 어찌 보면 물리적 성질이라 보기 어려울 수도 있지만, 실제로 이력에 따라 끊임없이 구조가 변할 수 있기 때문에 초기 시료의 상태를 나름대로 표준화하지 않으면 매번 결과가 달라질 수도 있다.

입자계 유체의 또 다른 특성으로는 고체 표면에서 미끄럼(slip)이 일어나기 쉽다는 점이다. 일반적으로 모든 유체는 고체 표면에서 미끄럼이 없다(no-slip)는 조건을 만족한다. 하지만 입자계 유체의 경우에는 미끄럼이 쉽게 일어날 수 있어 실험에 주의가 필요하다. 그림 5-10은 같은 샘플의 측정 결과인데, 하나는 일반적인 플레이트를 사용하였고, 다른 하나는 표면이 거칠어 미끄럼을 줄일 수 있는 플레이트(serrated plate)를 사용한 것이다. 당연히 후자의 경우가 실제 점도를 측정한 것이며 전자는 실험상의 오류이다. 플레이트에 사포를 붙여 주기만 해도 미끄럼을 방지할 수 있으며, 항상 측정하고자 하는 유체가 이런 문제의 가능성이 있는지 사전에 충분히 예비 실험을 통해서 인지하고 실험을 수행해야 할 것이다.

그림 5-11은 입자의 분산상태에 따라 측정값이 어떻게 달라지는지 보여 주

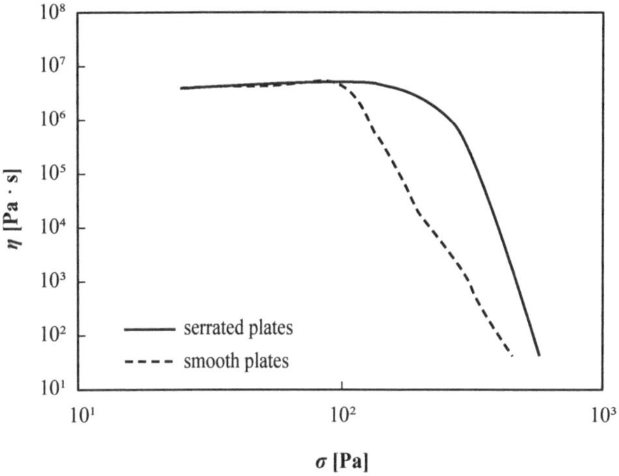

〈그림 5-10〉 플레이트 표면 거칠기에 따른 슬립 효과

는 그림이다. 입자의 분산을 위해 가하는 전단력의 정도를 다르게 하여 얻은 유체의 점도를 측정한 것이다. 전단력이 작은 (P_1, P_2)의 경우에는 큰 덩어리들이 상존하여 낮은 전단속도 영역에서 점도값의 측정이 용이하지 않다. 사실 상 낮은 영역에서의 측정값은 점도라고 할 수 없으며, 어느 정도 안정적인 값을 보이는 높은 전단속도 영역의 값만을 취하는 것이 합리적일 것이다. 하지만 전단력을 크게 가해 준 (P_3)의 경우에는 분산이 잘 되어 낮은 전단속도 영역에서 매우

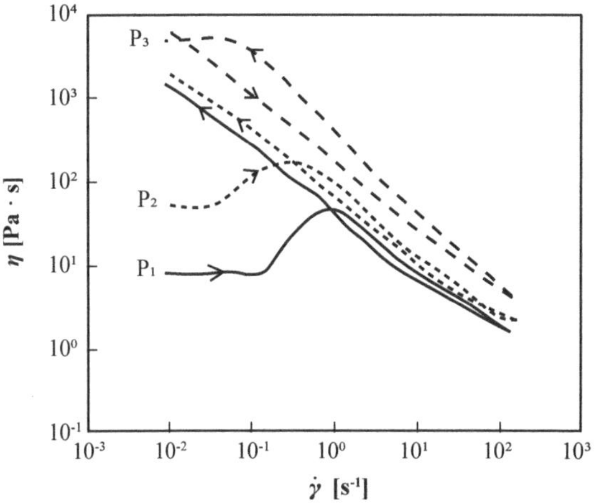

〈그림 5-11〉 현탁액의 분산 정도에 따른 점도 측정 결과

큰 점도값을 보이며, 측정도 신뢰할 만하다. 점도의 차이는 구조의 차이를 의미하므로, 이 결과는 같은 조성의 소재라도 분산의 정도에 따라 매우 큰 점도 차이를 보일 수 있다는 것을 잘 보여 주고 있다.

제6장

유변학의 산업적 응용

1. ABS 분자 설계

ABS(Acrylonitrile-Butadiene-Styrene)는 자동차 내장재, 전자제품 하우징, 냉장고 내상재 등에 널리 쓰이는 범용 플라스틱이다. 300nm 정도 크기의 고무에 SAN(styrene-acrylonitrile)을 그라프트(graft)시킨 g-ABS와 SAN을 각각 중합한 후 이를 압출기를 통해 컴파운딩하여 제품을 생산한다. 그림 6-1은 ABS의 전자현미경 사진을 보여 준다. 평균 입경 300nm의 고무에 SAN이 붙어 있지만 매트릭스를 구성하는 SAN과 화학적 성분이 같아 현미경상으로 차이를 구분하지는 못한다. 고무상은 잘 분산되어 있지만, 열과 유동을 받으면 입자끼리 응집할 수 있고, 매트릭스 SAN의 acrylonitrile 함량이 높으면 응집은 더 쉽게 일어난다.

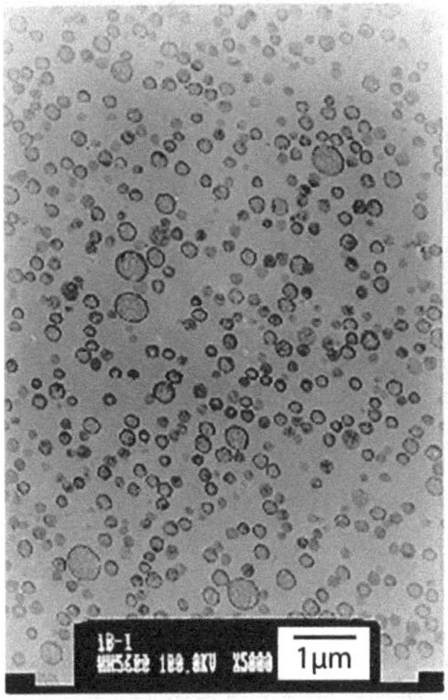

〈그림 6-1〉 ABS 수지의 전자현미경(TEM) 사진

표 6-1에는 두 가지 ABS의 습식분석 결과와 ASTM 규격에 따른 기계적 물성이 주어져 있다. 일반적으로 ABS와 같은 플라스틱은 ASTM 또는 ISO 규격에 의한 물성을 기준으

표 6-1. ABS 수지의 정밀분석 결과 및 일반 물성

구분	입자크기 (nm)	겔 함량 (%)	그라프트율 (%)	충격 강도	경도	인장 강도	굴곡 강도	비캇 연화온도	광택도
ABS-5	307	86	42	26.7	96.4	402	582	93.7	103.9
ABS-4	310	82	69	24.1	95.3	393	567	95.1	101.7

로 용도가 결정되며, 여기에 난연성이나 내열성 같은 특수한 기능을 함께 고려하여 수지를 선정한다. 고무의 입자 크기는 1% 이내에서 같으며 고무의 경화 정도를 나타내는 겔 함량은 5% 이내의 차이를 보이고 있다. 일반적으로 습식분석을 통한 분석은 실험 오차가 비교적 크며, 표에 나타난 수준의 차이는 통상적인 실험 오차로 볼 수 있다.

입자 대비 입자에 그라프트된 SAN의 함량비인 그라프트율(graft ratio)은 통상적으로 측정하는 값은 아니며, 습식분석으로 측정하기 때문에 오차도 비교적 큰 항목이다. 이 값이 크면 고무 입자의 표면에 그라프트된 SAN의 함량이 높은 것이고, 값이 작으면 표면에 위치한 SAN의 함량이 작은 것이다. 두 ABS의 그라프트율은 약 27%p의 차이를 보이고 있다. 기계적 물성을 보면 충격강도는 4%, 인장강도는 2% 이내의 차이를 보이며, 전체적으로 실험 오차를 고려할 때 유사한 값을 보이고 있다. 전체적으로 ABS-4의 경우가 약간 높은 물성값을 보이지만 실험 오차의 범위를 크게 벗어나지는 못하며, 두 수지는 거의 같은 물성을 갖는다. 표에는 없지만 수지의 유동 특성을 나타내는 유동지수(melt flow index: MFI)도 거의 같은 값을 보이고 있다. 산업적으로 두 수지는 실질적으로 거의 같다고 볼 수 있을 것이다.

이들 두 수지의 유변물성을 측정하면 그림 6-2와 같다. 동적실험(SAOS)을 통해서 복소점도와 저장 모듈러스 G'을 주파수의 함수로 보이고 있다. 점도는 두 수지 모두 전단박화 거동을 보이며, 특히 ABS-4는 강한 전단박화를 보이고 있다. 낮은 주파수에서는 ABS-4의 점도가 훨씬 높으며 높은 주파수에서는 더 낮아 주파수에 훨씬 민감하게 반응하고 있음을 알 수 있다. G'은 주파수에 따라 증가하는 모습이며 두 수지 모두 낮은 주파수에서의 기울기는 2보다 작다. 이는 ABS 내에 분산되어 있는 고무상 때문이다. 하지만 낮은 주파수에서의 G'값

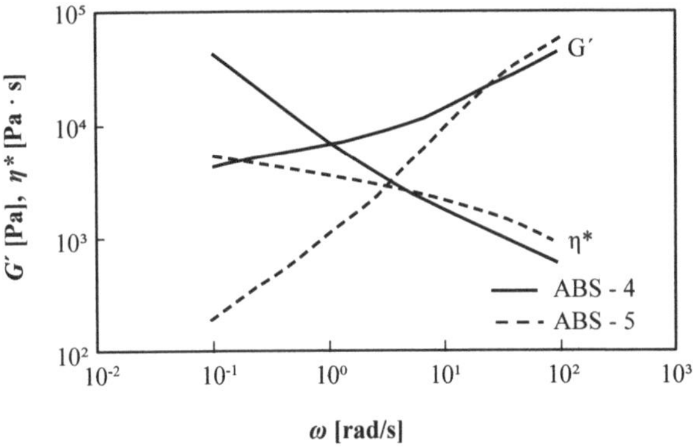

〈그림 6-2〉 두 ABS의 점탄성 측정 결과

은 크게 다르며 증가하는 양상도 상당히 다르다. 특히 ABS-4의 경우 낮은 주파수에서 기울기가 매우 낮아 평탄부를 보이며, 주파수 0.1rad/s에서는 ABS-5보다 약 20배 큰 값을 보이고 있다. 이 실험의 재현성은 그래프상에서 차이를 볼 수 없을 정도로 높으며 그림 6-2는 매우 신뢰할 수 있는 측정 결과이다. 일반적으로 낮은 주파수에서의 유변물성이 2~3배 정도 차이가 나도 압출 가공 시 수지 간의 차이를 충분히 느낄 수 있는 수준이며, 지금처럼 큰 차이가 나면 실험 중에 수지의 탄성이 크게 다르다는 것을 쉽게 느낄 수 있다.

앞서 살펴본 바와 같이 기계적 물성이 거의 비슷한데도 유변물성이 크게 다른 것은 분자 구조상의 차이에 기인한 것이다. 일반적으로 유변물성이 다르다는 것은 내부구조가 다르다는 것을 의미한다. 이 차이는 그라프트율의 차이에 기인한 것이다. 동일한 고무상과 SAN 매트릭스를 사용하고 있지만 고무 표면에 그라프트된 SAN의 함량을 조절하여 ABS-5에 더 많은 SAN을 그라프트시켜 준 것이다. 즉 두 ABS는 화학적 성분과 첨가제까지도 모두 동일하지만 고무 표면에 붙어 있는 SAN의 함량이 조금 다른 것이다. 그라프트 SAN의 분자량은 수만 정도의 비교적 낮은 수준으로 분자의 크기는 대략 수 나노미터 정도일 것이다. 고무 입자 표면에 붙어 있는 수 나노미터 크기의 고분자가 좀 더 많이 붙어 있느냐 그렇지 않느냐에 따라 수십 배 이상의 유변물성 차이를 보이고 있는 것이다.

이렇듯 그라프트율이 ABS의 유변물성에 큰 영향을 주므로 그라프트율의 영향을 좀 더 자세히 살펴보기로 한다. 그림 6-2에서 주파수 0.1rad/s에서의 G' 값을 그라프트율을 다르게 하여 측정했으며, 그 결과가 그림 6-3에 주어져 있다. 그림에서 심볼은 실험 결과이며, 선들은 곡선의 개형을 보여 주는 보조선이다. 그라프트율이 증가할수록 *G′*은 감소하여 50% 정도에서 최솟값을 보인 후 다시 증가하고, 이후에는 다시 감소하는 모습을 보이고 있다. 만일 보조선이 없다면 실험 데이터들의 상관관계를 찾기는 어려울 것이다. 아마도 그라프트율에 따라 감소하는 직선을 그려 볼지도 모르겠다. 하지만 정교한 실험들을 통해서 이와 같은 개형을 보인다는 것이 알려져 있으며, 이론적으로도 특정 그라프트율에서 최적값이 존재한다는 것이 입증되었다. 그라프트율이 최솟값보다 작을 때는 입자 표면을 고분자가 충분히 덮어 주지 못해서 입자 표면이 노출된 경우이며, 이 경우 열 및 유동에 의해 입자들이 응집하기 쉽다. 그라프트율이 최소치보다 클 때는 입자에 붙어 있는 고분자가 너무 많아 고분자에 의한 bridging 효과가 발생하여 입자들이 응집하기 쉽다. 그라프트율이 최소일 때는 입자를 덮고 있는 고분자 함량이 적절하여 입자들이 잘 분산된 상태를 이루게 된다. 그림 6-3의 실선은 이를 고려하여 curve fitting해 준 것이며, 그림 6-3의 점선은 그라프트율이 큰 경우 공정에 따라 곡선의 개형이 달라지는 사례를 예시하고 있다.

그림 6-3이 특별한 의미를 갖는 것은 이 결과가 제품의 설계에 매우 중요하기 때문이다. 산업현장에서 제품을 생산할 때는 수많은 변수가 존재하며, 실질적으로 제어할 수 없는 변동 요인들이 존재한다. ABS의 제조를 위해서는 각 중합 단계에서 수많은 원료가 투입되며 각 원료는 나름대로 제한된 범위에서 품질 변동 요인을 갖고 있다. 반응기의 온도를 보더라도 적절한 범위에서 제어하는 것이고, 완벽한 제어를 기대하기는 힘들다. 많은 산업현장에서 계절적인 품질 불량을 경험하는 것도 이런 이유에 기인할 것이다. 문제는 품질 변동 요인은 피할 수 없고, 제품은 이를 반영하여 안정적으로 생산될 수 있도록 설계되어야 한다는 점이다. 그림 6-3에서 그라프트율이 60% 근처에서 설계되었다면, 품질 변동요인에 의해서 그라프트율이 조금 변동할 때 *G′*은 크게 변동할 것이다. 가령 그라프트율이 60%를 기준으로 ±5% 변동한다면 *G′*은 수십 배가 변하게 된다. 이는 실질적으로 제어할 수 없는 과도한 품질 변동을 의미한다. 하지만 그라프트율이 70~80% 수준에서 설계되었다면, 어쩔 수 없는 품질 변동 요인에 의해 그라

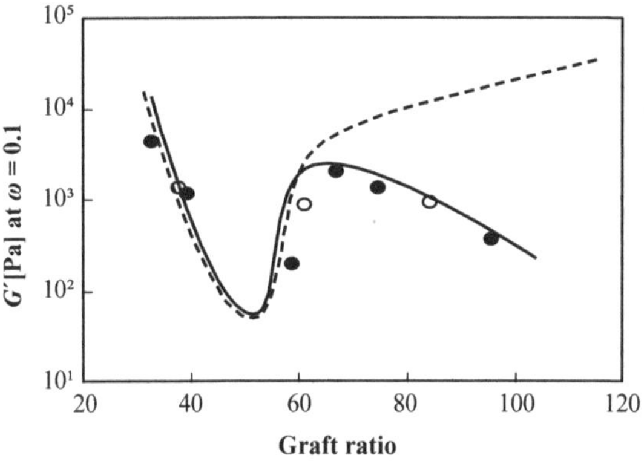

〈그림 6-3〉 그라프트율에 따른 G'의 변화(freq = 0.1rad/s)

프트율이 상당 수준 변하더라도 G'은 크게 변하지 않아 안정적인 품질을 확보할 수 있을 것이다. 그라프트율이 높아지면 다른 물성에도 영향을 줄 수 있기 때문에 최적화의 개념이 필요하겠지만, 이와 같은 지식기반의 설계가 반드시 필요하다는 것은 명백하다. 실제 상황에서는 회사의 공정에 따라 curve의 개형이 조금 변하거나 이동할 수 있다. 또한 같은 그라프트율이라 하더라도 그라프트 SAN의 분자량이 높은 경우와 낮은 경우의 거동이 달라질 것이다. 분명한 점은 이런 모든 요인을 고려해서 제품이 설계되어야 한다는 것이다. 이렇게 설계된 제품과 그렇지 않은 제품은 품질안정성, 생산성, 원가 면에서 크게 차이가 날 것이다. 이렇듯 모든 제품은 과학적 지식을 바탕으로 설계되어야 하며, 이 과정에서 유변학적 정보는 핵심적인 역할을 하게 된다. 두 수지의 기계적 물성이 거의 비슷했던 것은 그 물성들은 MI를 제외하고는 고체의 물성이기 때문이다. 또한 일반적인 화학 분석들은 재료의 정지상태에서의 특성을 평가한다. 하지만 공정 중에서 수지는 액상이며 동적인 상태이다. 그런데 동적인 액상의 성질은 유변물성을 통해서만 측정 가능하다. 바로 여기에 소재의 설계 및 가공에 유변학이 중요한 이유가 있는 것이다.

2. SAN 분자 설계

ABS의 주요 용도 중 하나로 냉장고 내상재를 들 수 있다. 이는 냉장고 내부를 덮고 있는 흰 플라스틱 소재인데, 먼저 압출 가공을 통해서 3~4mm 두께의 시트를 만들고 이를 진공성형에 의해서 가공한다. 진공성형은 금형 위에 시트를 거치하고 예열하여 시트를 연화시킨 후 진공을 걸어 시트가 금형 표면에 빨려 들 듯이 달라붙도록 하는 공정이다(그림 6-4). 성형품의 크기가 크면 사출공정은 과도한 형체력이 필요하기 때문에 비용이 높고 제품 품질을 유지하기 어렵게 되어, 진공성형과 같은 2차 가공 기술이 많이 사용된다. 진공에 의해서 시트는 심하게 늘어나게 되며, 특히 깊은 구석 부위는 제일 많이 늘어나게 되고, 두께가 얇아져 구조적으로 매우 취약하게 된다.

또한 냉장고에 사용하는 냉매는 장시간에 걸쳐 플라스틱을 공격하여 파괴에 이를 수 있는데, 특히 성형품의 얇은 부위는 냉매의 화학적 공격에 더욱 취약하다. 성형품의 두께가 얇아져 기계적인 강도가 부족하든지 냉매의 공격으로 취약해져 작은 균열이라도 생기게 되면 내부의 냉매가 빠져나가게 되어 냉장고로서의 기능을 잃게 된다. 냉장고의 수명이 10여 년 이상이라는 것을 고려하면 내상재를 견고하게 제작하는 것은 매우 중요한 일임을 알 수 있다. 따라서 냉장고 내상재로 사용되는 플라스틱은 냉매에 의한 화학적 공격에 저항할 수 있어야 한다. 또한 점차 냉장고의 크기가 커지고 구조적 설계가 다양해지면서 진공성형에 의해 더 많은 연신이 요구되므로 더 뛰어난 성형성이 요구되고 있다. 이러한 시장환경의 변화에 대해 기술적으로는 어떻게 대응해야 할까? 본 사례에서는 진공성형성을 향상시키기 위한 개발 방향을 논의하고자 한다. 이는 또한 high melt strength(HMS) PP의 경우도 마찬가지이다.

시트를 만드는 압출용 수지는 사출용 수지에 비해 점도가 높다. 산업적으로는 유동지수를 비교하는데, 압출용이 크게는 수십 배까지 유동지수가 작다. 이는 주로 수지의 분자량이 높기 때문이다. 분자량이 작아 유동지수가 높은 수지는 압출공정에서의 변동폭이 커지고 시트의 두께를 균일하게 얻기 어렵고, 진공성형에서도 부품의 두께가 심하게 불균일하거나 강도가 떨어지는 문제가 있다.

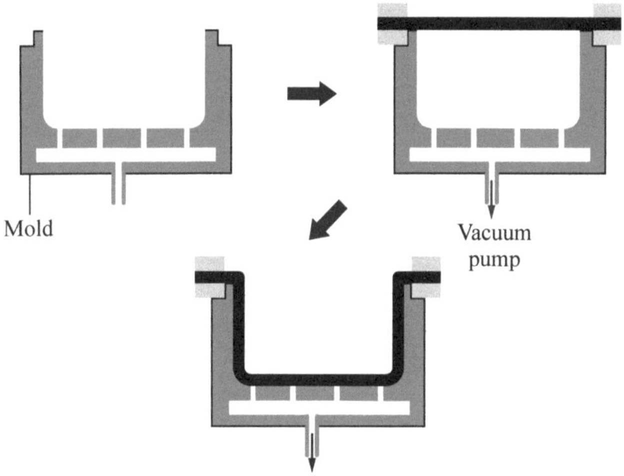

〈그림 6-4〉 진공성형의 공정 개요도

하지만 분자량이 지나치게 높으면 컴파운딩이나 압출 가공 자체가 어렵게 된다. 점도가 지나치게 높으면 압출기에 요구되는 부하가 커지고 발열 등에 의해 품질을 유지하기가 쉽지 않기 때문이다. 따라서 제품은 적절한 수준의 고분자를 이용하여 제조된다. 진공성형 시 성형품의 깊이가 깊어지면 두께 분포가 커지게 되어 최소 두께를 확보하는 것이 중요한데, 성형품의 깊이가 더 깊어질수록 이를 보장하기 위해 더 두꺼운 시트를 사용해야 한다. 하지만 이 경우에도 두께 분포 자체는 더 커지게 되므로 제품의 요구 스펙에 따라 문제가 발생할 수 있으며, 무엇보다 원가가 상승하는 부담이 있다. 따라서 같은 성형품이라도 더 얇은 두께의 시트로 성형이 가능하거나 더 크고, 깊고, 복잡한 제품을 성형할 수 있는 새로운 수지의 개발이 필요하다. 결국 성형성이 강화된 수지의 개발이 요구된다고 하겠다.

이러한 문제를 해결하기 위해서는 수지의 설계 외에도 수지의 성형성을 평가할 수 있는 방법을 개발/확보하는 것이 중요하다. 냉장고와 같은 대형 성형품의 성형을 위해서는 현장 테스트에 많은 양의 수지가 필요하며, 이는 실험실 내에서 수지의 성형성을 평가할 수 있는 방법론이 필요하다는 것을 의미한다. 일반적으로 실제 성형의 경우에는 제어하지 못하는 변수를 포함해서 너무 많은 변수가 있기 때문에 장시간에 걸쳐 주의 깊게 관찰하지 않으면 수지의 개발 효과를 확실히 파악하기 어렵다. 물론 이는 많은 비용을 의미한다.

파일럿 실험의 경우도 크게 다르지 않다. 파일럿 장비는 일반적으로 양산 장비보다 제어가 용이하다고 생각하기 쉽지만, 여전히 너무 복잡한 공정이고 제어하지 못하는 변수가 많기 때문에 그리 효율적이지 않다. 진공성형과 같이 복잡한 공정에서 파일럿 장비를 통해 수지 특성을 평가하는 것은 대체로 무의미하다고 할 수 있다. 진공성형성이라는 것은 잘 정의된 용어가 아니다. 논문에서는 거의 흔적을 찾기 어렵고 일부 특허에 종종 언급되지만, 회사마다 평가방법이 다르고, 대표성을 띠거나 대체로 인정된 평가방법 자체를 찾기가 어렵다. 최근 평가용 소형 장비가 개발되기도 했지만 방법론으로서 확고히 인정받고 있지는 못한 실정이다. 결국 성형성을 어떻게 정의하고 평가할 것인가에 대한 나름대로의 해답이 있어야 하겠다. 성형성의 핵심은 아마도 연신 후에 두께 분포를 균일하게 유지하고, 얇은 부위의 강도가 어느 정도 유지되어야 한다는 두 가지 특성으로 볼 수 있을 것이다. 그렇다면 성형성의 핵심을 실험실에서 어떻게 구현할 수 있을까?

결국 이 사례는 수지의 성형성을 개선시키는 기술적 방법과 이를 평가할 수 있는 분석법의 확보가 핵심이다. 이 둘은 서로 밀접하게 연관되어 있기도 하다. 성형성을 개선시키기 위한 첫 번째 방법은 수지의 분자량을 높이는 일이다. 수지의 분자량이 커지면 탄성이 커지고 빠른 연신 과정에서 견뎌내는 힘이 더 강해질 수 있다. 그리고 이는 수지의 동적점탄성이나 다이스웰을 측정하면 나름대로 상관관계를 찾을 수 있으므로 성형성의 평가까지 가능할 수 있다. 하지만 분자량이 커지면 높은 전단속도에서의 점도가 커지게 되어 압출 가공성이 현저히 저하될 수 있다. 또한 이런 중간재는 저분자량 수지들과의 혼합 시 상용성 문제가 있기 때문에 활용도가 낮아 회사 전체의 생산성에 부정적인 영향을 미칠 수 있다. 동적점탄성이나 다이스웰도 수지의 분자량과 어느 정도 상관관계가 있을 뿐이지 이들이 진공성형성과 직접 관계한다고 볼 수 있는 근거는 없다. 실제로 분자량이 높은 경우 성형성이 다소 개선될 수는 있지만, 기존 시트의 두께를 충분히 낮춰 줄 수 있는 개선 효과는 보기 어렵고, 앞서 언급한 부가적인 문제로 인해 적용하기 어렵다.

이 문제를 해결하기 위해 앞서 학습한 수지의 신장 거동에 대해 잠시 생각해 보자. 신장유동이 지배하는 대표적인 공정으로는 방사공정이나 필름성형공정을 들 수 있는데, 진공성형은 이축신장이 지배적인 경우이므로 필름성형공정과의 유사성이 높다고 볼 수 있다. 필름성형의 대표적인 경우는 LDPE를 이용한 필름 블로잉이고, 이 과정에서 HDPE와의 비교를 통해 고분자사슬의 가지구조가 신장농화(strain hardening) 거동을 유발하여 필름의 성형성을 확보해 준다는 것을 알고 있다. 즉 HDPE는 선형고분자(또는 아주 작은 사슬구조를 갖는 고분자)로서 신장담화(strain thinning) 거동을 보이며, 필름성형을 하면 쉽게 얇아지고 찢어져 필름을 만들 수 없다. 반면에 LDPE는 (고분자 main chain의 길이와 동등한, 충분히 긴) 가지구조를 갖기 때문에 신장농화 거동을 보이며, 필름을 제조하는 데 적합하다. 하지만 SAN은 대표적인 선형고분자로서 신장농화 거동은 보이지 않는다. 어떻게 하면 선형고분자인 SAN을 개질하여 진공성형성이 개선된 수지를 개발할 수 있을까? 여기에는 앞서 언급한 기본적인 유변학적 지식에 더해 약간의 상상력이 필요하다.

SAN과 같은 선형고분자의 중합 과정에 다관능성 화합물이 첨가되면 이들을 중심으로 경화가 유발되어 전체적으로 네트워크(network) 구조를 형성하게 된다. 물론 경화의 정도가 심하면 수지는 겔화되어 중합기를 못 쓰게 만들 것이다. 만일 경화의 정도를 제어할 수 있다면, 만일 네트워크 구조가 약하게 형성된다면 주쇄에 붙어 있는 커다란 side group은 가지와 같은 역할을 할 수 있을까? 상업적인 공정에 다관능성 화합물을 사용하여 경화반응을 유도하는 것은 매우 위험한 일이다. 설계 및 제어가 완벽하지 않다면 큰 희생을 치르게 될 수도 있다. 문제의 핵심은 어떻게 설계해야 하고, 이를 위해서 어떻게 평가해야 하는가 하는 점이다. 이것이 확보되어야 제어할 수 있기 때문이다.

이 과제의 핵심은 첫째, 제어된 가지구조를 갖는 SAN의 중합 둘째, 이 수지가 진공성형성을 향상시킬 수 있는지의 검증의 두 가지로 볼 수 있다. 먼저 새로운 SAN의 설계에 대해 생각해 보자. 무엇보다 다관능성 화합물을 이용해 경화의 정도를 제어할 수 있어야 하는데, 이를 제어하려면 적합한 평가를 할 수 있어야 한다. 실용적인 관점에서는 평가 결과가 숫자로 나와야 하고, 충분한 물리화학적 근거가 있어야 할 것이다. 고분자의 중합도를 평가하는 방법으로 GPC(Gel Permeation Chromatography)를 이용하는 것이 일반적이다. 하지만 가지구조를 갖는 고분자의 구조를 해석하는 것은 쉽지 않다. LDPE처럼 side chain의 구조가 분명할 때는 기술적으로 가능하지만 지금처럼 랜덤한 경화반응을 이용한 반경화물의 구조를 파악하는 것은 실질적으로 불가능하다. GPC를 이용해서 전체적인 분자량을 측정할 수는 있겠지만, 이것이 주쇄의 길이가 커진 효과인지 곁가지의 길이가 커진 효과인지, 경화의 정도를 구분하는 것은 가능하지 않다.

그림 6-5는 선형고분자 SAN-1을 기준으로 다관능성화합물을 점차 증가시키며 중합한 SAN의 탄성지수를 보여 주고 있다. 낮은 주파수에서의 G' 값들이 증가하며, 기울기가 점차 감소하고 있다. 기본적으로 동일한 단위체를 가지고 있기 때문에 높은 주파수에서의 값은 일치한다. 일반적으로 낮은 주파수에서의 기울기는 이론상 2이며 (Maxwell 모델을 생각해 보라) 내부구조의 정도에 따라 기울기가 감소하는 경향이 있다. 젤이 형성된 경우에는 기울기가 0이 될 것이다. 실험의 재현성은 충분하며, 주파수 0.1rad/s에서의 G' 값은 몇 배, 몇십 배씩 증가하고 있다. 기울기가 감소하는 것은 구조체가 형성되고 있다는 의미이고, 이 경우에는 경화의 정도를 의미할 수밖에 없다. 중합물의 경화 정도를 엄밀하게 측정하는 것은 가능하지 않으며, 엄밀한 구조 분석도 비용과 시간, 현재의 기술 수준을 고려할 때 현실적으로 가능하지 않을 것이다.

중합물의 경화도를 측정하는 것은 기본적으로 가능하지만 여기서는 아주 작은 경화를 유발하고 있기 때문에 측정값은 실험 오차를 고려할 때 큰 의미를 갖기 어렵다. GPC를 이용해서 분자량을 측정하면 다관능성 화합물의 농도가 높을수록 고분자량 성분이 증가하며, 점차 고분자량 쪽에 shoulder가 형성되어 가는 것을 볼 수 있다. 평균 분자량 역시 증가할 것이다. 하지만 이것이 분자량이 증가하는 것인지 경화가 진행되는 것인지, 네트워크 구조가 강화되는 것인지, 가지구조를 형성하는 것인지 알 수 없다. 고분자의 크기를 기준으로 고분자를 구분하는 GPC로 내부구조를 판단하기는 어려운 것이다. 하지만 G' 결과는 곡선의 개형 변화가 의미하는 물리적인 의미가 분명하고 측정값들이 충분한 신뢰성을 갖고 있으며, 무엇보다 값의 차이가 아주 크기 때문에 경화 정도에 대한 좋은 기준

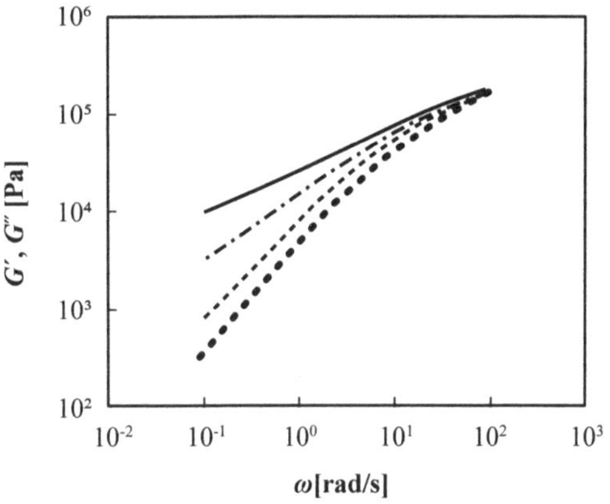

〈그림 6-5〉 구조가 제어된 SAN들의 저장 모듈러스

이 될 수 있다. 적어도 중합물의 경화 정도나 구조에 대한 설계 기준으로는 유용하다고 볼 수 있다.

둘째 핵심은 이렇게 설계된 수지가 진공성형성을 향상시킬 수 있는지, 그 평가는 어떻게 해야 하는지, 그리고 최종적으로 이를 위한 수지 설계는 어떻게 해야 하는지 여부이다. 앞서 언급한 LDPE와 HDPE의 비교처럼 신장점도 실험을 통해서 성형성을 예측할 수 있는지 검증해야 한다. 진공성형은 이축연신공정이지만 이축연신 유동에서의 신장점도는 측정하기도 어렵고 측정 장비도 매우 드물다. 하지만 연구 결과를 보면 이축연신점도는 일축연신점도와 정성적으로는 유사한 거동을 보이며, 신장농화의 정도는 훨씬 작게 나타난다. 유동 조건은 엄밀히 다르지만 일축연신점도를 측정하면 더 뚜렷한 효과를 볼 수 있다는 의미이다. 앞서 언급한 바와 같이 실제 성형장비도 성형성을 평가하는 데는 큰 도움이 되기 어렵다. 변수가 너무 많아 실질적으로 충분히 제어하기 어렵기 때문이다. 실제 장비든 파일럿 장비든 평가용으로 적합하지 않고, 학문적으로는 적합하지만 수지 특성을 충분히 반영할 수 없는 이축신장점도도 유용성이 떨어진다면 유사한 유동환경을 제공하고 좀 더 뚜렷한 수지 특성을 보여 주는 일축신장점도를 측정하지 않을 이유가 없을 것이다.

그림 6-6은 각 중합물을 이용하여 제조된 ABS의 신장점도 측정 결과로서 그림 6-6a는 전형적인 선형고분자의 신장담화 거동을 보여 주고 있다. 연신율이

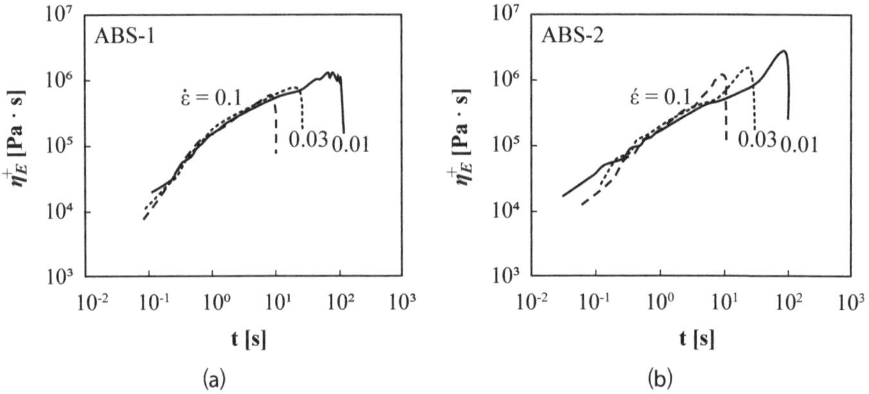

〈그림 6-6〉 두 ABS의 신장점도 측정 결과. (a) 기존 제품, (b) 가지구조를 갖는 제품

증가하면 낮은 연신율의 경우와 같은 식으로 증가하다가 시편이 끊어지는 양상이다. 그림 6-6b는 측정한 연신율 모두에서 비슷한 개형으로 신장점도가 증가하다가 후반부에 신장점도가 급상승하는 모습이다. LDPE만큼 강한 신장농화 거동을 보이지는 않지만 기준값 대비 몇 배 이상 증가하고 있다. 동일한 연신율에서 끊어질 때까지 걸리는 시간도 훨씬 길다. 신장점도 측정 결과 신규 중합물이 강한 신장농화 거동을 보인다는 것을 확인할 수 있었다. 이는 우리가 제어한 네트워크 구조가 긴 가지구조의 효과를 가지고 있다는 증거이다.

이들 ABS로 시편을 만들어 고온인장실험을 하면 신규 ABS의 경우 더 높은 인장강도를 보이는 것을 확인할 수 있지만, 고온인장실험은 실험이 어렵고 재현성이 낮으며, 고온에서의 인장강도가 크다는 것과 진공성형성과의 상관관계를 말하기 어려운 문제가 있어 지수화된 측정법으로의 의미를 갖기는 어렵다. 하지만 실험 후의 시편의 상태를 보면 중요한 정보를 얻을 수 있다. 두 ABS의 고온 인장 후 시편을 비교한 그림 6-7을 보자. 좌/우측 그림은 각기 다른 실험에서 얻은 샘플이라고 보면 된다. 기존 제품은 고온인장실험 후 두께가 불균일하고 necking이 보이거나 실처럼 가늘게 늘어나 있는 모습이다(좌). 하지만 개선 제품은 신장 후에도 일정한 두께를 유지하며 견고한 모습을 보이고 있다(우). 개념적으로는 이러한 차이가 실제 공정에서도 유사하게 나타날 것으로 판단할 수 있다.

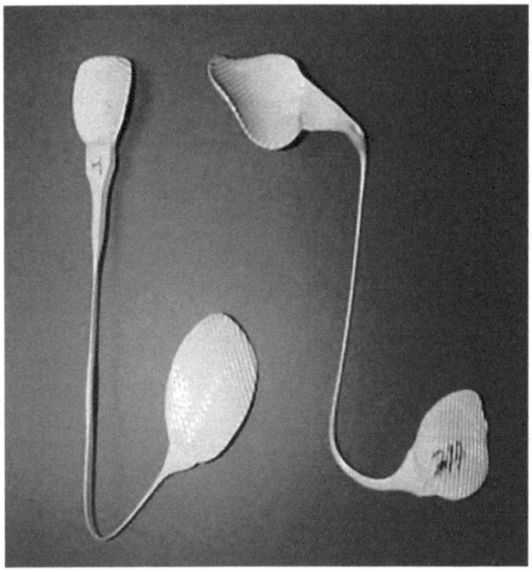

〈그림 6-7〉 두 ABS의 고온인장실험 후 시편의 모습

양산 중합기에 다관능성화합물을 사용할지 여부는 회사에서 판단할 일이고 최적의 수지를 설계하는 것 역시 자체 연구를 통해 이뤄지겠지만, 본 사례는 유변학적 지식을 이용해서 수지 설계를 하는 예를 잘 보여 주고 있다. 핵심은 유변학적 지식, 상상력, 그리고 평가 방법이다. 중합물의 경화 정도를 정량적으로 평가할 수 있어야 하고, 진공성형에 대한 물리적 이해를 바탕으로 성형성을 평가할 수 있어야 한다. 설계와 평가, 제어와 평가 이들은 떼어놓을 수 없는 관계이다. 좋은 설계를 위해서는 적확한 평가가 전제되어야 하며, 제어하기 위해서도 마찬가지이다.

3. 배터리 전극 슬러리 설계

입자계 소재는 디스플레이, 전자부품을 비롯해 배터리에 이르기까지 다양한 산업군에 폭넓게 적용되고 있다. 이들 소재는 때로 잉크, 슬러리, 페이스트 등과 같이 서로 다른 이름으로 불리기도 하지만 모두 입자를 포함하고 있다는 공통점이 있다. 입자를 포함하는 산업용 소재들은 조성상에 공통점이 있다. 모두 입자 외에 막을 형성하기 위한 바인더, 용매, 그리고 약간의 첨가제로 구성되어 있다. 표

〈표 6-2〉 다양한 소재의 특징

이름	응용 분야	입자 직경(nm)	입자 함량(vol%)	입자 점도(Pa_s)
잉크	인쇄 전자, 디스플레이	10~70	30% >	0.01
슬러리	그린시트	120	5% >	1~10
	배터리	10μm/35	~30%	100 <
페이스트	적층세라믹컨덴서 태양전지	100~300	10% >	100 <<

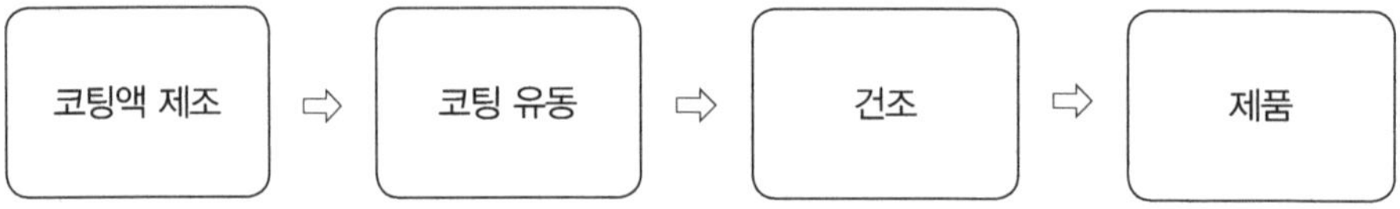

〈그림 6-8〉 3개의 단위 공정으로 이뤄진 코팅 공정의 개요도

6-2에서 보는 바와 같이 경우에 따라 점도가 만 배 이상 차이가 나기도 하지만, 거의 예외 없이 이와 같은 조성으로 구성되어 있다.

이들 소재는 가공 관점에서도 공통점이 있다. 때로는 코팅, 프린팅, 캐스팅, 페인팅 등 다양한 이름으로 불리지만 모두 기판에 공기를 밀어 내고 얇은 막을 형성한다는 특징이 있으며, 넓은 의미에서 코팅 공정으로 규정할 수 있다. 코팅 공정은 코팅액 제조, 코팅 유동, 건조 등 3개의 단위 공정으로 이뤄져 있다(그림 6-8). 결국 표 6-2의 많은 산업적 응용 사례가 기술적으로는 입자계 소재의 코팅 공정으로 정의될 수 있다.

이 중 2차 전지 제조 공정의 사례를 들어 보기로 하자. 2차 전지는 양극과 음극 슬러리를 제조하여 코팅 및 건조 과정을 거쳐 전극을 형성하고, 사이에 분리막을 두어 전기에너지를 저장할 수 있도록 하는 장치이다. 양극 슬러리는 대략 8~10μm 크기의 리튬산화물 입자가 용매에 담긴 입자계 소재이다. 여기에 전도성을 높이기 위해 20nm 크기의 카본블랙을 첨가하고, 막을 형성하기 위해 바인더가 사용된다. 유기물의 존재는 전극의 전기적 성질을 저하할 수 있기 때문에 최소한으로 유지된다. 그림 6-9는 2개의 양극 슬러리에 대한 점도 측정 결과이다. 이들 슬러리는 조성도 같고, 같은 기종의 교반기를 이용하여 동일한 조건에

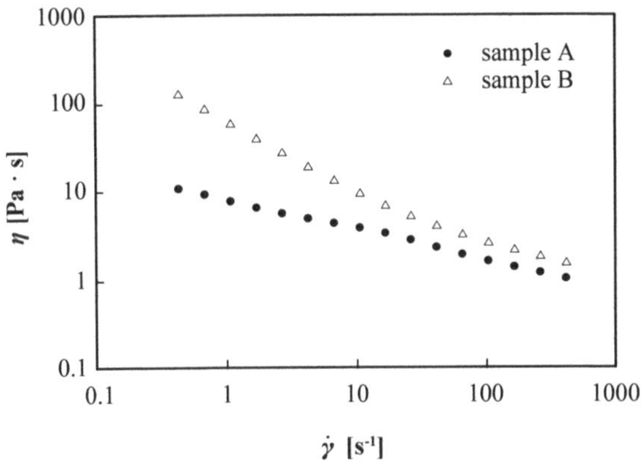

〈그림 6-9〉 두 슬러리의 점도 비교

서 제조된 슬러리이다. 하지만 그림에서 보는 바와 같이 상당한 수준의 점도 차이가 발생하였고, 전극을 만들어 평가한 전지 성능에서도 큰 차이가 났다. 유변물성이 다르다는 것은 그 연유를 떠나서 미세구조가 다르다는 것을 의미한다. 이들 구조는 높은 전단속도 영역보다 특히 낮은 영역에서 더 두드러지게 차이가 드러난다. 이들 샘플은 조성과 제조 조건이 동일하게 만들어졌지만, 사실은 두 대의 동일 회사, 동일 모델의 교반기를 이용하여 제조된 것이다. 두 교반기는 같은 치수로 설계, 제작되었겠지만 사실은 아주 작은 치수 차이가 있을 수 있다. 슬러리 제조 과정에서 통상적으로 차이를 느끼기 어려운, 실질적으로 제어할 수 없는 작은 차이에 의해서 서로 다른 미세구조가 형성된 것이다.

입자계 소재는 이처럼 통제하기 어려운 작은 차이에 의해서도 서로 다른 구조가 형성될 수 있다. 이러한 차이는 산업현장에서 통상적으로 측정하는 브룩필드 점도기로는 잡아내기 어려우며, 정밀한 회전형 레오미터를 이용해서 확인할 수 있다. 실제로 두 샘플은 관리 스펙 내에서 동일한 브룩필드 점도값을 갖는 것으로 측정되었다.

전극 슬러리의 유변 특성이, 조성이 같음에도 불구하고, 이렇게까지 달라지는 것을 실험을 통해 한층 더 극명하게 확인할 수 있다. 그림 6-10은 동일한 조성을 믹싱 순서만 바꿔서 제조한 슬러리의 점도와 선형점탄성 측정 결과이다. 하나는 모든 조성을 함께 넣고 섞어 준 것이고(one-step process), 다른 하나는 조

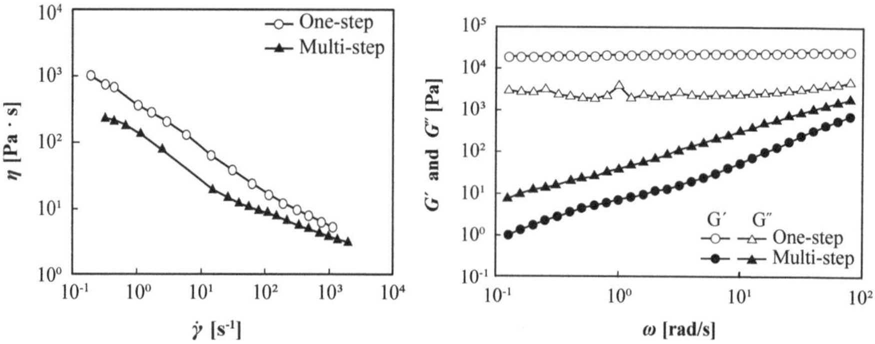

〈그림 6-10〉 두 가지 제조 방법에 따른 점도 및 선형점탄성 측정 결과

성 간의 친화도를 고려해서 순차적으로 섞어 준 것이다(multi-step process). 총 믹싱 시간이나 강도는 동일하게 하였다. 이들 슬러리의 점도는 크게 차이가 나지는 않았지만, 선형점탄성 값은 크게 차이가 났다. 낮은 주파수에서의 G'은 만 배의 차이를 보이고 있다. 조성이 동일하고 통상적인 실험 범위에서 믹싱 조건만 달리했음에도 유변물성의 값이 이렇게까지 크게 차이가 난 것은 매우 이례적일 것이다. 하지만 분산과정에서 형성되는 입자들의 구조는 이렇게까지 크게 달라질 수도 있다. 전극 슬러리의 액상구조를 직접 확인하는 것은 쉽지 않다. 마이크론 크기의 입자들이 구조체를 형성하는 길이단위에서는 검은 슬러리에 빛이 충분히 투과되지 않기 때문이다.

전극 슬러리의 미세구조를 확인하기 어렵다는 한계를 극복하기 위해 다음과 같은 모델 유체를 제조하였다. 양극 슬러리의 구조적 특징이 마이크론 크기의 금속산화물 입자와 나노 크기의 카본블랙 입자의 관계에 있을 것이라는 가능성을 고려하여, 입자 크기가 크게 다른 500nm 크기의 PS 입자와 20nm 크기의 실리카 입자로만 구성된 수용액을 제조하여 유변물성과 미세구조를 살펴보았다. 먼저 5%의 PS 수용액과 0.1%의 실리카 수용액의 점도는 모두 물의 점도와 큰 차이가 없었다(그림 6-11). 잘 분산된 입자들로 이뤄진 현탁액의 점도는 물의 점도보다 조금 클 뿐이다. 하지만 물과 같은 PS 수용액에 0.1%의 실리카를 첨가하여 교반시키면 점도가 크게 증가하는 것을 확인할 수 있으며, 전형적인 겔화 거동을 볼 수 있다. 실제로는 본 시스템의 경우에 0.03%의 실리카만 첨가해도 겔

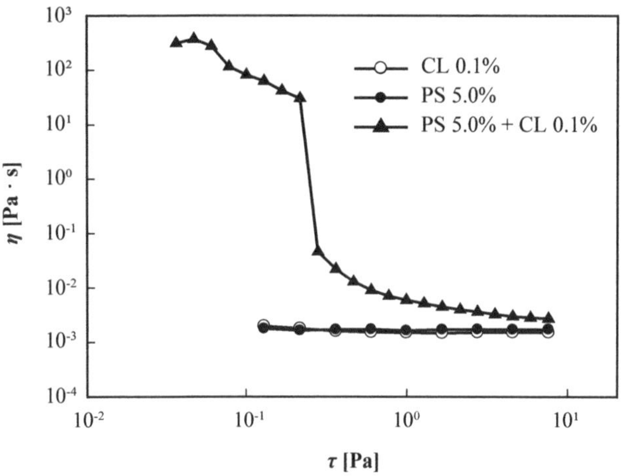

〈그림 6-11〉 세 가지 현탁액의 점도 측정 결과

이 형성되는 것을 확인할 수 있었다. 극소량의 나노입자가 전체 시스템의 구조를 크게 바꿀 수 있다는 것이다. 이렇게 형성된 액의 미세구조는 그림 6-12와 같다. PS 입자들이 모두 연결되어 거대한 구조체를 형성하고 있음을 알 수 있다. 그림 6-13을 보면 나노입자들이 큰 입자들 사이에서 다리 역할을 하고 있음을 알 수 있다. 이렇게 연결된 다리들이 큰 입자들을 효과적으로 연결하여, 매우 적은 양으로도 큰 구조체를 형성한다는 것을 알 수 있다.

이와 같이 입자계 소재들은 작은 조건의 변화에도 민감하게 작용하여 쉽게 다른 구조를 형성할 수 있다. 산업현장의 커다란 교반기 내에서 균일한 구조를 형성하기는 쉽지 않을 것이다. 임펠러 근처에서 잘 분산된 입자계는 임펠러에서 멀어질수록 낮은 전단속도하에서 쉽게 뭉쳐 나갈 것이고, 이러한 전단속도의 분포는 필연적으로 응집을 유발하고 끊임없이 다른 구조를 형성하게 될 것이다. 코팅 다이 내에서도 전단속도의 분포가 필연적이고, 다이를 빠져나온 입자계 소재는 최종적으로 건조 과정을 통해 또 다른 구조체를 형성하게 된다. 건조된 최종 구조는 앞 공정에서 형성된 구조들의 특성이 반영된 것이며, 최종 제품의 성능을 결정하게 될 것이다. 이렇듯 다양하고 복잡한 구조 형성 과정을 거친 최종 구조를 최대한 균일하게 확보하는 것은 결코 간단한 일이 아닐 것이다. 일반적인 고분자 가공과 마찬가지로 코팅 가공에서도 불량의 대부분은 액상상태에서

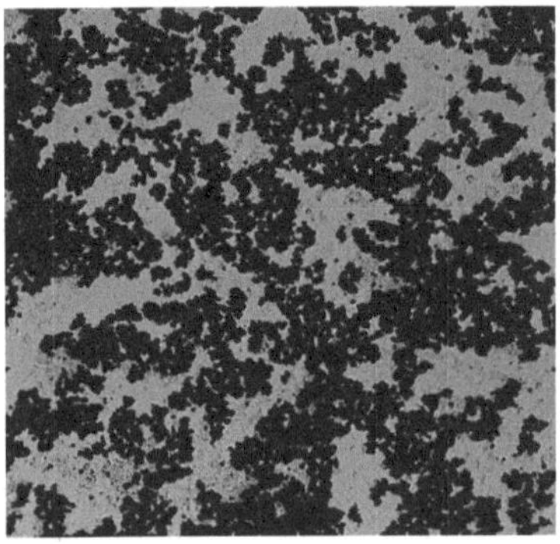

〈그림 6-12〉 PS/silica(0.05/0.005)의 액상 구조

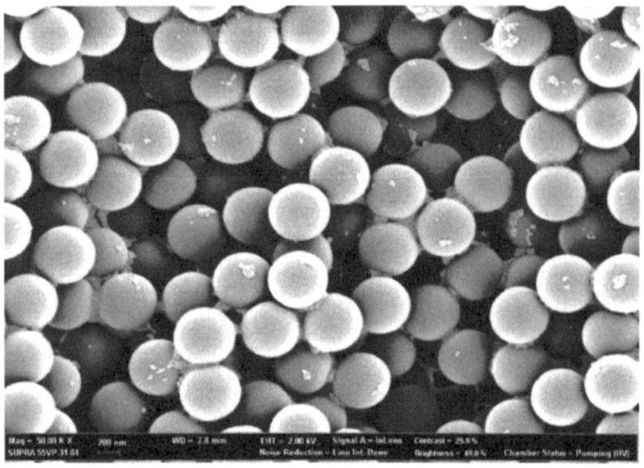

〈그림 6-13〉 PS/silica(0.05/0.005) 필름의 미세구조

발생하며, 결국 유동 중인 유체의 분산과 구조를 제어하는 것은 품질과 생산성을 높이기 위한 필수조건임을 알 수 있다.

제2부

고급 유변학

제7장

응력과 변형

물질에 유동이나 변형이 가해지면 물질은 그 환경에 대응하여 응력(stress)을 받게 된다. 물질마다 응력을 받는 방식은 다르며, 주어진 환경에서 주어진 물질이 받는 응력을 이해하는 것이 그 물질이 처한 동적 상황을 이해하는 데 가장 중요하다. 그런데 응력이나 변형과 같은 물리량은 소위 '텐서'로서 다루기가 쉽지 않다. 물리량은 스칼라, 벡터, 텐서로 구분해 볼 수 있다. 밀도와 같이 값의 크기만 있는 스칼라, 속도와 같이 크기와 방향이 있는 벡터는 직관적으로 이해하기도 쉽고 수학적으로 다루기도 어렵지 않다. 하지만 2개 이상의 방향성을 갖는 텐서는 수학적으로 다루기도 어렵고, 직관적으로 이해하기도 쉽지 않다. 유변학적 방법론을 이용하여 소재 및 공정을 설계하기 위해서는 1차적으로 이런 엄격한 물리적 기반을 반드시 갖추지 않아도 무방하다. 하지만 소재가 공정 중에 어떤 경험을 하고 어떻게 느끼는지 상상하면서 소재와 공정을 제대로 설계하기 위해서는 체계적인 학습이 필요하다. 본 장에서는 물질의 동적 상황을 기술하기 위한 응력 텐서, 변형 텐서, 변형률 텐서 등을 학습하고, 이를 통해 고체와 액체의 동적 특성을 체계적으로 살펴보기로 한다.

1. 응력(stress)

응력의 개념은 1장에서 설명한 바 있으나 그 중요성에 비추어 여기서 다시 한번 상세히 설명하고자 한다. 고무 시편을 잡아당기면서 늘어난 거리와 시편에 가해진 힘을 측정하면 변형이 크지 않을 때는 비례 관계가 있다($f \sim \Delta L$). 하지만 이때의 비례 상수는 시편의 두께나 길이에 따라 달라지게 되어 고무의 특징을 나타내기 어렵다. 실험적으로 중요한 결과를 얻었지만 다른 실험 상황에서 고무의 거동을 예측한다는지 하는 유용성이 없는 것이다. 하지만 측정한 힘을 시편의 단면적으로 나눠 주고 변형량을 적절히 정의하면 응력과 변형량이 비례한다는 관계를 얻을 수 있다($\sigma = E\varepsilon$). 이때의 비례 상수는 고무의 물성으로서 같은 온도에서는 시편의 크기에 관계없이 항상 일정한 값을 갖게 되는 인장 모듈러스이며, 이는 물질마다 정해지는 물질 상수이다. 물질 상수는 일반적으로 온도의 함수이지만 변수를 줄이기 위해서 온도를 일정하게 하고 그 온도에서의 값으로 정의한다.

이상의 기본적인 설명에서 유의할 점을 고려해 보면 첫째, 실제로 측정한 값은 힘이지만 응력이라는 물리량을 따로 정의하여 사용하고 있으며, 변형량도 마찬가지이다. 둘째, 응력은 가해진 힘을 단면적으로 나눠 준 값이다. 문제는 단면적이 3차원 공간에서 방향성을 가진다는 점이다. 고무실험에서는 힘이 가해진 방향과 단면적의 방향이 같아서 방향성을 고려하지 않아도 큰 문제가 없었지만, 일반적으로는 힘이 가해진 방향과 면의 방향을 같이 고려해 줘야 한다. 면의 방향은 공간에서 그 면의 바깥쪽으로 향하는 방향을 지칭한다. 그림 7-1과 같은 정육면체 단위 물질이 있다면, 6개의 단면마다 힘이 작용할 수 있으므로 응력은 면의 방향과 힘의 방향을 동시에 고려해야 한다.

그림 7-1에서 σ_{ij}는 응력을 지칭하며 각 응력에는 2개의 첨자가 붙어 있다. 앞의 첨자는 면의 방향을 나타내며, 뒤의 첨자는 힘의 방향을 나타낸다. 예를 들어 그림의 우측 단면에 주어진 σ_{12}는 1방향면(면에 바깥쪽으로 향하는 방향)에 2방향으로 힘이 작용함으로써 발생하는 응력을 말한다. 결국 응력 σ는 식 7-1과 같이 9개의 성분을 갖게 되며, 이와 같이 2개의 방향성을 갖는 물리량을 2차 텐

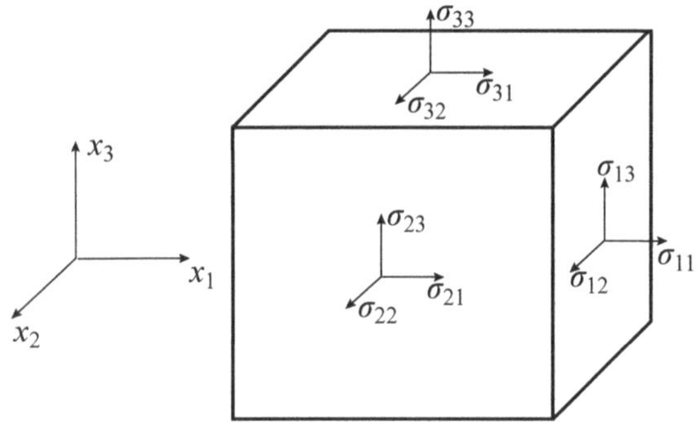

〈그림 7-1〉 응력 성분의 예시

서라고 한다. 벡터는 1차 텐서로 불리기도 하며, 2차 이상의 물리량은 본서에서는 고려하지 않으므로 앞으로 텐서라 함은 2차 텐서를 칭하기로 한다. 앞에서 텐서를 2개의 방향성을 갖는 물리량으로 정의했지만, 이는 개념을 잡기 용이하도록 편의적으로 정의한 것이고 텐서의 수학적인 정의와 연산은 매우 복잡하다. 여기서는 인덱스를 이용하여 기술하고자 한다. 이 또한 편의적이긴 하지만 우리가 직관적으로 사용하는 xyz 좌표계(Cartesian coordinate)에서는 무리 없이 사용할 수 있다.

$$\sigma_{ij} = \begin{pmatrix} \sigma_{11} & \sigma_{12} & \sigma_{13} \\ \sigma_{21} & \sigma_{22} & \sigma_{23} \\ \sigma_{31} & \sigma_{32} & \sigma_{33} \end{pmatrix} \tag{7-1}$$

σ_{ij}는 실험을 통해서 측정 가능한 값이며, 전응력(total stress)이라고 불린다. 또한 ij가 같은 성분을 수직응력(normal stress), 다른 성분을 전단응력(shear stress)이라고 한다. 책에 따라서는 벡터를 소문자, 텐서를 대문자로 기술하기도 하고, 벡터는 변수 밑이나 위에 한 줄, 텐서는 두 줄을 긋기도 한다. 가장 대표적인 경우는 벡터, 텐서 모두 굵은 글씨로 기술하는 경우이다. 또한 방향성을 반대로 정의하기도 하고 부호를 반대로 정의하기도 한다. 하지만 실질적으로 혼돈될 일은 없으며, 어느 경우든 인덱스가 하나면 벡터, 둘이면 텐서가 되는 것과 같이 개념을 명확하게 잡는 일이 중요할 것이다.

응력 텐서는 각운동량(angular momentum)이 보존되기 때문에 모두 대칭적인 특징이 있다($\sigma_{ij} = \sigma_{ji}$). 내부에 쌍극자(dipole)를 갖는 자성물질이나 액정의 경우를 제외하면 대부분의 유체에 대해서 항상 성립한다. 유체는 유동이 없는 경우 압력만 받을 뿐이며, 이를 식 7-2와 같이 나타낼 수 있다.

$$\sigma_{ij} = -p\delta_{ij} = -p\begin{pmatrix} 1 & 0 & 0 \\ 0 & 1 & 0 \\ 0 & 0 & 1 \end{pmatrix} \qquad (7\text{-}2)$$

여기서 δ_{ij}는 Kronecker delta라고 하며 $i = j$인 경우에 1, 그렇지 않은 경우에 0의 값을 갖는다. 이때 p는 압력으로서 작용면에 수직한 방향으로 작용하며 유체에 압축 방향으로 작용하기 때문에 음의 값을 갖는 것으로 정의된다. 일반적으로 비압축성 유체의 경우(기체의 경우를 제외하고는 기본적으로 성립) 유동은 압력의 차이에 의해서만 영향을 받고, 압력 자체는 유동에 영향을 주지 못하며 유변물성에도 영향을 주지 못한다. 이를 고려하여 응력을 압력의 영향과 분리하여 다음과 같이 잉여응력(extra stress)을 정의하기도 한다.

$$\sigma_{ij} = -p\delta_{ij} + \tau_{ij} \qquad (7\text{-}3)$$

또한 전응력(total stress)에서 압력성분을 분리하기 위해 수직응력차(normal stress difference)를 정의하기도 한다.

$$N_1 = \sigma_{11} - \sigma_{22}, \quad N_2 = \sigma_{22} - \sigma_{33} \qquad (7\text{-}4)$$

응력에 대한 논의를 마치기 전에 좌표에 상관없이 벡터와 텐서를 대표하는 고유물리량(scalar)에 대해서 잠시 다뤄 보기로 한다. 이는 벡터, 텐서의 불변값(invariant)이라고 하며, 나중에 구성방정식을 다룰 때 유용하게 사용될 것이다. 벡터의 경우는 그 크기가 이에 해당하며, 다음과 같이 정의된다.

$$|\mathbf{v}| = \sqrt{\mathbf{v} \cdot \mathbf{v}} \tag{7-5}$$

텐서의 경우에는 3개의 불변값이 존재하며 텐서 σ의 경우 각각 다음과 같이 정의된다. 각각 텐서의 1차, 2차, 3차 불변값이라고 한다.

$$\begin{aligned}
I_1 &= tr\boldsymbol{\sigma} = \sigma_{11} + \sigma_{22} + \sigma_{33} \\
I_2 &= \frac{1}{2}\left(I_1^{\,2} - tr\boldsymbol{\sigma}^2\right) = \sigma_{11}\sigma_{22} + \sigma_{11}\sigma_{33} + \sigma_{22}\sigma_{33} - \sigma_{12}\sigma_{21} - \sigma_{13}\sigma_{31} \\
&\quad -\sigma_{23}\sigma_{32} \\
I_3 &= \det\boldsymbol{\sigma} = \sigma_{11}\sigma_{22}\sigma_{33} + \sigma_{12}\sigma_{23}\sigma_{31} + \sigma_{13}\sigma_{32}\sigma_{21} - \sigma_{11}\sigma_{23}\sigma_{32} \\
&\quad -\sigma_{21}\sigma_{12}\sigma_{33} - \sigma_{31}\sigma_{22}\sigma_{13}
\end{aligned} \tag{7-6}$$

2. 변형 구배 텐서(deformation gradient tensor)

변형량을 일반화시키는 것은 간단하지 않지만, 개념을 잘 잡아 보도록 하자. 먼저 과거 $t = t'$일 때 dx'만큼 떨어져 있던 두 점 P, Q가 변형에 의해서 시간 $t = t$일 때 dx만큼 떨어지게 되었다고 하자. 그러면 변형 구배 텐서는 다음과 같이 정의된다.

$$F_{ij} = \frac{\partial x_i}{\partial x'_j} \tag{7-7}$$

단순전단변형하에서 변형은 다음과 같이 정의되므로 (γ는 전단변형)

$$\begin{aligned}
x_1 &= x'_1 + \gamma x'_2 \\
x_2 &= x'_2 \\
x_3 &= x'_3
\end{aligned} \tag{7-8}$$

변형 구배 텐서는 다음과 같다.

$$F_{ij} = \begin{pmatrix} 1 & \gamma & 0 \\ 0 & 1 & 0 \\ 0 & 0 & 1 \end{pmatrix} \tag{7-9}$$

한편 변형 없이 회전만 일어나는 경우(rigid body rotation)에는 다음과 같은 결과를 얻게 된다.

$$\begin{aligned} x_1 &= x_1' \cos\theta - x_2' \sin\theta \\ x_2 &= x_1' \sin\theta + x_2' \cos\theta \\ x_3 &= x_3' \end{aligned} \tag{7-10}$$

따라서

$$F_{ij} = \begin{pmatrix} \cos\theta & -\sin\theta & 0 \\ \sin\theta & \cos\theta & 0 \\ 0 & 0 & 1 \end{pmatrix} \tag{7-11}$$

물질의 움직임은 병진운동, 회전운동, 변형의 세 가지 형태로 구성되는데, 유변학적으로는 변형만이 응력에 영향을 주어 의미를 갖는다. 회전하는 평판 위에 가만히 놓여진 물질은 움직임은 있지만 변형이 없어 응력을 받지 못하고 유변학적으로 의미 있는 변화를 경험하지 못한다. 변형(strain)을 정의하는 물리량은 많지만 유변학적으로 의미 있는 물리량은 병진운동이나 회전운동의 영향을 배제하고 전적으로 변형에 의한 영향만 반영할 수 있어야 한다. 앞서 주어진 변형 구배 텐서 F_{ij}는 회전과 변형에 의한 변형량을 기술할 수 있는데 이는 유변학적인 기술에 적합하지 않으며, 따라서 변형에 의한 변형량만을 기술하는 새로운 변형 텐서(strain tensor)가 정의될 필요가 있다. 일반적으로 변형 구배 텐서는 회전 텐서(R_{ij})와 변형 텐서(V_{ij})의 내적으로 나타낼 수 있다.

$$F_{ij} = V_{ik}R_{kj} \quad \text{or} \quad \mathbf{F} = \mathbf{V} \cdot \mathbf{R} \tag{7-12}$$

변형 구배 텐서 F_{ij}에서 회전운동의 영향을 배제하기 위해서 여기에 F_{ij}의

transpose F_{ij}^T를 내적하면 새로운 변형 텐서 B_{ij}를 정의할 수 있으며, 이를 Finger 텐서라고 한다.

$$B_{ij} = F_{ik}F_{jk} = \frac{\partial x_i}{\partial x'_k}\frac{\partial x_j}{\partial x'_k} \quad \text{or} \quad \mathbf{B} = \mathbf{F}\cdot\mathbf{F}^T \tag{7-13}$$

마찬가지로 Cauchy 텐서 C_{ij}를 정의할 수 있으며, 이들 텐서는 회전의 영향을 배제하고 순수 변형만을 고려하는 변형 텐서이다.

$$C_{ij} = F_{ki}F_{kj} = \frac{\partial x_k}{\partial x'_i}\frac{\partial x_k}{\partial x'_j} \quad \text{or} \quad \mathbf{C} = \mathbf{F}^T\cdot\mathbf{F} \tag{7-14}$$

단순전단변형과 강체회전(rigid body rotation)에서의 이들 텐서의 모습은 다음과 같다.

In SS

$$B_{ij} = \begin{pmatrix} 1+\gamma^2 & \gamma & 0 \\ \gamma & 1 & 0 \\ 0 & 0 & 1 \end{pmatrix},\ C_{ij} = \begin{pmatrix} 1 & \gamma & 0 \\ \gamma & 1+\gamma^2 & 0 \\ 0 & 0 & 1 \end{pmatrix} \tag{7-15}$$

In RBR

$$B_{ij} = C_{ij} = \begin{pmatrix} 1 & 0 & 0 \\ 0 & 1 & 0 \\ 0 & 0 & 1 \end{pmatrix} \tag{7-16}$$

결국 Finger 텐서와 Cauchy 텐서는 강체회전하에서 단위 텐서가 되어 변형에 영향을 주지 않는다는 것을 확인할 수 있다. 이외에도 변형 텐서는 다음과 같이 다양하게 정의하여 사용할 수 있다.

$$E_{ij} = B_{ij} - \delta_{ij} \tag{7-17}$$

$$B_{ij}^{-1} = \frac{\partial x'_k}{\partial x_i} \frac{\partial x'_k}{\partial x_j} \tag{7-18}$$

$$C_{ij}^{-1} = \frac{\partial x'_i}{\partial x_k} \frac{\partial x'_j}{\partial x_k} \tag{7-19}$$

지금까지 다양한 변형 텐서에 대해서 알아보았는데, 이들은 흐름은 없고 단지 변형만 있는 경우에 적합한 변형 텐서들이다. 이를 이용해서 고체의 변형과 그에 따른 응력 변화를 예측할 수 있는 구성방정식을 만들고, 이를 실험 결과와 비교해 보자.

3. 고체의 구성방정식

Finger 텐서가 변형을 잘 나타내 줄 수 있다면 응력은 Finger 텐서의 함수로 볼 수 있을 것이고, 이 중 가장 간단한 경우는 응력이 Finger 텐서에 비례하는 경우이다.

$$\tau_{ij} = GB_{ij} \quad \text{or} \quad \boldsymbol{\tau} = G\mathbf{B} \tag{7-20}$$

이를 전응력으로 나타내면

$$\sigma_{ij} = -p\delta_{ij} + GB_{ij} \quad \text{or} \quad \boldsymbol{\sigma} = -p\boldsymbol{\delta} + G\mathbf{B} \tag{7-21}$$

이를 단순전단변형에 대해 식 7-15를 이용해서 풀어 주면

$$
\begin{aligned}
\sigma_{12} &= G\gamma \\
\sigma_{11} &= -p + G(1+\gamma^2) \\
\sigma_{22} &= \sigma_{33} = -p + G
\end{aligned}
\tag{7-22}
$$

이를 수직응력차로 바꿔 주면

$$
\begin{aligned}
\sigma_{12} &= G\gamma \\
N_1 &= \sigma_{11} - \sigma_{22} = G\gamma^2 \\
N_2 &= \sigma_{22} - \sigma_{33} = 0
\end{aligned}
\tag{7-23}
$$

우리의 구성방정식은 식 7-21로 주어지고 이 모델이 예측하는 결과 식 7-23에 의하면 전단응력은 변형에 비례하고 1차 수직응력차가 변형의 제곱에 비례함을 알 수 있는데, 이는 그림 7-2에서 보는 바와 같이 고무에 대한 실험 결과와 잘 일치한다.

구성방정식 7-21은 아주 간단하면서도 구성방정식이 갖춰야 할 기본적인 조건을 모두 갖추고 있으며, 고무와 같은 물질의 응력과 변형에 관한 정보를 훌륭하게 제공하고 있다. 이 모델이 잘 맞는 물질을 neo-Hookean 고체라고 부르기도 한다. 이제 이를 좀 더 일반적인 경우로 확장해 보자. 응력이 Finger 텐서의 선형함수가 아니라 일반적인 함수라면

$$
\boldsymbol{\sigma} = f(\mathbf{B}) \tag{7-24}
$$

식 7-24와 같이 표현할 수 있을 것이다. 이를 **B**에 대해 멱급수(power series)로 확장하면

$$
\boldsymbol{\sigma} = f_0\mathbf{B}^0 + f_1\mathbf{B}^1 + f_2\mathbf{B}^2 + f_3\mathbf{B}^3 + \ldots \tag{7-25}
$$

와 같고, 여기서 f_i는 상수이다. 그런데 모든 텐서는 자신의 특성방정식을 만족시킨다는 Cayley Hamilton theorem을 따르게 되어 있다. 텐서 **B**의 특성방정식은 식 7-26과 같으며 I_1, I_2, I_3는 텐서 **B**에 대한 식 7-6에서 정의한 불변값들이다.

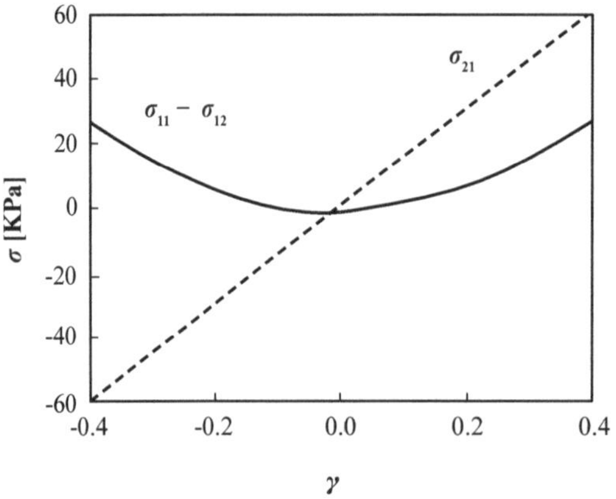

〈그림 7-2〉 고무 시편의 변형에 따른 응력 응답곡선 (다음 문헌으로부터 다시 그림. C. W. Macosko, Rheology: Principles, Measurements, and Applications, VCH, 1994)

여기서 $\boldsymbol{\delta}$은 단위 텐서이다.

$$\mathbf{B}^3 - I_1\mathbf{B}^2 + I_2\mathbf{B} - I_3\boldsymbol{\delta} = \mathbf{0} \tag{7-26}$$

이 식이 의미하는 바는 텐서의 3제곱 이상은 항상 그 이하 차수로 낮춰서 쓸 수 있다는 것이다. 결국 식 7-25의 무한 급수는 2차 함수로 나타낼 수 있다. 여기에 더해서 식 7-26에 $\mathbf{B}^{-1}$를 곱하면

$$\mathbf{B}^2 - I_1\mathbf{B} + I_2\boldsymbol{\delta} - I_3\mathbf{B}^{-1} = \mathbf{0} \tag{7-27}$$

와 같이 되어 전응력 식 7-25는 다음과 같이 쓸 수 있다. 이 식은 응력이 Finger 텐서의 함수라는 조건만 사용한 매우 일반적인 식이다.

$$\boldsymbol{\sigma} = g_0\boldsymbol{\delta} + g_1\mathbf{B} + g_2\mathbf{B}^{-1} \tag{7-28}$$

여기서 g_i는 물질함수가 되며 Finger 텐서의 불변값들의 함수로 생각할 수 있다. 비압축성 유체의 경우 $g_0 = -p$이고 $I_3 = 1$이므로 g_i는 I_1, I_2만의 함수가 된다. 결

국 구성방정식은 다음과 같이 일반화될 수 있다.

$$\boldsymbol{\sigma} = -p\boldsymbol{\delta} + g_1(I_1, I_2)\mathbf{B} + g_2(I_1, I_2)\mathbf{B}^{-1} \tag{7-29}$$

여기서 $g_1 = G$, $g_2 = 0$인 경우가 neo-Hookean 고체에 해당하며, $g_1 = 2C_1$, $g_2 = -2C_2$인 경우를 Mooney-Rivlin 모델이라고 하며, 변형이 큰 경우 neo-Hookean 모델보다 실험 결과를 더 잘 맞추는 것으로 알려져 있다.

이와 달리 응력을 물질의 내부 에너지의 변화로부터 구할 수도 있다. 완전 탄성체가 평형상태에 있을 때 응력은 다음과 같이 변형에 대한 내부 에너지의 변화로부터 구할 수 있다.

$$\boldsymbol{\sigma} = \rho \frac{\partial U}{\partial \mathbf{B}} \tag{7-30}$$

변형에너지 함수(strain energy function) $W = \rho_0 U$를 이용하면 비압축성 등방성(incompressible isotropic) 물질에 대해서 다음과 같이 일반화할 수 있다.

$$\boldsymbol{\sigma} = -p\boldsymbol{\delta} + 2\frac{\partial W}{\partial I_1}\mathbf{B} - 2\frac{\partial W}{\partial I_2}\mathbf{B}^{-1} \tag{7-31}$$

이 모델 식의 장점은 탄성체의 변형에너지 함수를 분자이론으로부터 구할 수 있다는 점이다. 만일 $W = \frac{1}{2}GI_1$이면 이 식은 neo-Hookean 고체 모델이 되고 $W = C_1 I_1 + C_2 I_2$이면 Mooney-Rivlin 모델이 유도되어 식 7-29와 같게 된다.

4. 변형률 텐서(rate of deformation tensor)

유체의 속도가 위치와 시간의 함수로 다음과 같이 주어진다면

$$\mathbf{v} = \mathbf{v}(\mathbf{x}, t) \tag{7-32}$$

속도 구배 텐서(velocity gradient tensor) **L**을 다음과 같이 정의할 수 있다.

$$L_{ij} = \frac{\partial v_i}{\partial x_j} \quad \text{or} \quad \mathbf{L} = \frac{\partial \mathbf{v}}{\partial \mathbf{x}} \tag{7-33}$$

이 식은 속도 구배 $\nabla\mathbf{v}$와 transpose 관계가 있음에 주의해야 한다. 즉

$$\nabla\mathbf{v} = \frac{\partial v_j}{\partial x_i} = \mathbf{L}^T \tag{7-34}$$

단순전단유동에서의 속도장은 $v_1 = \dot{\gamma}x_2,\ v_2 = 0,\ v_3 = 0$이므로

$$L_{ij} = \begin{pmatrix} 0 & \dot{\gamma} & 0 \\ 0 & 0 & 0 \\ 0 & 0 & 0 \end{pmatrix} \tag{7-35}$$

와 같이 된다. 강체회전의 경우는 xyz 좌표계에서 $v_1 = \Omega x_2,\ v_2 = -\Omega x_1$ 또는 실린더좌표계에서 $v_\theta = \Omega r,\ v_r = 0,\ v_z = 0$이므로

$$L_{ij} = \begin{pmatrix} \dfrac{\partial v_r}{\partial r} & \dfrac{1}{r}\dfrac{\partial v_r}{\partial \theta} - \dfrac{v_\theta}{r} & \dfrac{\partial v_r}{\partial z} \\ \dfrac{\partial v_\theta}{\partial r} & \dfrac{1}{r}\dfrac{\partial v_\theta}{\partial \theta} + \dfrac{v_r}{r} & \dfrac{\partial v_\theta}{\partial z} \\ \dfrac{\partial v_z}{\partial r} & \dfrac{1}{r}\dfrac{\partial v_z}{\partial \theta} & \dfrac{\partial v_z}{\partial z} \end{pmatrix}^T = \begin{pmatrix} 0 & \Omega & 0 \\ -\Omega & 0 & 0 \\ 0 & 0 & 0 \end{pmatrix} \tag{7-36}$$

따라서 속도 구배 텐서가 강체회전하에서 영이 아님을 알 수 있다. 강체회전에 의해서 응력이 발생할 수 없으므로 우리는 앞서와 마찬가지로 회전에 의한 영향을 분리해 내야 한다. 일반적으로 텐서는 그 자신과 자신의 transpose의 합과 차에 의해서 대칭 텐서(symmetric tensor)와 비대칭 텐서(asymmetric tensor)의 합으로 나타낼 수 있다.

$$\begin{aligned}\mathbf{L} &= \mathbf{D} + \mathbf{W} \\ \mathbf{D} &= \frac{1}{2}\left(\mathbf{L} + \mathbf{L}^T\right) \\ \mathbf{W} &= \frac{1}{2}\left(\mathbf{L} - \mathbf{L}^T\right)\end{aligned} \tag{7-37}$$

이때 **D**는 대칭이며 변형률 텐서(rate of deformation tensor)라고 하며, **W**는 비대칭이며 와류 텐서(vorticity tensor)라고 한다. 단순전단유동과 강체회전하에서의 각 텐서를 구해 보면 다음과 같다.

In SSF

$$2D_{ij} = \begin{pmatrix} 0 & \dot{\gamma} & 0 \\ \dot{\gamma} & 0 & 0 \\ 0 & 0 & 0 \end{pmatrix},\ 2W_{ij} = \begin{pmatrix} 0 & \dot{\gamma} & 0 \\ -\dot{\gamma} & 0 & 0 \\ 0 & 0 & 0 \end{pmatrix} \tag{7-38}$$

In RBR

$$2D_{ij} = \begin{pmatrix} 0 & 0 & 0 \\ 0 & 0 & 0 \\ 0 & 0 & 0 \end{pmatrix},\ 2W_{ij} = \begin{pmatrix} 0 & -\Omega & 0 \\ \Omega & 0 & 0 \\ 0 & 0 & 0 \end{pmatrix} \tag{7-39}$$

결국 속도 구배에 해당하는 텐서 중에서 변형률 텐서 **D**가 강체회전하에서 영텐서가 되어, 응력에 영향을 주지 않아 구성방정식에 사용될 수 있다. 이 과정은 앞서 변형 구배 텐서(finite deformation tensor)에서 회전의 영향을 분리하기 위해 Finger 텐서를 정의한 것과 같은 과정이지만, 방법론적으로 Finger 텐서의 경우는 변형 구배 텐서(finite strain tensor)를 그 transpose와 내적(dot product)시켜 준 데 반해(식 7-13), 속도 구배 텐서(velocity gradient tensor)의 경우에는 대칭 성분을 분리하여 변형률 텐서(rate of deformation tensor)를 정의함으로써 회전에 의한 영향을 분리하였다. 변형률 텐서 **D**의 첫 번째 불변값 I_1은 비압축성 유체의 경우 항상 0이 되며

$$I_1 = tr\mathbf{D} = \nabla_i v_i = \nabla \cdot v = 0 \tag{7-40}$$

단순전단유동에서는 $I_2 = \dot{\gamma}^2$, $I_3 = 0$이므로 변형률 텐서의 불변값으로는 전단속도만 남게 된다. 참고로 단순신장 유동의 경우에 연신율(extension rate) $\dot{\varepsilon}$을 가하게 되면 변형률 텐서는 다음과 같이 되며

$$2D_{ij} = \begin{pmatrix} 2\dot{\varepsilon} & 0 & 0 \\ 0 & -\dot{\varepsilon} & 0 \\ 0 & 0 & -\dot{\varepsilon} \end{pmatrix} \tag{7-41}$$

이 텐서의 불변값들은 $I_1 = 0$, $I_2 = -3\dot{\varepsilon}^2$, $I_3 = 2\dot{\varepsilon}^3$가 된다. 이 결과들은 8장 구성방정식에서 활용될 것이다.

5. 액체의 구성방정식

응력이 변형률 텐서 **D**만의 함수라면

$$\boldsymbol{\sigma} = f(2\mathbf{D}) \tag{7-42}$$

이 식을 **D**에 대해서 멱급수로 전개한 후 Cayley Hamilton theorem을 적용하면 **D**에 대한 2차식으로 만들 수 있다. 편의상 **2D** 텐서를 기준으로 전개했으며, 각 항의 계수는 일반적으로 **D** 텐서의 불변값들의 함수로 놓는다.

$$\boldsymbol{\sigma} = -p\boldsymbol{\delta} + 2\eta_1(I_2, I_3)\mathbf{D} + 4\eta_2(I_2, I_3)\mathbf{D}^2 \tag{7-43}$$

이 식을 만족하는 유체는 Reiner-Rivlin 유체라고 불리며, 가장 일반적인 점성유체의 모델 식이다. 단순전단유동에서 식 7-38을 이용하면 이 유체의 응력은 다음과 같이 얻어진다.

$$\begin{aligned} \sigma_{12} &= \eta_1 \dot{\gamma} \\ N_1 &= \sigma_{11} - \sigma_{22} = 0 \\ N_2 &= \sigma_{22} - \sigma_{33} = \eta_2 \dot{\gamma}^2 \end{aligned} \tag{7-44}$$

일반적으로 순수 점성 유체는 수직응력이 없고, 점탄성 유체는 0이 아닌 수직응력을 보이며, 2차 수직응력차 N_2는 N_1보다 훨씬 작은 값을 갖는다. 따라서 η_2가 0이 아닌 경우는 실험적으로 관찰된 결과와 전혀 상이하게 되어 현실적이지 않으므로 $\eta_2 = 0$으로 보는 것이 합당하다. 단순전단유동에서 $I_2 = \dot{\gamma}^2$, $I_3 = 0$이라는 점을 고려하면 식 7-43은 다음과 같이 되며, 이를 일반뉴톤유체(generalized Newtonian fluid)라고 한다.

$$\boldsymbol{\sigma} = -p\boldsymbol{\delta} + 2\eta_1(\dot{\gamma})\mathbf{D} \quad \text{or} \quad \boldsymbol{\tau} = 2\eta(\dot{\gamma})\mathbf{D} \tag{7-45}$$

여기서 η가 상수인 경우가 뉴톤유체이며, η가 전단속도의 지수함수로 주어지는 경우를 power law 유체라고 한다.

$$\text{Power-law fluid} \qquad \eta = m\dot{\gamma}^{n-1} \tag{7-46}$$

여기서 m, n은 실험적으로 결정되는 상수이다. $n = 1$인 경우는 뉴톤유체가 되며, 대체로 n은 1보다 작은 값을 가져 전단박화현상을 잘 설명한다. n이 1보다 큰 경우는 전단후화현상을 보이지만 실제로 전단후화 거동을 power law 모델로 설명하지는 않는다.

전단속도에 따른 점도곡선은 실험적으로 낮은 전단속도에서 일정한 값을 갖고, 높은 전단속도에서 지수적으로 감소하기 때문에 power law 모델은 전단박화를 보이는 점성 유체를 잘 묘사하고 있다(그림 7-3). 또한 이 모델은 수학적인 형태가 간단하여 여러 환경에서의 유동장을 직접 계산하는 데 장점이 있다. 하지만 낮은 전단속도에서는 과도한 점도를 예측하고, 수직응력을 예측하지 못한다는 점에서 한계가 있다. 이와 유사하게 다양한 점성 모델이 실험적으로 제시되어 점도곡선을 잘 맞추고 있지만 수직응력을 예측하지 못하는 등 점성 모델로

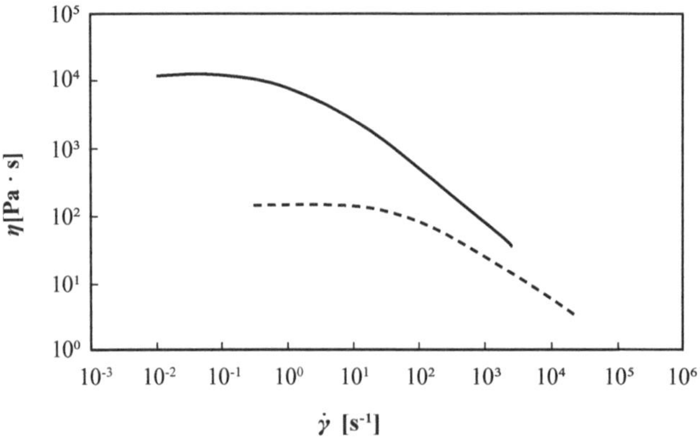

〈그림 7-3〉 고분자 용융체의 일반적인 점도곡선(실선: 분자량이 높은 경우, 점선: 분자량이 낮은 경우)

서의 한계가 있음에 유의해야 한다. 대표적인 모델로는 Carreau-Yasuda 모델이 있으며, 이 모델은 높은 전단속도에서의 멱함수 거동뿐만 아니라 낮은 전단속도와 아주 높은 전단속도에서의 거동까지 잘 모사해 준다. 하지만 피팅 파라미터(fitting parameter)의 개수가 늘고 역시 수직응력을 고려하지 못한다는 한계가 있다.

$$\text{Carreau-Yasuda} \qquad \frac{\eta - \eta_\infty}{\eta_0 - \eta_\infty} = \left[1 + (\lambda\dot{\gamma})^a\right]^{\frac{n-1}{a}} \tag{7-47}$$

어떤 물질들은 항복(yield) 거동을 보이기도 한다. 주로 입자계 유체나 폼(foam)과 같은 복잡유체에서 많이 볼 수 있는데, 특정 응력치를 넘지 않을 때는 유체가 흐르지 않다가 임계점 이상에서 흐르기 시작하는 유체이다. 이 임계점을 항복응력(yield stress)이라고 한다.

항복 거동을 보이는 유체의 대표적인 구성방정식으로는 Bingham 모델이 있으며, 다음과 같다.

$$\begin{aligned} \boldsymbol{\tau} &= G\mathbf{B} \quad (I_2 < \tau_y^{\,2}) \\ \boldsymbol{\tau} &= \left[\eta + \frac{\tau_y}{|I_2|^{1/2}}\right] 2\mathbf{D} \quad (I_2 \geq \tau_y^{\,2}) \end{aligned} \tag{7-48}$$

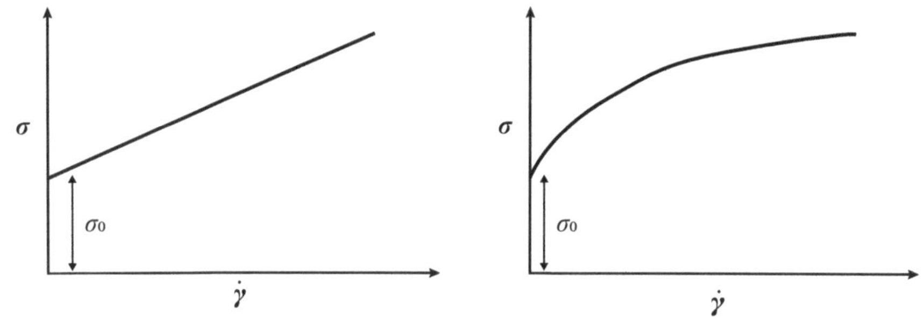

〈그림 7-4〉 항복 거동을 보이는 유체의 응답 거동. (a) Bingham 모델, (b) Hershel–Bulkley 모델

여기서 I_2는 응력 $\boldsymbol{\tau}$의 2차 불변값, τ_y는 항복응력을 의미한다. 이때 점도가 전단속도와 관계없는 경우를 Bingham 유체, 전단박화를 보이는 유체를 Hershel-Bulkley 유체라고 한다(그림 7-4). 이 모델은 1차원 전단유동하에서 다음과 같이 단순화될 수 있다.

$$\begin{aligned} \tau &= G\gamma \quad (\tau < \tau_y) \\ \tau &= \eta\dot{\gamma} + \tau_y \quad (\tau \geq \tau_y) \end{aligned} \tag{7-49}$$

여기서 τ는 전단응력을 의미하며 $\tau < \tau_y$의 조건에서 흐름이 없으므로 $\dot{\gamma} = 0$이다. 이외에도 좀 더 실험 데이터를 잘 맞출 수 있는 모델로는 Casson 모델 등이 있지만 항복 거동 자체에 대해서 아직 많은 이해가 되어 있지 않으며, 이들 모델은 단지 전단응력에 대한 설명만 가능하다는 점에서 한계가 있다.

제8장

구성방정식

1. 구성방정식의 조건

유체의 유동 문제를 이해하려면 소위 연속방정식(continuity equation)과 운동량 보존식을 함께 풀어야 한다. 비압축성 유체의 경우 연속방정식은 식 8-1과 같이 간단한 형태로 주어지며 운동량 보존식은 식 8-2와 같다.

$$\nabla \cdot \mathbf{v} = 0 \tag{8-1}$$

$$\rho\left(\frac{\partial \mathbf{v}}{\partial t} + \mathbf{v} \cdot \nabla \boldsymbol{\tau}\right) = -\nabla p + \nabla \cdot \boldsymbol{\tau} + \rho \mathbf{g} \tag{8-2}$$

여기서 ρ, $\mathbf{u}$, p, $\boldsymbol{\tau}$, $\mathbf{g}$는 각각 유체의 밀도, 속도장, 압력, 응력(extra stress), 그리고 중력가속도를 의미한다. 모든 유체의 흐름에 대해서 주어진 공간에서 적절한 경계 조건과 초기 조건을 주고, 위 식을 풀면 속도장과 압력 분포를 알 수 있다. 다만 이 식을 풀기 위해서는 응력에 대한 정보가 필요한데 이를 구성방정식이라고 한다. 유동환경에서 유체는 응력을 느끼게 되며, 이는 변형 및 변형률을 포함하는 모든 환경 요인의 함수이다. 구성방정식은 물질을 정의하는 식이며, 이에 따라 2장에서 정의한 물질함수들이 평가된다. 식 8-1과 식 8-2를 적절한 경계 조건 및 초기 조건을 이용하여 구성방정식과 함께 풀어 주면 그 유체의 유동 특성을 모두 알 수 있게 된다. 이를 통해 적어도 구성방정식이 정의하는 유체에 대한 속도장과 응력분포에 대한 완전한 정보를 알 수 있다.

우리는 7장에서 일반 탄성 고체 및 일반 점성 유체의 구성방정식을 배웠고, 2장에서는 선형점탄성 유체의 구성방정식을 학습하였다. 일반 탄성 고체의 경우는 응력이 변형만의 함수로서 흐름이 있는 경우를 다룰 수 없으며, 가공 공정은 유체의 흐름을 전제하기 때문에 본서에서 더는 다루지 않기로 한다. 일반 점성유체는 유체의 점탄성을 고려하지 못하는 문제가 있으며, 선형점탄성 유체는 변형이 큰 경우를 고려할 수 없어 점탄성의 시간 의존성만 기술할 수 있다. 이에 본 장에서는 일반적인 점탄성 유체의 응력을 정의할 수 있는 구성방정식을 다루고자 한다. 구성방정식은 그 자체로서 일정한 조건을 만족해야만 한다. 응력을 포함하여 구성방정식에 사용되는 물리량들은 모두 좌표계의 변환에 무관해야 하며(material objectivity), 구성방정식 자체도 관찰자의 틀(frame)이 바뀌더라도 일정한 식을 유지해야 한다(frame indifference). 이를 만족하는 물리량과 그렇지 않은 물리량에 대해서는 7장에서 일부 학습한 바 있다. 이외에도 구성방정식은 이론적 기반이 튼튼해야 하고, 사용하기에 간편해야 하며, 관심 영역에서 물성들을 잘 예측할 수 있어야 하며, 가능한 많은 실험 데이터를 잘 예측하고 설명할 수 있어야 한다.

점탄성 유체에 대한 구성방정식은 크게 세 가지, 즉 연속체 역학, 분자이론, 비평형 열역학에 의해 유도된다. 연속체 역학에서는 순수하게 구성방정식이 가져야 할 조건들을 역학적으로 엄밀하게 점검하여 수학적 모델들을 제시하고, 분자이론에서는 고분자사슬의 미시적 동적 거동을 중심으로 모델들을 제시하며, 비평형 열역학에서는 이름 그대로 비평형 상태의 열역학을 기반으로 모델들을 제시하고 있다. 각각은 시대적으로도 순차적으로 또한 독립적으로 발전되어 왔다. 하지만 서로 다른 접근 방법에 의한 모델 식이 서로 동일하다든지, 선택의 기로에서 다른 접근법이 이에 대한 기준을 제시한다든지 하는 상호 보완적인 부분도 있어, 엄밀하게 이를 구분하는 것이 큰 의미는 없다고 볼 수 있다. 본 장에서는 점탄성 유체의 구성방정식을 영역별로 살펴보기로 한다.

점탄성 유체에 대한 구성방정식의 특성 및 우수성은 주로 비선형물질함수를 통해 확인할 수 있다. 이는 2장에서 다룬 구성방정식이 예측할 수 없는 것들로서, 주로 수직응력차(normal stress difference), 전단박화(shear thinning), 신장농화(extension thickening) 현상을 들 수 있다. 즉 구성방정식의 성능은 이들 물성에 대한 예측치를 실험 결과와 비교함으로써 평가된다.

2. Second order 모델

수직응력을 예측하는 가장 간단한 모델로서 second order 모델이 있다. 이 모델은 유동이 아주 작은 경우에 적용 가능하며 식 8-3으로 주어진다.

$$\boldsymbol{\tau} = 2\eta_0 \mathbf{D} - \Psi_{10}\hat{\mathbf{D}} + 4\Psi_{20}\mathbf{D}\cdot\mathbf{D} \tag{8-3}$$

여기서 $\hat{\mathbf{D}}$는 변형률 텐서(rate of deformation tensor) $\mathbf{D}$의 upper convected 시간미분을 의미한다. Upper convected 시간미분은 앞서 언급한 material objectivity를 만족시키는 텐서의 시간미분이다. 이는 좌표가 바뀌거나 물질이 회전하더라도 응력이 영향을 받지 않도록 고려되었으며, 임의의 텐서 $\mathbf{A}$에 대해서 다음과 같이 정의된다. 우변의 첫 두 항은 물질시간미분(material time derivative)으로서 정상상태에서는 무시할 수 있다.

$$\hat{\mathbf{A}} = \frac{\partial \mathbf{A}}{\partial t} + \mathbf{v}\cdot\nabla\mathbf{A} - \nabla\mathbf{v}^T\cdot\mathbf{A} - \mathbf{A}\cdot\nabla\mathbf{v} \tag{8-4}$$

단순전단유동에서는

$$\mathbf{D} = \frac{\dot{\gamma}}{2}\begin{pmatrix} 0 & 1 & 0 \\ 1 & 0 & 0 \\ 0 & 0 & 0 \end{pmatrix},\ \nabla\mathbf{v} = \dot{\gamma}\begin{pmatrix} 0 & 0 & 0 \\ 1 & 0 & 0 \\ 0 & 0 & 0 \end{pmatrix}$$

이고 전단속도가 시간의 함수가 아닌 상수이므로 물질미분항이 0이 되어 $\hat{\mathbf{D}}$는 다음과 같이 된다.

$$\hat{\mathbf{D}} = -\frac{\dot{\gamma}^2}{2}\begin{pmatrix} 0 & 1 & 0 \\ 0 & 0 & 0 \\ 0 & 0 & 0 \end{pmatrix}\begin{pmatrix} 0 & 1 & 0 \\ 1 & 0 & 0 \\ 0 & 0 & 0 \end{pmatrix} - \frac{\dot{\gamma}^2}{2}\begin{pmatrix} 0 & 1 & 0 \\ 1 & 0 & 0 \\ 0 & 0 & 0 \end{pmatrix}\begin{pmatrix} 0 & 0 & 0 \\ 1 & 0 & 0 \\ 0 & 0 & 0 \end{pmatrix} = -\dot{\gamma}^2\begin{pmatrix} 1 & 0 & 0 \\ 0 & 0 & 0 \\ 0 & 0 & 0 \end{pmatrix}$$

$$\mathbf{D}\cdot\mathbf{D} = \frac{\dot{\gamma}^2}{4}\begin{pmatrix} 0 & 1 & 0 \\ 1 & 0 & 0 \\ 0 & 0 & 0 \end{pmatrix}\begin{pmatrix} 0 & 1 & 0 \\ 1 & 0 & 0 \\ 0 & 0 & 0 \end{pmatrix} = \frac{\dot{\gamma}^2}{4}\begin{pmatrix} 1 & 0 & 0 \\ 0 & 1 & 0 \\ 0 & 0 & 0 \end{pmatrix}$$

따라서 식 8-3은 다음과 같다.

$$\boldsymbol{\tau} = \eta_0\dot{\gamma}\begin{pmatrix} 0 & 1 & 0 \\ 1 & 0 & 0 \\ 0 & 0 & 0 \end{pmatrix} + \Psi_{10}\dot{\gamma}^2\begin{pmatrix} 1 & 0 & 0 \\ 0 & 0 & 0 \\ 0 & 0 & 0 \end{pmatrix} + \Psi_{20}\dot{\gamma}^2\begin{pmatrix} 1 & 0 & 0 \\ 0 & 1 & 0 \\ 0 & 0 & 0 \end{pmatrix}$$

이로부터 전단응력과 1차, 2차 수직응력차는 다음과 같이 예측된다.

$$\begin{aligned} \tau_{12} &= \eta_0\dot{\gamma} \\ \tau_{11} - \tau_{22} &= \Psi_{10}\dot{\gamma}^2 \\ \tau_{22} - \tau_{33} &= \Psi_{20}\dot{\gamma}^2 \end{aligned}$$

결국 이 모델은 점도, 1차 수직응력계수, 2차 수직응력계수를 예측할 수 있으며 이들 값은 식 8-3의 계수들로 모두 상수이다.

단순신장유동에서는

$$\mathbf{D} = \dot{\varepsilon}\begin{pmatrix} 2 & 0 & 0 \\ 0 & -1 & 0 \\ 0 & 0 & -1 \end{pmatrix}$$

이므로

$$\boldsymbol{\tau} = \eta_0 \dot{\varepsilon} \begin{pmatrix} 2 & 0 & 0 \\ 0 & -1 & 0 \\ 0 & 0 & -1 \end{pmatrix} + \frac{1}{2}\Psi_{10}\dot{\varepsilon}^2 \begin{pmatrix} 4 & 0 & 0 \\ 0 & 1 & 0 \\ 0 & 0 & 1 \end{pmatrix} + \Psi_{20}\dot{\varepsilon}^2 \begin{pmatrix} 4 & 0 & 0 \\ 0 & 1 & 0 \\ 0 & 0 & 1 \end{pmatrix}$$

이로부터

$$\tau_{11} - \tau_{33} = 3\eta_0 \dot{\varepsilon} + \frac{3}{2}(\Psi_{10} + 2\Psi_{20})\dot{\varepsilon}^2$$

따라서

$$\eta_E = \frac{\tau_{11} - \tau_{33}}{\dot{\varepsilon}} = 3\eta_0 + \frac{3}{2}(\Psi_{10} + 2\Psi_{20})\dot{\varepsilon}$$

여기서 $-\Psi_{20}/\Psi_{10} < 0.5$라면 위 식의 우변 두 번째 항은 양의 값을 가지므로 뉴톤유체의 신장점도 $3\eta_0$보다 커지게 되어 신장농화(extension thickening) 거동을 보인다. 단, 여기서 신장농화라 함은 일반적으로 변형이 작은 경우의 점도곡선보다 신장점도값이 커지는 현상을 의미하는 것과는 달리 뉴톤유체의 신장점도값보다 크다는 의미이다. 한 가지 흥미로운 점은 전단유동에서 결정된 물성값으로 신장점도를 예측할 수 있다는 점이다. 식 8-3은 변형률 텐서 **D**의 2차항을 포함하고 있다. 뉴톤유체의 응력이 **D**에 비례하는 것에 비해 이 모델은 **D**의 2차항까지 전개하고 있으며(second order 모델이라는 이름이 이를 반영하고 있음), 이로 인해 유동이 느린 경우의 점탄성을 다소간 예측할 수 있다. 마찬가지로 3차항 이상으로 식을 구성할 수도 있지만, 추가적인 복잡성에 비해 예측 범위가 크게 증가하지 않기 때문에 실제로는 거의 사용되지 않는다.

유동이 빠르면 전단박화(shear thinning) 등 비선형적인 요소가 강화되며 이를 고려하여 Criminale-Erickson-Filbey(CEF) 모델이 제시되었다.

$$\boldsymbol{\tau} = 2\eta(\dot{\gamma})\mathbf{D} - \Psi_1(\dot{\gamma})\hat{\mathbf{D}} + 4\Psi_2(\dot{\gamma})\mathbf{D}\cdot\mathbf{D} \tag{8-5}$$

이 식은 뉴톤유체($\boldsymbol{\tau} = 2\eta_0\mathbf{D}$)와 일반뉴톤유체($\boldsymbol{\tau} = 2\eta(\dot{\gamma})\mathbf{D}$)의 관계와 같이 단지 점도 또는 수직응력계수를 전단속도의 함수로 놓은 것이다. 어느 경우든 수직응

력을 예측할 수는 있지만, 점탄성의 시간 의존성을 설명하지는 못한다.

3. UCM(Upper Convected Maxwell) 모델

2장에서 미분형 Maxwell 모델을 학습한 바 있다. 이는 탄성을 나타내는 스프링과 점성을 나타내는 대시포트(dashpot)가 직렬로 연결되어 있는 기계적 모델로서 Boltzman 중첩에 의해 유도되는 적분형 모델과 수학적으로 동일한 모델이다.

$$\tau + \lambda \frac{d\tau}{dt} = \eta \dot{\gamma} \tag{2-24}$$

Maxwell 모델은 텐서를 고려하지 않은 일종의 1차원 모델로서 선형점탄성의 시간 의존성을 잘 설명해 주고 있으며, 이 모델의 텐서식이 UCM 모델이라고 볼 수 있다. UCM 모델은 사실상 가장 기본이 되는 점탄성 모델로서 여러 가지 방식으로 유도될 수 있다. 연속체 역학, 분자이론, 비평형 열역학 등 다양한 방법을 통해서 같은 결과를 유도할 수 있다는 점이 매우 독특하다. 이와 관련한 구체적인 내용은 이후에 상세하게 설명할 것이다.

UCM 모델은 식 8-6과 같이 정의된다. 식 2-24와 식 8-6의 유사성에 주목하면 1차원 모델이 3차원 텐서식으로 확장되는 과정을 볼 수 있으며, 특히 시간에 대한 미분이 다소 특이하게 변했음을 알 수 있다.

$$\boldsymbol{\tau} + \lambda \hat{\boldsymbol{\tau}} = 2\eta_0 \mathbf{D} \tag{8-6}$$

여기서 $\hat{\boldsymbol{\tau}}$은 앞서와 마찬가지로 응력 $\boldsymbol{\tau}$의 upper convected 시간미분이다.

$$\hat{\boldsymbol{\tau}} = \frac{\partial \boldsymbol{\tau}}{\partial t} + \mathbf{v} \cdot \nabla \boldsymbol{\tau} - \nabla \mathbf{v}^T \cdot \boldsymbol{\tau} - \boldsymbol{\tau} \cdot \nabla \mathbf{v} \tag{8-7}$$

식 8-7의 우변 두 번째 항은 일반적으로 균일한 유동장에서 무시될 수 있다. 여기서 균일한 유동장이라 함은 유체가 갖는 내부구조체 크기의 길이단위에서의 유동장의 균일성을 의미하는데, 고분자의 경우라면 나노 크기의 채널과 같이 공간적으로 극히 제한된 경우가 아니라면 일반적으로 균일하다고 볼 수 있다. 달리 말해서 유체를 연속체로 볼 수 있는 공간환경에서는 식 8-7의 두 번째 항은 무시할 수 있다. 또한 우변의 세 번째 항, 네 번째 항은 비선형항으로서, 전체적으로 식 8-6은 이 항을 통해서 비선형을 유지하게 된다.

단순전단유동에서

$$\hat{\boldsymbol{\tau}} = \frac{\partial \tau}{\partial t} - \dot{\gamma}\begin{pmatrix} 0 & 1 & 0 \\ 0 & 0 & 0 \\ 0 & 0 & 0 \end{pmatrix}\begin{pmatrix} \tau_{11} & \tau_{12} & 0 \\ \tau_{12} & \tau_{22} & 0 \\ 0 & 0 & \tau_{33} \end{pmatrix} - \dot{\gamma}\begin{pmatrix} \tau_{11} & \tau_{12} & 0 \\ \tau_{12} & \tau_{22} & 0 \\ 0 & 0 & \tau_{33} \end{pmatrix}\begin{pmatrix} 0 & 0 & 0 \\ 1 & 0 & 0 \\ 0 & 0 & 0 \end{pmatrix}$$

$$= \frac{\partial \tau}{\partial t} - \dot{\gamma}\begin{pmatrix} 2\tau_{12} & \tau_{22} & 0 \\ \tau_{22} & 0 & 0 \\ 0 & 0 & 0 \end{pmatrix}$$

이므로 UCM 모델은 다음과 같게 된다.

$$\begin{pmatrix} \tau_{11} & \tau_{12} & 0 \\ \tau_{12} & \tau_{22} & 0 \\ 0 & 0 & \tau_{33} \end{pmatrix} + \lambda \frac{\partial}{\partial t}\begin{pmatrix} \tau_{11} & \tau_{12} & 0 \\ \tau_{12} & \tau_{22} & 0 \\ 0 & 0 & \tau_{33} \end{pmatrix} - \lambda\dot{\gamma}\begin{pmatrix} 2\tau_{12} & \tau_{22} & 0 \\ \tau_{22} & 0 & 0 \\ 0 & 0 & 0 \end{pmatrix} = \eta_0\dot{\gamma}\begin{pmatrix} 0 & 1 & 0 \\ 1 & 0 & 0 \\ 0 & 0 & 0 \end{pmatrix}$$

각 성분끼리 식을 구성하면

$$\tau_{11} + \lambda \frac{\partial \tau_{11}}{\partial t} - 2\lambda\dot{\gamma}\tau_{12} = 0$$

$$\tau_{12} + \lambda \frac{\partial \tau_{12}}{\partial t} - \lambda\dot{\gamma}\tau_{22} = \eta_0\dot{\gamma}$$

$$\tau_{22} + \lambda \frac{\partial \tau_{22}}{\partial t} = 0$$

$$\tau_{33} + \lambda \frac{\partial \tau_{33}}{\partial t} = 0$$

세 번째 식은 적분하면 $\tau_{22}(t) = \tau_{22}(0)e^{-t/\lambda}$이 되고 $t = 0$에서 응력은 없으므로 $\tau_{22} = 0$이다. 마찬가지로 $\tau_{33} = 0$이며 따라서 2차 수직응력계수 $\Psi_2^+ = 0$. 두 번째 식은 $y' + p(x)y = r(x)$와 같은 형식이고, 그 해는 $y(x) = e^{-\int p(x)dx}\left[\int e^{\int p(x)dx} r(x)dx + C\right]$ 이므로 $\tau_{12} = \eta_0\dot{\gamma}(1 - e^{-t/\lambda})$. 따라서 점도성장함수(viscosity growth function)는 $\eta^+ = \eta_0(1 - e^{-t/\lambda})$와 같이 결정된다.

이 결과를 첫 번째 식에 적용하면 1차 수직응력계수는 다음과 같이 구해진다.

$$\Psi_1^+ = \frac{\tau_{11} - \tau_{22}}{\dot{\gamma}^2} = 2\eta_0\lambda\left[1 - e^{-t/\lambda}\left(1 + \frac{t}{\lambda}\right)\right]$$

단순신장유동의 경우

$$\nabla\mathbf{v} = \dot{\varepsilon}\begin{pmatrix} 1 & 0 & 0 \\ 0 & -1/2 & 0 \\ 0 & 0 & -1/2 \end{pmatrix}$$

이므로 편의상 정상상태를 가정하면 식 8-6은 다음과 같다.

$$\begin{pmatrix} \tau_{11} & 0 & 0 \\ 0 & \tau_{22} & 0 \\ 0 & 0 & \tau_{33} \end{pmatrix} - \lambda\dot{\varepsilon}\begin{pmatrix} 2\tau_{11} & 0 & 0 \\ 0 & -\tau_{22} & 0 \\ 0 & 0 & -\tau_{33} \end{pmatrix} = \eta_0\dot{\varepsilon}\begin{pmatrix} 2 & 0 & 0 \\ 0 & -1 & 0 \\ 0 & 0 & -1 \end{pmatrix}$$

이로부터

$$\tau_{11} = \frac{2\eta_0\dot{\varepsilon}}{1 - 2\lambda\dot{\varepsilon}}, \ \tau_{22} = \tau_{33} = -\frac{\eta_0\dot{\varepsilon}}{1 + \lambda\dot{\varepsilon}}$$

따라서 신장점도 η_E는 다음과 같다.

$$\eta_E = \frac{\tau_{11} - \tau_{22}}{\dot{\varepsilon}} = \frac{2\eta_0}{1 - 2\lambda\dot{\varepsilon}} + \frac{\eta_0}{1 + \lambda\dot{\varepsilon}}$$

위 식은 $\lambda\dot{\varepsilon}$에 따라서 η_0보다 커질 수 있으므로 신장농화(extension thickening) 거동을 보인다. 하지만 $\lambda\dot{\varepsilon} \to \frac{1}{2}$인 경우 무한대로 발산하는데, 점도가 유한한 연신율에서 무한히 커질 수는 없으므로 물리적으로 합당하지 않다. 신장점도의 경우 연신율이 어느 정도 작을 때 신장농화 거동을 설명할 수 있다는 정도로 생각하면 좋을 것 같다.

UCM 모델은 2장에서 Maxwell 모델이 여러 모드를 갖도록 확장된 것과 마찬가지로 완화 스펙트럼을 갖도록 구성될 수 있다. 즉

$$\begin{aligned} \boldsymbol{\tau} &= \sum \boldsymbol{\tau}_i \\ \boldsymbol{\tau}_i + \lambda_i \hat{\boldsymbol{\tau}}_i &= 2G_i\lambda_i \mathbf{D} \quad (\eta_i = G_i\lambda_i) \end{aligned} \tag{8-8}$$

UCM 모델은 수직응력과 시간 의존성을 예측한다는 점에서 매우 유용한 모델이며, 고분자 용액의 경우는 다음과 같이 용매의 영향을 분리해서 생각하는 것이 일반적이다.

$$\begin{aligned} \boldsymbol{\tau} &= 2\eta_s \mathbf{D} + \boldsymbol{\tau}_p \\ \boldsymbol{\tau}_p + \lambda \hat{\boldsymbol{\tau}}_p &= 2\eta_p \mathbf{D} \end{aligned} \tag{8-9}$$

식 8-9는 Oldroyd-B 모델이라고 하며 UCM을 이용하여 고분자의 응력을 계산하고 여기에 점성 유체의 응력을 더해 주는 형태이다. 위 두 식을 결합하면

$$\boldsymbol{\tau} + \lambda_1 \hat{\boldsymbol{\tau}} = 2\eta_0(\mathbf{D} + \lambda_2 \hat{\mathbf{D}}) \tag{8-10}$$

여기서 $\eta_0 = \eta_s + \eta_p$, $\lambda_2 = \eta_s\lambda_1 / (\eta_s + \eta_p)$으로 정의된다. 이 모델은 점도가 높은 용매에 고분자가 녹아 있는 경우에 잘 맞는 것으로 알려져 있다. 이 모델은 UCM과 마찬가지로 수직응력을 예측하지만 전단박화현상을 예측하지는 못한다. 위와 같은 성질을 갖는 고분자 용액은 소위 Boger 유체라고 한다. 일반적으로 고분자와 성분이 동일한 저분자 또는 올리고머를 용매로 하여 제조된 고분자 용액으로서, 통상적인 실험 영역에서 점도와 탄성이 전단속도와 관계없이 일정한 값을 보인다. 이러한 특성은 Oldroyd-B 모델의 예측과 잘 일치한다. 즉

Oldroyd-B 모델은 Boger 유체의 유변 거동을 잘 설명하고 있다고 볼 수 있다. 이런 점에서 이 모델은 점탄성 유체의 유동 해석을 위한 수치모사에 있어서 대표적인 모델 유체로 사용되어 왔다.

앞서 second order 모델에 대응하는 CEF 모델과 마찬가지로 UCM 모델에서도 각 파라미터를 전단속도의 함수로 놓을 수 있는데, 이를 White-Metzner 모델이라고 한다.

$$\boldsymbol{\tau} + \lambda(\dot{\gamma})\hat{\boldsymbol{\tau}} = 2\eta(\dot{\gamma})\mathbf{D} \tag{8-11}$$

이 모델은 전단박화와 수직응력, 신장농화 거동을 설명하여 실질적으로 중요한 비선형점탄성 거동을 모두 설명할 수 있지만, 파라미터들의 전단속도 의존성에 대한 함수 형태는 이론적 근거를 갖지 못한다는 한계가 있다. 이는 CEF 모델의 경우도 마찬가지이다.

UCM 모델은 점탄성의 시간 의존성과 1차 수직응력을 예측하며 신장농화 거동을 설명할 수 있는 장점이 있는 데 반해, 전단박화 및 2차 수직응력을 예측하지 못하고 신장점도가 특정 연신율에서 발산한다는 단점이 있다. 또한 다양한 방법론을 통해서 유도 가능하여 비선형점탄성 모델로서의 대표성도 가지고 있다. 하지만 이는 점탄성 모델 중에서도 가장 간단한 경우이며, 보다 확장된 다양한 모델들이 개발되어 있다.

4. 적분형 일반 모델

앞서 살펴본 구성방정식은 모두 미분형 모델이다. 2장 선형점탄성 모델에서 Maxwell 모델의 미분형과 적분형이 동일한 것처럼 UCM 모델의 경우에도 동등한 적분형 모델을 가지고 있으며, 이를 Lodge 모델이라고 한다. 모델식은 식 8-12와 같으며, 여기서 **B**는 7장에서 정의한 Finger 텐서이다(식 7-13).

$$\boldsymbol{\tau} = \int_{-\infty}^{t} \frac{\eta_0}{\lambda^2} e^{-(t-t')/\lambda} \left(\mathbf{B}(t,t') - \boldsymbol{\delta}\right) dt' \tag{8-12}$$

좀 더 일반적인 적분형 모델은 다음과 같다.

$$\boldsymbol{\tau} = \int_{-\infty}^{t} \left[2\frac{\partial u(I_1, I_2, t-t')}{\partial I_1} \mathbf{B}(t,t') - 2\frac{\partial u(I_1, I_2, t-t')}{\partial I_2} \mathbf{B}^{-1}(t,t') \right] dt' \tag{8-13}$$

이 식은 K-BKZ 모델이라고 하는데, 여기서 $u(I_1, I_2, t-t')$는 탄성에너지 함수이며 I_1, I_2는 각각 $\mathbf{B}$ 텐서의 1차, 2차 불변값들이다. 비압축성 유체의 경우 $I_3 = 1$임을 기억하자. 만일 식 8-13에서 $u(I_1, I_2, t-t')$가 다음과 같이 정의되면 이 식은 식 8-12 Lodge 모델과 같게 된다.

$$u(I_1, I_2, t-t') = \frac{1}{2} M(t-t') I_1 \tag{8-14}$$

식 8-14는 기억함수 $M(t-t')$을 기준으로 제시되었으며, 이는 식 2-8을 통해서 완화 모듈러스 $G(t-t')$와 관계한다.

이와 같이 적분형 모델은 물질의 에너지 함수와 응력의 관계를 정의하고 있다. 물질의 에너지 함수는 변형과 시간의 함수이기 때문에 모든 경우에 대한 일반적인 함수 형태를 얻기 위해서는 분자이론의 도움이 필요할 것이다.

실험적으로 단순전단유동하에서 변형과 시간의 함수가 변형과 시간만의 함수로 각각 분리될 수 있다는 사실이 알려져 있다. 이를 시간-변형 분리성(time-strain separability)이라고 하는데, 이 개념을 도입하면 완화 모듈러스는

$$G(\gamma, t) = G(t) h(\gamma) \tag{8-15}$$

와 같이 기술될 수 있다. 이때 $G(t)$는 선형점탄성에서 정의된 완화 모듈러스이며, $h(\gamma)$는 비선형성을 나타내는 함수로서 감쇄함수(damping function)라고 한다. 대체로 $h(\gamma) = \exp(-n\gamma)$와 같이 지수적으로 감소하는 것으로 알려져 있다. 시간-

변형 분리성의 개념을 에너지 함수에 $u(I_1, I_2, t-t') = M(t-t')U(I_1, I_2)$와 같이 적용하면 K-BKZ 모델은 다음과 같이 된다.

$$\boldsymbol{\tau} = \int_{-\infty}^{t} 2M(t-t')\left[\frac{\partial U(I_1, I_2)}{\partial I_1}\mathbf{B}(t,t') - \frac{\partial U(I_1, I_2)}{\partial I_2}\mathbf{B}^{-1}(t,t')\right]dt' \qquad (8\text{-}16)$$

이 식은 분리형 K-BKZ 모델이라고 하며, 선형점탄성으로부터 $M(t-t')$을 구하고 실험이나 간단한 모델을 통해 $U(I_1, I_2)$를 구하면 구성방정식이 마무리된다. 이보다 좀 더 일반적인 식으로 다음과 같은 적분식을 사용하기도 한다.

$$\boldsymbol{\tau} = \int_{-\infty}^{t} M(t-t')\left[\phi_1(I_1, I_2)\mathbf{B}(t,t') + \phi_2(I_1, I_2)\mathbf{B}^{-1}(t,t')\right]dt' \qquad (8\text{-}17)$$

이 식은 좀 더 직관적이고 다루기 쉽지만 ϕ_1, ϕ_2에 대한 이론적 근거가 충분하지 않을 수 있으며, 이 경우 열역학 법칙을 위배할 수도 있다. 결국 적분형 모델의 핵심은 에너지 함수를 제대로 구할 수 있느냐가 관건인데 아직 이에 대한 연구는 충분하지 않다.

적분형 모델은 고분자에 대한 분자이론인 Doi-Edwards 모델로부터 유도되어 주목받았으나 계산이 복잡하고, 특히 유동장 해석에 있어서 미분형보다 수치해석 과정에서 불편한 이유로 널리 사용되지는 않는다.

5. 미분형 일반 모델

앞서 응력의 시간에 대한 미분으로 upper convected 시간미분을 사용한다는 것을 알았다. 이는 구성방정식이 material objective하고 frame indifferent해야 한다는 조건을 만족하기 위해 선택 가능한 몇 가지 옵션 중 하나이다. 이외에도 lower convected 시간미분을 다음과 같이 정의할 수 있다.

$$\breve{\mathbf{A}} = \frac{\partial \mathbf{A}}{\partial t} + \mathbf{v}\cdot\nabla\mathbf{A} + \nabla\mathbf{v}\cdot\mathbf{A} + \mathbf{A}\cdot\nabla\mathbf{v}^T \qquad (8\text{-}18)$$

이를 Maxwell 모델과 연계하면, 소위 lower convected Maxwell 모델(LCM)을 다음과 같이 정의할 수 있다.

$$\boldsymbol{\tau} + \lambda\breve{\boldsymbol{\tau}} = 2\eta_0\mathbf{D} \tag{8-19}$$

단순전단유동에서

$$\breve{\boldsymbol{\tau}} = \frac{\partial \tau}{\partial t} + \dot{\gamma}\begin{pmatrix} 0 & 0 & 0 \\ 1 & 0 & 0 \\ 0 & 0 & 0 \end{pmatrix}\begin{pmatrix} \tau_{11} & \tau_{12} & 0 \\ \tau_{12} & \tau_{22} & 0 \\ 0 & 0 & \tau_{33} \end{pmatrix} + \dot{\gamma}\begin{pmatrix} \tau_{11} & \tau_{12} & 0 \\ \tau_{12} & \tau_{22} & 0 \\ 0 & 0 & \tau_{33} \end{pmatrix}\begin{pmatrix} 0 & 1 & 0 \\ 0 & 0 & 0 \\ 0 & 0 & 0 \end{pmatrix}$$

$$= \frac{\partial \tau}{\partial t} + \dot{\gamma}\begin{pmatrix} 0 & \tau_{11} & 0 \\ \tau_{11} & 2\tau_{12} & 0 \\ 0 & 0 & 0 \end{pmatrix}$$

이므로 LCM 모델은 다음과 같게 된다.

$$\begin{pmatrix} \tau_{11} & \tau_{12} & 0 \\ \tau_{12} & \tau_{22} & 0 \\ 0 & 0 & \tau_{33} \end{pmatrix} + \lambda\frac{\partial}{\partial t}\begin{pmatrix} \tau_{11} & \tau_{12} & 0 \\ \tau_{12} & \tau_{22} & 0 \\ 0 & 0 & \tau_{33} \end{pmatrix} + \lambda\dot{\gamma}\begin{pmatrix} 0 & \tau_{11} & 0 \\ \tau_{11} & 2\tau_{12} & 0 \\ 0 & 0 & 0 \end{pmatrix} = \eta_0\dot{\gamma}\begin{pmatrix} 0 & 1 & 0 \\ 1 & 0 & 0 \\ 0 & 0 & 0 \end{pmatrix}$$

각 성분끼리 식을 구성하면

$$\tau_{11} + \lambda\frac{\partial \tau_{11}}{\partial t} = 0$$

$$\tau_{12} + \lambda\frac{\partial \tau_{12}}{\partial t} + \lambda\dot{\gamma}\tau_{11} = \eta_0\dot{\gamma}$$

$$\tau_{22} + \lambda\frac{\partial \tau_{22}}{\partial t} + 2\lambda\dot{\gamma}\tau_{12} = 0$$

$$\tau_{33} + \lambda\frac{\partial \tau_{33}}{\partial t} = 0$$

정상상태의 결과는 $\tau_{11}=0$, $\tau_{12}=\eta_0\dot{\gamma}$, $\tau_{22}=-2\eta_0\lambda\dot{\gamma}^2$, $\tau_{33}=0$ 이다. 따라서 이 모델은 수직응력 N_1, N_2가 $N_1=2\eta_0\lambda\dot{\gamma}^2$, $N_2=-2\eta_0\lambda\dot{\gamma}^2$로 예측되어 0이 아니고 서로 부호가 다른 결과를 보여 준다. 하지만 2차 수직응력은 실험적으로 1차 수직응력에 비해 10% 수준의 작은 값이고 부호가 다른 것으로 관찰되어 이는 실험 결과를 제대로 반영하지는 못한다. UCM 모델은 1차 수직응력이 0이 아닌 값을 갖고 2차 수직응력은 0인 반면, LCM 모델은 1차, 2차 수직응력이 모두 0이 아니지만 2차 수직응력이 1차 수직응력과 같은 크기의 값을 갖는 것으로 예측된다.

역학적으로 어떤 시간미분을 사용하는 것이 바람직한지를 알 수 없기 때문에, 관점에 따라서 두 모델은 서로 장단점을 가진 모델로 볼 수 있을 것이다. 최종적으로 어느 모델을 선택할지는 어느 모델이 실험 결과를 좀 더 잘 설명하느냐에 달려 있는데, 선택은 UCM이었다. 수직응력에 대한 예측이 UCM의 경우가 더 합리적이라고 판단한 점도 있지만, 사실 이 선택은 분자이론의 영향이 컸다. 고분자에 대한 분자이론은 UCM을 선택하였다. 이는 9장에서 자세히 다루기로 한다.

또한 다음과 같은 corotational 시간미분을 사용하는 것도 가능하다.

$$\tilde{\mathbf{A}}=\frac{\partial\mathbf{A}}{\partial t}+\mathbf{v}\cdot\nabla\mathbf{A}+\frac{1}{2}\left(\mathbf{W}\cdot\mathbf{A}-\mathbf{A}\cdot\mathbf{W}\right) \tag{8-20}$$

여기서 **W**는 식 7-37에 정의된 와류 텐서(vorticity tensor)이며, 식은 upper convected 시간미분과 lower convected 시간미분의 평균에 해당하는 것으로서 식 8-4와 식 8-18을 서로 더한 후 2로 나눠 준 결과와 같다. 또는 다음과 같이 변형된 corotational 시간미분을 사용할 수도 있는데, 이를 이용하여 구성된 Maxwell 모델에 용매에 대한 응력 성분과 더해 구성된 모델을 Johnson-Segalman 모델이라고 한다. 단 Johnson-Segalman 모델은 같은 이름에도 유사한 변종이 많으니 주의해야 한다.

$$\bar{\mathbf{A}}=\frac{\partial\mathbf{A}}{\partial t}+\mathbf{v}\cdot\nabla\mathbf{A}+\mathbf{A}\cdot(\mathbf{W}-a\mathbf{D})+(\mathbf{W}-a\mathbf{D})^T\cdot\mathbf{A} \tag{8-21}$$

단 a는 상수이다. 이와 같이 UCM과 마찬가지로 응력의 시간미분을 다양한 corotational 시간미분을 이용하여 모델을 구성하는 것도 얼마든지 가능하다.

비선형점탄성을 잘 기술할 수 있는 구성방정식으로는 이외에도 Giesekus 모델과 PTT(Phan-Thien Tanner) 모델, Leonov 모델 등이 있다. Giesekus 모델은 고분자를 간단한 덤벨 모델로 단순화하고 여기에 마찰계수의 비등방성을 고려한 모델이다(자세한 내용은 9장 참조). 식 8-22는 Giesekus 모델의 정의식이며, UCM 모델에 비해 하나의 비선형항이 더 존재하며 이 항의 크기를 결정하는 파라미터 α가 추가된다. 우변의 λG는 점도와 같음을 유의하기 바란다.

$$\boldsymbol{\tau} + \lambda \hat{\boldsymbol{\tau}} + \frac{\alpha}{G} \boldsymbol{\tau} \cdot \boldsymbol{\tau} = 2\lambda G \mathbf{D} \tag{8-22}$$

이 식은 그 자체로 식 8-7 이하와 같이 전개하여 단순 전단유동에서의 물성을 예측할 수 있는데, 여기서는 배치(configuration) 텐서 $\mathbf{C}$를 이용하여 전개해 보기로 하자. 배치 텐서는 응력 텐서와 $\boldsymbol{\tau} = G(\mathbf{C} - \boldsymbol{\delta})$의 관계가 성립하므로 이를 식 8-22에 적용하면 식은 다음과 같아진다.

$$\alpha(\mathbf{C} - \boldsymbol{\delta})^2 + (\mathbf{C} - \boldsymbol{\delta}) + \lambda \hat{\mathbf{C}} = \mathbf{0} \tag{8-23}$$

이를 단순전단유동에 대해 적용하면 다음과 같이 네 성분에 대한 연립 상미분방정식으로 정리된다.

$$\alpha({C_{11}}^2 + {C_{12}}^2) + (1 - 2\alpha)C_{11} - (1 - \alpha) - 2\lambda\dot{\gamma}C_{12} + \lambda \frac{\partial C_{11}}{\partial t} = 0$$

$$\alpha({C_{22}}^2 + {C_{12}}^2) + (1 - 2\alpha)C_{22} - (1 - \alpha) + \lambda \frac{\partial C_{22}}{\partial t} = 0$$

$$\alpha(C_{11} + C_{22})C_{12} + (1 - 2\alpha)C_{12} - \lambda\dot{\gamma}C_{22} + \lambda \frac{\partial C_{12}}{\partial t} = 0$$

$$\alpha {C_{33}}^2 + (1 - 2\alpha)C_{33} - (1 - \alpha) + \lambda \frac{\partial C_{33}}{\partial t} = 0$$

여기서 마지막 식은 다른 식들과 연립하지 않고 독립적이며, 초기 상태에서 응력이 0이므로 $C_{33} = 1$이 된다. 결국 나머지 3개의 식을 연립하여 풀면 전단응력과 수직응력이 구해지며 관련 유변물성들을 구할 수 있다. 그림 8-1은 Giesekus 모델이 예측하는 점도, 1차 수직응력, 신장점도의 예측 결과를 보여 주고 있다. 전단박화와 신장농화 거동을 잘 보여 준다는 것을 알 수 있다.

그림 8-2는 모델 파라미터에 따른 점도 및 응력의 전단속도 의존성을 보여 주고 있다. α 값이 커질수록 전단박화가 심해지는데, 그림 8-2b를 보면 α가 0.5보다 커지면 증가하던 응력이 감소하는 것을 알 수 있다. 높은 전단속도 영역에서 전단박화현상이 과도해서 벌어지는 일인데, 이 경우 하나의 응력값에 대해서 2개의 전단속도가 대응할 수 있어 물리적으로 불안정한 상태로 볼 수 있으며, 고분자 용융체의 경우 실험적으로 잘 관찰되지는 않는다. 즉 Giesekus 모델의 모델 파라미터 α는 임의의 값을 갖는 것이 아니라 $0 < \alpha < 0.5$의 범위를 갖도록 설정되어야 한다는 것을 알 수 있다. 이와 같이 구성방정식에 나타나는 모델 파라미

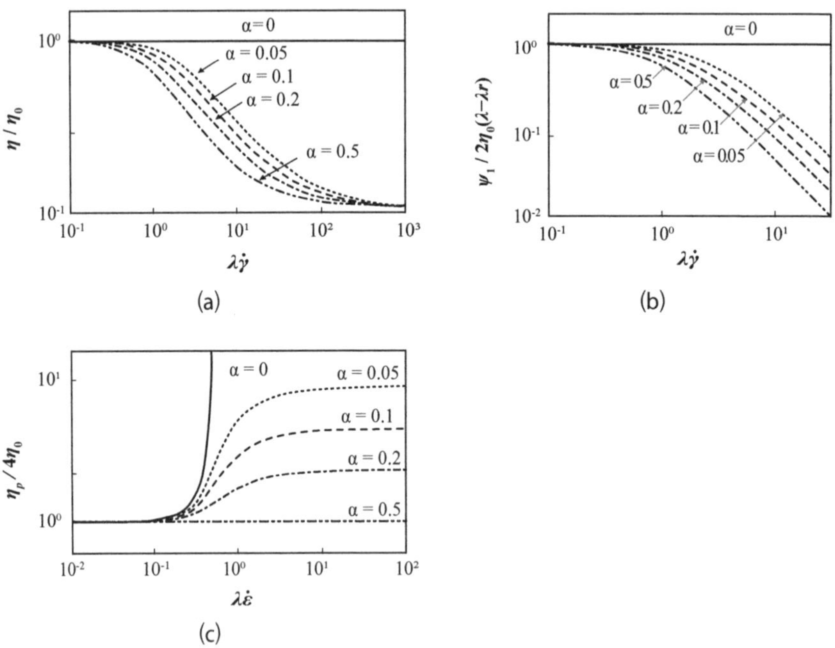

〈그림 8-1〉 Giesekus 모델의 파라미터에 따른 점도(a), 1차 수직응력(b), 신장 거동 예측(c)

터들은 나름의 물리적 의미와 실험 데이터와의 관계로부터 제한된 범위의 값을 갖는 파라미터라는 점을 주의해야 한다.

PTT(Phan-Thien Tanner) 모델은 분자이론 중 네트워크 이론을 통해서 유도되는데, 이는 고분자의 엉킴이 한시적인 가교점의 생성과 소멸로 형성되고, 생성과 소멸을 결정하는 함수를 추론하여 구성방정식을 만드는 방식이다. PTT 모델은 생성과 소멸 속도가 연결 벡터의 변형량에 비례한다는 가정을 통해 유도한 식이며, 식 8-24와 같이 정의된다.

$$Y(tr\boldsymbol{\tau})\boldsymbol{\tau} + \lambda[\hat{\boldsymbol{\tau}} + \xi(\boldsymbol{\tau}\cdot\mathbf{D} + \mathbf{D}\cdot\boldsymbol{\tau})] = 2\lambda G\mathbf{D} \tag{8-24}$$

여기서 $Y(tr\boldsymbol{\tau})$는 다음과 같이 정의되며, 각각은 선형 PTT 모델, 지수형 PTT 모델로 불린다.

$$Y(tr\boldsymbol{\tau}) = \begin{cases} 1 + \varepsilon tr\boldsymbol{\tau} / G \\ \exp(\varepsilon tr\boldsymbol{\tau} / G) \end{cases}$$

PTT 모델은 UCM 모델에 비해서 ξ, ε 2개의 파라미터가 더해지는데, 이들 파라미터는 대체로 작은 값들로서 전자는 전단유동 실험을 통해서, 후자는 신장유동 실험을 통해서 결정한다. $\xi = 0.015$, $\varepsilon = 0.2$로 계산한 예측값은 LDPE의 실험 결과와 일치하는 것으로 알려져 있다. Giesekus 모델과 PTT 모델은 고분자

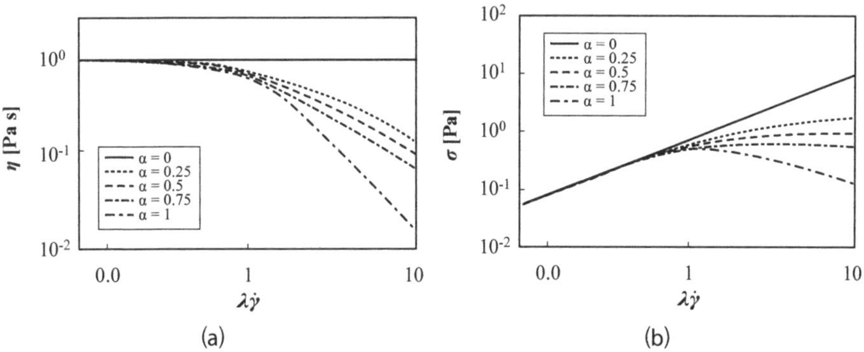

〈그림 8-2〉 Giesekus 모델 파라미터에 따른 점도(a) 및 응력의 전단속도 의존성(b)

의 비선형점탄성을 기술하고 있으며, 수학적으로 비교적 간단하여 점탄성 유체의 수치모사에도 널리 사용되는 등 그 활용도가 매우 높은 모델이다.

Leonov 모델은 비평형 열역학을 기반으로 유도된 식으로서 식 8-25와 같이 정의된다.

$$\overset{\nabla}{\sigma}+\frac{1}{2G\lambda}\left\{\boldsymbol{\sigma}\cdot\boldsymbol{\sigma}-G^2\mathbf{I}-\frac{1}{3}\left[tr(\boldsymbol{\sigma})-G^2tr(\boldsymbol{\sigma}^{-1})\right]\boldsymbol{\sigma}\right\}=\mathbf{0} \qquad (8\text{-}25)$$

단순전단유동에서 각 성분은 다음과 같이 전개된다.

$$\frac{\partial\sigma_{11}}{\partial t}-2\dot{\gamma}\sigma_{12}+\frac{1}{2G\lambda}\left\{\sigma_{11}{}^2+\sigma_{12}{}^2-G^2-\frac{1}{3}\left[tr(\boldsymbol{\sigma})-G^2tr(\boldsymbol{\sigma}^{-1})\right]\sigma_{11}\right\}=0$$

$$\frac{\partial\sigma_{22}}{\partial t}+\frac{1}{2G\lambda}\left\{\sigma_{12}{}^2+\sigma_{22}{}^2-G^2-\frac{1}{3}\left[tr(\boldsymbol{\sigma})-G^2tr(\boldsymbol{\sigma}^{-1})\right]\sigma_{22}\right\}=0$$

$$\frac{\partial\sigma_{33}}{\partial t}+\frac{1}{2G\lambda}\left\{\sigma_{33}{}^2-G^2-\frac{1}{3}\left[tr(\boldsymbol{\sigma})-G^2tr(\boldsymbol{\sigma}^{-1})\right]\sigma_{33}\right\}=0$$

$$\frac{\partial\sigma_{12}}{\partial t}-\dot{\gamma}\sigma_{22}+\frac{1}{2G\lambda}\left\{\sigma_{11}\sigma_{12}+\sigma_{12}\sigma_{22}-\frac{1}{3}\left[tr(\boldsymbol{\sigma})-G^2tr(\boldsymbol{\sigma}^{-1})\right]\sigma_{12}\right\}=0$$

이때 $tr(\boldsymbol{\sigma})=\sigma_{11}+\sigma_{22}+\sigma_{33}$, $tr(\boldsymbol{\sigma}^{-1})=\frac{\sigma_{33}(\sigma_{11}+\sigma_{22})+(\sigma_{11}\sigma_{22}-\sigma_{12}{}^2)}{\sigma_{33}(\sigma_{11}\sigma_{22}-\sigma_{12}{}^2)}$의 관계가 성립한다. 사용된 파라미터는 G, λ뿐으로 모두 실험적으로 결정할 수 있는 것들이다. 이 모델은 앞서의 모델들과 달리 추가적인 파라미터가 없음에도 불구하고 대부분의 실험데이터들을 정량적으로 잘 기술할 수 있는 매우 강력한 모델이다. $G=1$, $\lambda=1$일 때의 기본적인 예측 결과들은 그림 8-3과 같다. 점도성장함수 η^+는 초기에 시간에 비례하여 증가하다가 일정한 값에 도달하는데, 전단속도가 커짐에 따라 중간에 오버슈트 현상이 심해지고 있다. 정상상태에서의 값을 보면 전단속도가 증가함에 따라 점도값이 작아지는 전단박화현상을 잘 보이고 있으며, 정상상태에 도달하는 시간도 짧아진다. 전단속도가 커짐에 따라 전단응력의 증가는 더뎌지지만(전단박화현상) Giesekus 모델과 달리 하나의 응력값에 2개의

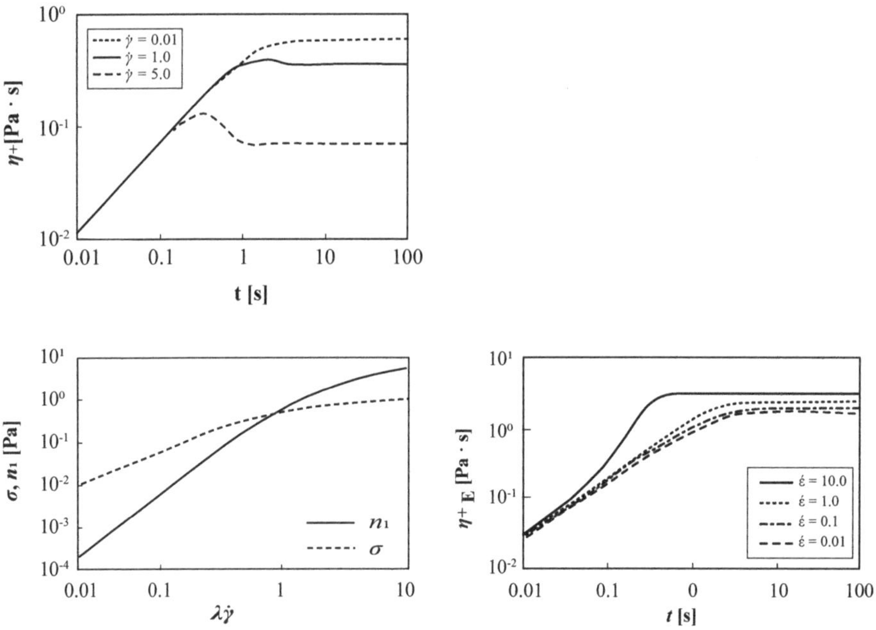

〈그림 8–3〉 Leonov 모델의 예측 결과

전단속도가 대응하는 경우는 없어 안정한 결과를 보여 주고 있다. 신장점도의 거동은 신장률이 커짐에 따라 점도값이 증가하는 신장농화 거동을 잘 보여 주고 있다.

제9장

묽은 고분자 용액 이론

고분자의 분자이론은 크게 묽은 용액 및 용융체(또는 농축 용액)의 두 영역으로 나뉘어 발전해 왔다. 묽은 용액에 대한 이론은 고분자를 N개의 작은 단위로 쪼개서 마치 비드와 스프링이 연결되어 있는 소위 비드-스프링(bead-spring)으로 생각하고, 여기에 작용하는 각종 힘을 고려하여 고분자의 동적 특성을 규명한다. 용융체에 대한 이론은 서로 심하게 엉켜 있는 고분자들의 움직임이 주위 고분자의 존재로 인해 자유롭지 못하고 주쇄 방향으로의 움직임이 지배적이라는 생각으로 이의 동적 특성을 규명한다. 이들은 서로 다른 방식으로 발전해 왔으며, 고분자의 동적 거동을 이해하는 데 크게 기여하였다. 본 장에서는 묽은 용액의 이론을 살펴보기로 한다.

1. 덤벨(dumbbell) 모델

고분자의 농도가 매우 낮아 하나의 고분자사슬이 다른 고분자를 만날 일이 없다면 고분자 간의 상호작용을 고려하지 않아도 되며, 고분자 자체의 동적 특성에 집중할 수 있다. 이렇듯 용액 중에 녹아 있는 한 개의 고분자사슬을 생각해 보자. 고분자는 단량체들이 서로 연결되어 있어 반복적인 구조를 갖지만 용액 내에서 일자로 늘어서 있는 것은 아니다. 용액에 녹아 있는 고분자사슬의 모습을 그

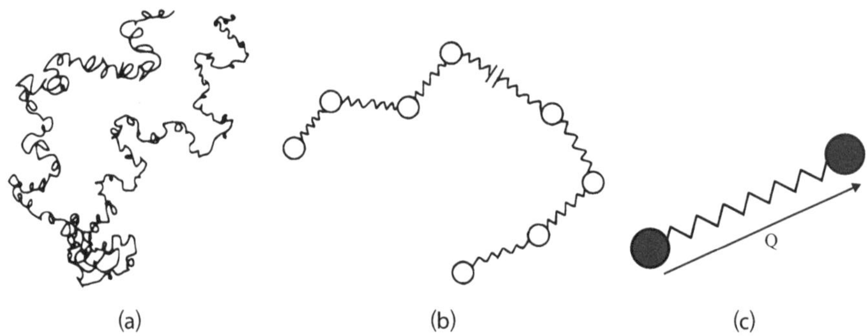

〈그림 9-1〉 고분자 모델의 단계. (a) 대표적인 고분자사슬의 구조, (b) 비드-스프링 모델, (c) 덤벨 모델

리자면 그림 9-1a와 같이 마치 기다란 실이 공간 내에서 꼬여 있는 모습이고 평형 상태에서 마치 하나의 구를 형성하고 있는 것과 같다. 이들의 모습은 수많은 단량체가 동시에 움직이면서 형성되기 때문에 통계적인 개념이 적용되어야 한다. 이때 고분자의 크기는 통상 이 구의 크기로 정의하며, 구의 반경을 회전반경(radius of gyration)이라고 한다. 고분자는 수많은 단량체로 구성되며, 각각을 엄밀하게 고려하여 고분자의 공간적 배치를 계산할 수 있다. 하지만 이것도 평형상태에서나 가능한 일이며, 비평형 또는 유동 상태에서 이를 모두 고려하는 것은 현재의 기술 수준으로는 가능하지 않다. 따라서 단량체들의 집단을 구성해서 이들이 서로 연결되어 있다고 생각하는 것이 차선이다. 즉 고분자가 여러 개의 소단위(submolecule) 또는 비드로 쪼개져 있고 이들이 스프링이나 rod에 의해 연결되어 전체 고분자를 구성한다고 보는 것이다.

이의 대표적인 예가 비드-스프링(bead-spring) 모델이다. 하나의 고분자사슬을 그림 9-1b와 같이 N개의 비드와 이들을 연결하는 N-1개의 스프링으로 구성하는 것이다. 고분자의 분자량은 N개의 비드에 분산되어 각 비드가 용매와의 마찰을 느끼게 되며, 분자 내부에 작용하는 상호작용은 스프링에 의해서 고려된다. 개별 화학적 단위체가 갖는 집단적 특성을 각 기계적 단위체의 것으로 단순화해서 보자는 것이다. 비드는 용매와 마찰을 느끼는 점성적 요소이고 스프링은 복원력을 갖는 탄성적 요소로서 이들의 결합을 통해 점탄성을 고려할 수 있다. 또한 비드는 공간을 차지하지 않는 점원(point source; 공간은 차지하지 않고 그 위치에서 힘만 작용함)이며, 비드 간의 상호작용도 스프링력(spring force)에 의해 단순화된다. 이를 극단적으로 단순화한 경우가 고분자를 2개의 비드로 구성하고 이들이 하나의 스프링에 의해서 연결되어 있다고 보는 것으로서, 이를 덤벨(dumbbell) 모델이라고 한다. 먼저 덤벨 모델에 대해 살펴보기로 한다.

그림 9-1c와 같이 2개의 비드가 스프링에 의해 연결되어 있고 각 비드의 위치를 $\mathbf{r}_j$ 로 나타내고 두 비드를 연결하는 벡터를 $\mathbf{Q} = \mathbf{r}_2 - \mathbf{r}_1$으로 정의하자. 고분자의 농도가 충분히 낮아 상호작용이 없으며, 단위부피당 n개의 고분자가 뉴톤 용매에 담겨 있다고 하자. 일반적으로 유동장은 시간과 공간의 함수로서 다음 식과 같이 나타낼 수 있다.

$$\mathbf{v} = \mathbf{v}_0 + \boldsymbol{\kappa} \cdot \mathbf{r} \tag{9-1}$$

여기서 $\boldsymbol{\kappa}$는 $\boldsymbol{\kappa} = \nabla \mathbf{v}^T$로 정의되는 속도 구배이다. 용액의 유동장은 고분자의 크기에 상당하는 공간 내에서는 균일하다고 볼 수 있다. 만일 불균일하다면 식 9-1에 고차항들이 더해질 것이다. 이는 고분자 크기에 상당하는 나노채널(nano channel)에서나 있을 만한 경우로서 우리가 접하는 대부분의 경우에 유동장은 균일하다고 볼 수 있다.

유동환경에서 덤벨에 작용하는 힘은 다음과 같다. 첫째, 유체역학적 마찰력으로서 고분자와 용매 입자 간의 상호작용을 고려한 힘이다. 일반적으로 이는 다음과 같은 경험식으로 표현된다.

$$\mathbf{F}_j^{(h)} = -\boldsymbol{\varsigma} \cdot \left[\dot{\mathbf{r}}_j - (\mathbf{v}_j + \mathbf{v}'_j) \right] \tag{9-2}$$

여기서 $\boldsymbol{\varsigma}$는 비드의 마찰 텐서(friction tensor)이며, 보통 $\boldsymbol{\varsigma} = \varsigma \boldsymbol{\delta}$과 같이 등방성을 갖고 ς는 비드의 마찰계수이다. $\dot{\mathbf{r}}_j$ 는 비드 j의 속도이고 대괄호 안의 두 번째 항은 비드 j 위치에서의 용액의 속도로서 균일한 유동장 $\mathbf{v}_j = \mathbf{v}_0 + \boldsymbol{\kappa} \cdot \mathbf{r}_j$ 외에 다른 입자의 움직임에 의해 비드 j에서의 유동장이 받는 영향을 의미하는 $\mathbf{v}'_j$ 항을 포함하고 있다. 이 개념은 유체역학적 상호작용이라는 것으로서 나중에 다룰 것이

며 여기서는 이 항을 무시하기로 한다. 즉 비드 j가 받는 마찰력은 비드 j의 속도와 그 위치에서의 용액의 속도 차에 의해서 결정된다.

둘째, 열운동에 의한 브라운력(Brownian force)이 작용하며 이는 다음과 같이 표현된다.

$$\mathbf{F}_j^{(b)} = -kT\frac{\partial \ln \Psi}{\partial \mathbf{r}_j} \tag{9-3}$$

여기서 k, T는 볼츠만(Bolzmann) 상수와 절대온도를 의미하며, Ψ는 분포함수를 의미한다. 이 식은 열운동에 의한 입자의 모멘텀이 평형 상태의 Maxwell 분포에 의해 근사한 결과이다. 이를 운동량 공간평형(equilibration in momentum space)이라고 하는데, 복잡한 통계역학에 의해 나온 결과이므로 자세한 내용은 무시하기로 하자.

셋째, 스프링에 의한 포텐셜력(potential force) $\mathbf{F}_j^{\phi} = -\nabla\phi$가 있으며, 스프링력 $\mathbf{F}^c$와 $\mathbf{F}^c = \mathbf{F}_1^{\phi} = -\mathbf{F}_2^{\phi}$의 관계가 성립한다. 이외에 다른 외부의 힘 $\mathbf{F}_j^e$이 작용한다면 이를 고려할 수 있을 것이다.

유체역학적 마찰력은 고분자를 늘어나고 배향하게 해 주는 힘이고, 브라운력은 고분자의 배향을 랜덤하게 해 주며, 스프링(포텐셜)력은 고분자를 원상으로 복원시켜 주려는 힘이다. 이들 힘이 작용해서 고분자 또는 덤벨의 동적 상태가 결정되며, 하나의 고분자사슬이, 좀 더 엄밀하게는 하나의 덤벨이 유동장 속에서 받는 힘은 역학적 관점에서 이들뿐이다. 각 비드가 받는 힘을 모두 고려하면 다음과 같은 힘의 균형(force balance) 식을 세울 수 있다.

$$m\boldsymbol{a} = \sum \mathbf{F} = \mathbf{F}_j^{b} + \mathbf{F}_j^{b} + \mathbf{F}_j^{\phi} + \mathbf{F}_j^{e} \tag{9-4}$$

여기서 좌변 관성항은 고분자의 움직임이 아주 빠르지 않다면 고분자 자체의 질량이 매우 작기 때문에 무시할 수 있다. 각 힘을 구체적으로 반영하여 식 9-4를 다시 쓰면

$$-\varsigma(\dot{\mathbf{r}}_j - \mathbf{v}_0 - \boldsymbol{\kappa}\cdot\mathbf{r}_j) - kT\frac{\partial \ln \Psi}{\partial \mathbf{r}_j} + \mathbf{F}_j^{\phi} + \mathbf{F}_j^{e} = \mathbf{0} \qquad (j = 1,\ 2) \tag{9-5}$$

이 식을 각각의 비드 $j = 1, 2$에 대해 써 주고 이들의 합과 차를 구하면

$$\begin{aligned} ∑ \quad \dot{\mathbf{r}}_c = \mathbf{v}_0 + \boldsymbol{\kappa}\cdot\mathbf{r}_c + \frac{1}{2\varsigma}(\mathbf{F}_1^{e} + \mathbf{F}_2^{e}) \\ ⊂ \quad \dot{\mathbf{Q}} = \boldsymbol{\kappa}\cdot\mathbf{Q} - \frac{2kT}{\varsigma}\frac{\partial \ln \Psi}{\partial \mathbf{Q}} - \frac{2}{\varsigma}\mathbf{F}^{c} + \frac{1}{\varsigma}(\mathbf{F}_2^{e} - \mathbf{F}_1^{e}) = 0 \end{aligned} \tag{9-6}$$

여기서 $\mathbf{r}_c = \frac{\mathbf{r}_1 + \mathbf{r}_2}{2}$는 덤벨의 무게중심의 위치를 의미하며, $\mathbf{Q}$는 $\mathbf{Q} = \mathbf{r}_2 - \mathbf{r}_1$로 정의되는 비드의 연결벡터이다(그림 9-1c 참조).

통계역학적으로 어떤 계에 대한 모든 정보는 분포함수를 통해서 알 수 있다. 비평형 동적상태에서 덤벨의 모든 정보를 담고 있는 분포함수는 위상공간 분포함수(phase space distribution function) $f(\mathbf{r}_1, \mathbf{r}_2, \dot{\mathbf{r}}_1, \dot{\mathbf{r}}_2, t)$로 주어지고, 이는 다시 배위(configuration)에 대한 분포함수 $\Psi(\mathbf{r}_1, \mathbf{r}_2, t)$와 모멘텀에 대한 분포함수 $\Xi(\mathbf{r}_1, \mathbf{r}_2, \dot{\mathbf{r}}_1, \dot{\mathbf{r}}_2, t)$의 곱으로 구성된다. 후자는 평형상태의 Maxwell 분포로 가정하여 브라운력을 단순화했으며, 전자는 덤벨의 위치에 무관하다고 가정하면 $\Psi(\mathbf{r}_1, \mathbf{r}_2, t) = n\psi(\mathbf{Q}, t)$와 같이 단순화된다. 결국 주어진 유동장에서 덤벨의 동적상태에 대한 모든 정보가 분포함수 $\psi(\mathbf{Q}, t)$에 담겨 있는 것이다. 분포함수 $\psi(\mathbf{Q}, t)$에 대한 연속방정식은

$$\frac{\partial \psi}{\partial t} = -\left(\frac{\partial}{\partial \mathbf{Q}}\cdot\dot{\mathbf{Q}}\psi\right) \tag{9-7}$$

문제를 단순화하기 위해서 지금부터는 외력(external force) $\mathbf{F}_j^{e}$를 무시하기로 한다. 식 9-7에 식 9-6을 대입하면

$$\frac{\partial \psi}{\partial t} = -\left[\frac{\partial}{\partial \mathbf{Q}}\cdot\left(\boldsymbol{\kappa}\cdot\mathbf{Q}\psi - \frac{2kT}{\varsigma}\frac{\partial \psi}{\partial \mathbf{Q}} - \frac{2}{\varsigma}\mathbf{F}^{c}\psi\right)\right] \tag{9-8}$$

이 식은 분포함수에 대한 확산방정식이라 하며, 이를 풀어 주면 주어진 유동장에서 덤벨의 모든 동적 특성을 알 수 있다. 하지만 이 식은 아주 제한적인 경우에만 해를 구할 수 있다. 분포함수의 중요한 특징 중 하나는 임의의 함수 $B(\mathbf{Q})$에 분포함수 $\psi(\mathbf{Q}, t)$를 곱하여 적분해 주면 함수 $B(\mathbf{Q})$의 평균을 얻을 수 있다는 점이다. 즉 $B(\mathbf{Q})$의 평균은

$$\left\langle B \right\rangle = \int B(\mathbf{Q})\psi \, d\mathbf{Q} \tag{9-9}$$

로 정의된다. 식 9-8에 $B(\mathbf{Q})$를 곱한 후 적분해 주면 다음과 같은 식을 유도할 수 있다.

$$\frac{d}{dt}\left\langle B \right\rangle = \boldsymbol{\kappa} : \left\langle \mathbf{Q}\frac{\partial}{\partial \mathbf{Q}} B \right\rangle + \frac{2kT}{\varsigma}\left\langle \frac{\partial}{\partial \mathbf{Q}} \cdot \frac{\partial}{\partial \mathbf{Q}} B \right\rangle - \frac{2}{\varsigma}\left\langle \mathbf{F}^c \cdot \frac{\partial}{\partial \mathbf{Q}} B \right\rangle \tag{9-10}$$

이 과정에는 가우스의 발산정리(Gauss divergence theorem)를 비롯한 약간의 벡터 계산이 필요하며, $r \to \infty$일 때 분포함수가 0이 되어야 한다는 조건을 사용한다. 만일 B = **QQ**라면 위 식은 다음과 같게 된다.

$$\begin{aligned} \frac{d}{dt}\left\langle \mathbf{QQ} \right\rangle = \boldsymbol{\kappa} : \left\langle \mathbf{Q}\frac{\partial}{\partial \mathbf{Q}} \mathbf{QQ} \right\rangle + \frac{2kT}{\varsigma}\left\langle \frac{\partial}{\partial \mathbf{Q}} \cdot \frac{\partial}{\partial \mathbf{Q}} \mathbf{QQ} \right\rangle \\ - \frac{2}{\varsigma}\left\langle \mathbf{F}^c \cdot \frac{\partial}{\partial \mathbf{Q}} \mathbf{QQ} \right\rangle \end{aligned} \tag{9-11}$$

약간의 벡터 연산을 수행해 주면 우변의 세 항은 다음과 같게 된다.

$$\begin{aligned} &\boldsymbol{\kappa} : \mathbf{Q}\frac{\partial}{\partial \mathbf{Q}}\mathbf{QQ} = \kappa_{ij}x_j \frac{\partial}{\partial x_i} x_m x_n = \kappa_{ij}x_j(\delta_{im}x_n + \delta_{in}x_m) = \boldsymbol{\kappa} \cdot \mathbf{QQ} + \mathbf{QQ} \cdot \kappa^T \\ &\frac{\partial}{\partial \mathbf{Q}} \cdot \frac{\partial}{\partial \mathbf{Q}}\mathbf{QQ} = \frac{\partial}{\partial x_i}\frac{\partial}{\partial x_i} x_m x_n = 2\delta_{mn} = 2\boldsymbol{\delta} \\ &\mathbf{F}^c \cdot \frac{\partial}{\partial \mathbf{Q}}\mathbf{QQ} = F_i \frac{\partial}{\partial x_i} x_m x_n = F_i(\delta_{im}x_n + \delta_{in}x_m) = \mathbf{F}^c\mathbf{Q} + \mathbf{QF}^c \end{aligned} \tag{9-12}$$

이를 식 9-11에 적용하면

$$\frac{d}{dt}\left\langle \mathbf{QQ} \right\rangle = \boldsymbol{\kappa} \cdot \left\langle \mathbf{QQ} \right\rangle + \left\langle \mathbf{QQ} \right\rangle \cdot \boldsymbol{\kappa}^T + \frac{4kT}{\varsigma}\boldsymbol{\delta} - \frac{4}{\varsigma}\left\langle \mathbf{QF}^c \right\rangle \tag{9-13}$$

위 식의 좌변은 $\frac{d}{dt}\left\langle \mathbf{QQ} \right\rangle = \frac{\partial}{\partial t}\left\langle \mathbf{QQ} \right\rangle + \mathbf{v} \cdot \left\langle \mathbf{QQ} \right\rangle$ 로 정의되는 물질시간미분(material time derivative)이며, $\boldsymbol{\kappa} = \nabla \mathbf{v}^T$이므로 식 9-13은 다음과 같이 쓸 수 있다.

$$\left\langle \mathbf{QQ} \right\rangle_{(1)} = \frac{4kT}{\varsigma}\boldsymbol{\delta} - \frac{4}{\varsigma}\left\langle \mathbf{QF}^c \right\rangle \tag{9-14}$$

여기서 $\langle \mathbf{QQ} \rangle_{(1)}$는 $\langle \mathbf{QQ} \rangle$의 upper convected 시간미분을 의미하며, 이는 식 8-4에서 정의한 것과 동일하다.

$$\hat{\boldsymbol{\tau}} = \boldsymbol{\tau}_{(1)} = \frac{\partial \boldsymbol{\tau}}{\partial t} + \mathbf{v} \cdot \nabla \boldsymbol{\tau} - \nabla \mathbf{v}^T \cdot \boldsymbol{\tau} - \boldsymbol{\tau} \cdot \nabla \mathbf{v} \tag{9-15}$$

일반적으로 덤벨의 응력은 외력이 없을 때 다음과 같이 정의된다.

$$\boldsymbol{\tau} = n\left\langle \mathbf{QF}^c \right\rangle - nkT\boldsymbol{\delta} \tag{9-16}$$

이 식은 Kramer 식이라 하며, 식 9-14와 결합하면 $\boldsymbol{\tau} = \frac{n\varsigma}{4}\left\langle \mathbf{QQ} \right\rangle_{(1)}$로 표현할 수 있고, 이를 Giesekus 식이라고 한다. 덤벨 모델이 후크의 스프링을 갖는다면 $\mathbf{F}^c = H\mathbf{Q}$이고, 이를 위 식에 대입하면

$$\boldsymbol{\tau} = nH\left\langle \mathbf{QQ} \right\rangle - nkT\boldsymbol{\delta} \tag{9-17}$$

이를 식 9-14와 연립하고 $\boldsymbol{\delta}_{(1)} = -(\boldsymbol{\kappa} + \boldsymbol{\kappa}^T) = -2\mathbf{D}$ 임을 이용하면

$$\boldsymbol{\tau} + \frac{4H}{\varsigma}\boldsymbol{\tau}_{(1)} = \frac{8nkTH}{\varsigma}\mathbf{D} \tag{9-18}$$

여기서 $\lambda_H = \dfrac{4H}{\varsigma}$, $\eta_0 = nkT\lambda_H$로 놓으면 위 식은 다음과 같이 정리된다.

$$\boldsymbol{\tau} + \lambda_H \boldsymbol{\tau}_{(1)} = 2\eta_0 \mathbf{D} \tag{9-19}$$

이 식은 8장에서 정의한 upper convected Maxwell 모델과 동일하다. 고분자를 극단적으로 단순화시켜 2개의 비드가 후크의 스프링에 의해 연결된 덤벨이라고 가정하고 다른 덤벨과의 상호작용이 없는 무한 희석 상태에서 분자이론에 의해 유도된 결과가 UCM 모델과 동일하다. 연속체 역학에서 유도된 UCM 모델이 이렇게 단순화된 분자 모델의 결과와 일치하는 것이다. 8장에서 여러 가지 형태의 convected 시간미분 중에서 upper convected 시간미분이 선택된 데에는, 수직응력에 대한 LCM 모델의 예측 결과가 UCM 모델에 비해 떨어진다는 점 외에도 분자이론이 upper convected 시간미분을 자연스럽게 유도한 데에 큰 원인이 있다.

분자이론에 의해 UCM 모델을 유도하는 과정에서 사용한 가정들을 다시 한 번 생각해 보자. 통계역학적인 가정들 외에도 고분자를 덤벨과 같이 극단적으로 단순화시키고 비드를 연결하는 스프링도 지극히 단순한 후크의 스프링으로 가정하였다. 비드와 용매의 움직임에 의한 유체역학적 상호작용도 고려하지 않았고, 이는 실질적으로 상상할 수 있는 가장 단순한 경우이다.

UCM 모델의 유변물성은 8장에서 살펴본 바와 동일하지만 분자이론에 의하면 추가적으로 고분자의 변형에 대한 정보를 얻을 수 있다. 식 9-17로부터 $tr\boldsymbol{\tau} = nH\left\langle Q^2 \right\rangle - 3nkT$ 이므로

$$\left\langle Q^2 \right\rangle = \frac{3kT}{H} + \frac{tr\boldsymbol{\tau}}{nH} \tag{9-20}$$

평형상태에서는 응력이 없어 $\left\langle Q^2 \right\rangle_{eq} = \dfrac{3kT}{H}$ 이므로

$$\frac{\left\langle Q^2 \right\rangle}{\left\langle Q^2 \right\rangle_{eq}} = 1 + \frac{tr\boldsymbol{\tau}}{3nkT} \tag{9-21}$$

단순전단유동에서는 $tr\boldsymbol{\tau} = 2\eta_0\lambda_H\dot{\gamma}^2$이고 $\eta_0 = nkT\lambda_H$이므로 $\left\langle Q^2 \right\rangle / \left\langle Q^2 \right\rangle_{eq} = 1 + \frac{2}{3}(\lambda_H\dot{\gamma})^2$가 되어 유동에 따라 덤벨이 얼마나 늘어나는지에 대한 정보를 알 수 있다. 전단속도가 커지면서 덤벨은 무한히 늘어날 수 있는데 이는 후크의 스프링을 사용한 때문으로 현실적이지 못하다는 문제가 있다.

식 9-19가 고분자에 의한 응력임을 고려하여 이를 용매의 응력과 더해 주면,

$$\boldsymbol{\tau} = 2\eta_s\mathbf{D} + \boldsymbol{\tau}_p$$
$$\boldsymbol{\tau}_p + \lambda_1\boldsymbol{\tau}_{p(1)} = 2\eta_p\mathbf{D} \tag{9-22}$$

8장에서와 같이 위 두 식을 결합해 주면 다음과 같이 Oldroyd-B 모델을 유도할 수 있다.

$$\boldsymbol{\tau} + \lambda_1\boldsymbol{\tau}_{(1)} = 2\eta_0(\mathbf{D} + \lambda_2\mathbf{D}_{(1)}) \tag{9-23}$$

위 식에서 $\eta_0 = \eta_s + \eta_p$, $\eta_p = nkT\lambda_1$, $\lambda_1 = \varsigma / 4H$, $\lambda_2 = \frac{\eta_s}{\eta_0}\lambda_1$이며, n, ς, H는 각각 단위부피당 덤벨의 개수, 비드의 마찰계수, 스프링 상수이다. 즉 주어진 모든 파라미터들은 분자이론에 근거하여 정의된다. 같은 모델식이지만 연속체 역학과 달리 분자이론에서는 각 파라미터의 물리적 의미를 명확하게 알 수 있다는 장점이 있다.

2. 유체역학적 상호작용(hydrodynamic interaction: HI)

유동에 의하든 열운동에 의하든 비드는 끊임없이 용매 속에서 움직이게 되는데, 하나의 비드가 움직이면 그 주위 용매의 유동장이 교란되고 이 영향이 다른 비드의 움직임에도 영향을 주게 된다. 이를 유체역학적 상호작용이라고 하는데 농도가 높아지거나 해서 입자들 사이의 거리가 가까워지면 그 효과가 더욱 커진다. 묽은 용액이라 해도 하나의 덤벨에 2개의 비드가 비교적 가까이 있기 때문에

유체역학적 상호작용은 무시할 수 없다. 9장 1절에서는 수학적 편의성과 단순함을 위해서 이를 무시했지만 여기서는 이를 고려해 보자. 앞서 유체역학적 마찰력은 식 9-2와 같이 주어지는데 마찰 텐서(friction tensor)를 등방적(isotropic)이라고 하면, 다음과 같이 쓸 수 있다.

$$\mathbf{F}_j^{(h)} = -\varsigma\left[\dot{\mathbf{r}}_j - (\mathbf{v}_j + \mathbf{v}_j')\right] \tag{9-24}$$

여기서 마지막 항 $\mathbf{v}_j'$은 비드 j의 속도장 교란 정도를 나타내는 항으로서 다른 비드 $i(\neq j)$의 유체역학적 마찰력 $\mathbf{F}_i$와 관계한다.

$$\mathbf{v}_j' = \mathbf{\Omega}\cdot\mathbf{F}_i^{(h)} \qquad (i \neq j) \tag{9-25}$$

여기서 $\mathbf{\Omega}$는 수력학적 상호작용(hydrodynamic interaction) 텐서라고 하는데, 입자의 부피를 고려하지 않고 점원(point source)으로서만 작용하는 경우 다음과 같은 Oseen-Burgers 텐서로 주어진다.

$$\mathbf{\Omega} = \frac{1}{8\pi\eta_s Q}\left(\boldsymbol{\delta} + \frac{\mathbf{QQ}}{Q^2}\right) \tag{9-26}$$

여기서 Q는 덤벨의 연결벡터 $\mathbf{Q}$의 크기이다. 결국 비드 1의 속도 교란은 다음과 같다.

$$\begin{aligned}\mathbf{v}_1' &= \mathbf{\Omega}\cdot\varsigma\left[\dot{\mathbf{r}}_2 - (\mathbf{v}_2 + \mathbf{v}_2')\right] \\ &= \mathbf{\Omega}\cdot\left(-kT\frac{\partial \ln\Psi}{\partial \mathbf{r}_2} + \mathbf{F}_2^{\phi} + \mathbf{F}_2^{e}\right)\end{aligned} \tag{9-27}$$

이 결과를 이용해서 9장 1절에서와 같이 각 비드에 대한 힘의 균형식을 각각 더하고 빼 주면

$$sum; \quad \dot{\mathbf{r}}_c = \mathbf{v}_0 + \boldsymbol{\kappa}\cdot\mathbf{r}_c + \frac{1}{2}\left[\left(\frac{1}{\varsigma}\boldsymbol{\delta} + \boldsymbol{\Omega}\right)\cdot(\mathbf{F}_1^e + \mathbf{F}_2^e)\right]$$

$$sub; \quad \dot{\mathbf{Q}} = \boldsymbol{\kappa}\cdot\mathbf{Q} + \left\{(\boldsymbol{\delta} - \varsigma\boldsymbol{\Omega})\cdot\left[-\frac{2kT}{\varsigma}\frac{\partial \ln \Psi}{\partial \mathbf{Q}} - \frac{2}{\varsigma}\mathbf{F}^c + \frac{1}{\varsigma}(\mathbf{F}_2^e - \mathbf{F}_1^e)\right]\right\} \tag{9-28}$$

$\dot{\mathbf{Q}}$에 대한 식 9-28은 브라운 동력학 해석(Brownian dynamics simulation) 기법을 이용해서 직접 풀 수 있지만, 약간의 가정을 통해서 단순화할 수 있다. 우변의 $\mathbf{\Omega}$를 평형상태의 분포함수 $\sim e^{-HQ^2/2kT}$를 이용하여 평균을 취해 주면

$$\langle \boldsymbol{\Omega} \rangle_{eq} = \frac{\int \frac{1}{8\pi\eta_s Q}\left(\boldsymbol{\delta} + \frac{\mathbf{QQ}}{Q^2}\right) e^{-HQ^2/2kT} d\mathbf{Q}}{\int e^{-HQ^2/2kT} d\mathbf{Q}} = \left(\frac{H}{2\pi kT}\right)^{1/2} \frac{1}{3\pi\eta_s}\boldsymbol{\delta} = \Omega\boldsymbol{\delta} \tag{9-29}$$

식 9-28에서 $\mathbf{\Omega}$ 대신에 이를 평형상태에서의 값 $\langle \mathbf{\Omega} \rangle_{eq}$로 대체하면 식 9-28은 수력학적 상호작용이 없는 식 9-6에서 마찰계수의 역수 ς^{-1}를 $\varsigma^{-1} - \Omega$로 대체한 것과 같은 모습이다. 따라서 9장 1절에서 유도한 결과에서 마찰계수 ς만을 적절히 바꿔 주면 수력학적 상호작용을 고려한 결과를 얻을 수 있다. 이 가정을 평형값 근사(equilibrium averaging)라고 한다. 실질적으로는 마찰계수 ς는 완화시간 $\lambda_H = 4H/\varsigma$를 통해서만 나타나므로 9장 1절의 결과에서 $\lambda_H = 4H/\varsigma$를 $\tilde{\lambda}_H = 4H(\varsigma^{-1} - \Omega)$로 대체해 주면 된다.

고분자의 고유점도는 $[\eta] = \lim_{n\to 0} \frac{N_A}{M}\frac{\eta - \eta_s}{n\eta_s}$로 정의되고, 덤벨 모델의 점도가 $\eta = nkT\lambda_H$이므로 덤벨 모델에 의한 고유점도는 $[\eta] = \frac{N_A kT\lambda_H}{M\eta_s} = \frac{N_A kT\varsigma}{4MH\eta_s}$이며 HI가 고려된 경우의 고유점도는 다음과 같다.

$$[\eta] = \frac{N_A kT}{4MH\eta_s(1/\varsigma - \Omega)} \tag{9-30}$$

이를 HI가 없는 경우와 비교하면 HI에 의해 점도가 증가함을 알 수 있다.

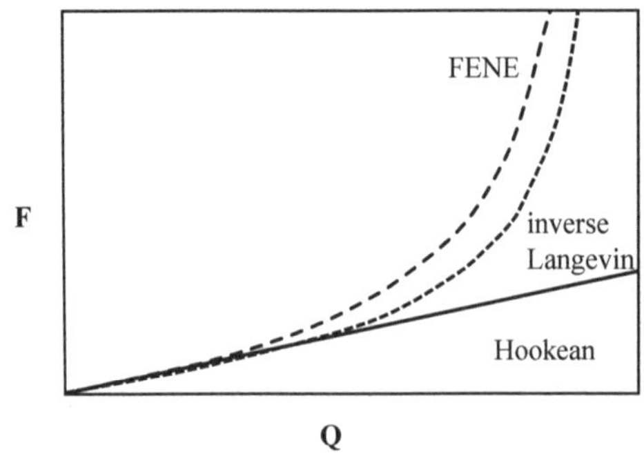

〈그림 9-2〉 FENE 스프링력. 실제 고분자사슬에 작용하는 힘은 inverse Langevin 함수를 따름(다음 문헌으로부터 다시 그림. A. K. Townsend et al., J. Non-Newt. Fluid Mech., 261 (2018) 136)

3. 비선형 스프링

고분자사슬이 늘어날 때 받는 장력은 변형이 작을 때는 변형에 비례하여 선형적으로 증가하지만 변형이 커지면서 빠르게 증가하며, 특정 변형 이상으로 늘어날 수는 없다. 변형에 따라 고분자사슬이 받는 힘은 이론적으로 inverse Langevin 함수 형태로 주어지며 그림 9-2와 같은 거동을 보인다.

변형이 작으면 후크의 법칙이 의미하는 직선적인 관계가 성립하지만, 변형이 커지면 선형관계는 더는 성립하지 않고 비선형관계가 된다. 따라서 덤벨 모델을 이용하여 변형이 큰 경우를 기술하려면 후크의 스프링이 아닌 비선형 스프링을 사용해야 한다. 이를 위해서는 앞서 언급한 inverse Langevin 함수를 사용하면 된다. 하지만 이 함수는 수학적으로 다루기가 불편해서 다음과 같은 비선형 스프링을 사용하여 모델링을 수행하며, 이를 FENE(Finitely Extensible Nonlinear Elastic) 스프링이라고 한다. FENE 스프링은 그림 9-2에서 보듯이 inverse Langevin 함수와 거의 유사한 정도로 증가하지만 정량적으로 약간의 차이를 보여 주고 있다.

$$\mathbf{F}^c = \frac{H\mathbf{Q}}{1-(Q/Q_0)^2}, \quad Q \le Q_0 \tag{9-31}$$

FENE 스프링을 이용한 응력에 대한 Kramer 식은 다음과 같이 주어진다.

$$\boldsymbol{\tau} = nH\left\langle \frac{\mathbf{QQ}}{1-(Q/Q_0)^2} \right\rangle - nkT\boldsymbol{\delta} \tag{9-32}$$

위 식의 ⟨…⟩는 분포함수를 고려한 평균값의 개념인데 분모, 분자에 모두 변형량 Q가 비선형적으로 관계하고 있어 수학적으로 처리하기가 곤란하다. 이는 브라운 동력학 해석(Brownian dynamics simulation) 기법을 이용하면 쉽게 처리할 수 있지만 수식을 전개하려면 조건을 완화시켜 줄 가정이 필요하며, 이를 closure 근사(approximation)라고 한다. 식 9-31의 분모를 다음과 같이 변형해 주자.

$$\mathbf{F}^c = \frac{H\mathbf{Q}}{1-\left\langle Q^2/Q_0^{\,2} \right\rangle}, \quad Q \le Q_0 \tag{9-33}$$

이를 Peterlin의 가정이라고 하며, 이 스프링을 FENE-P 스프링이라고 한다. 이를 이용하여 Kramer 식을 다시 써 주면

$$\boldsymbol{\tau} = \frac{nH\left\langle \mathbf{QQ} \right\rangle}{1-\left\langle Q^2/Q_0^{\,2} \right\rangle} - nkT\boldsymbol{\delta} \tag{9-34}$$

이 식은 식 9-32와 유사해 보이지만 수식을 전개하는 데 확실한 장점이 있다. 위 식에 trace를 취하고 정리해 주면 다음과 같이 $Z(\tau)$를 정의할 수 있다.

$$Z(\tau) \equiv \frac{1}{1-\left\langle Q^2/Q_0^{\,2} \right\rangle} = 1 + \frac{3}{b}\left(\frac{tr\boldsymbol{\tau}}{3nkT} - 1 \right) \tag{9-35}$$

여기서 b는 $b = \frac{HQ_0^{\,2}}{kT}$로 정의되는 비선형 파라미터이며, 평형상태와 최대 변형상태에서의 사슬의 (또는 덤벨의) 길이 비를 의미한다. 이 값이 크면 사슬은 유연해서 많이 늘어날 수 있고, 이 값이 작으면 사슬은 강직해서 많이 늘어날 수 없다. 사슬의 강직성(rigidity)에 대한 정도를 나타내는 파라미터이며, 모델링상으로는 스프링의 비선형성을 나타낸다. 이를 이용하면 스프링력은 $\mathbf{F}^c = HZ(\tau)\mathbf{Q}$가 되고, Kramer 식은 다음과 같게 된다.

$$\boldsymbol{\tau} = nHZ(\tau)\langle \mathbf{QQ} \rangle - nkT\boldsymbol{\delta} \tag{9-36}$$

이를 Giesekus 식 $\boldsymbol{\tau} = \frac{n\varsigma}{4}\langle \mathbf{QQ} \rangle_{(1)}$와 결합하면 다음과 같은 구성방정식을 얻을 수 있다.

$$Z\boldsymbol{\tau} + \lambda_H \boldsymbol{\tau}_{(1)} + \lambda_H(\boldsymbol{\tau} - nkT\boldsymbol{\delta})\frac{D\ln Z}{Dt} = 2nkT\lambda_H \mathbf{D} \tag{9-37}$$

이 결과를 FENE-P 모델이라고 하며, 비선형 스프링을 이용한 대표적인 덤벨 모델이다. 이 모델은 구성방정식을 하나의 식으로 표현할 수 있는 장점이 있지만 여전히 손으로 풀기에는 복잡한 구조를 가지고 있다는 단점이 있다.

다음과 같이 새로운 텐서 $\mathbf{A} = \frac{H}{kT}\langle \mathbf{QQ} \rangle$를 정의하면 FENE-P 모델의 구성방정식은 다음과 같이 기술할 수 있다.

$$\begin{aligned} \mathbf{A}_{(1)} &= \frac{1}{\lambda_H}\left[f(Q)\mathbf{A} - \boldsymbol{\delta} \right] \\ \boldsymbol{\tau} &= nkT\left[f(Q)\mathbf{A} - \boldsymbol{\delta} \right] \end{aligned} \tag{9-38}$$

그림 9-3은 FENE 모델과 FENE-P 모델의 응력 및 1차 수직응력의 거동을 보여 주고 있다. 전단속도가 커짐에 따라 고분자가 받게 되는 응력은 증가한다. 실선과 점선을 비교해 보면 Peterlin의 가정을 사용한 FENE-P 모델이 기본적인 응력성장곡선과 응력 오버슈트 현상을 정성적으로 잘 기술하고 있지만, 정량적으로는 FENE 모델과 다소 차이가 있음을 알 수 있다. 하지만 이 가정이 주는 계산상의 편의를 생각하면 나름대로 의미 있고 유용한 가정이라고 볼 수 있을 것이다.

여기서 $f(Q)\mathbf{A} - \boldsymbol{\delta}$를 단지 $f(Q)(\mathbf{A} - \boldsymbol{\delta})$로 놓으면 식 9-39와 같은 구성방정식을 얻을 수 있으며, 이를 FENE-CR 모델이라고 한다. 이 가정은, 물리적인 근거는 없고 단지 편의상 도입한 것이지만 구성방정식을 다루기 용이하다는 장점이 있다.

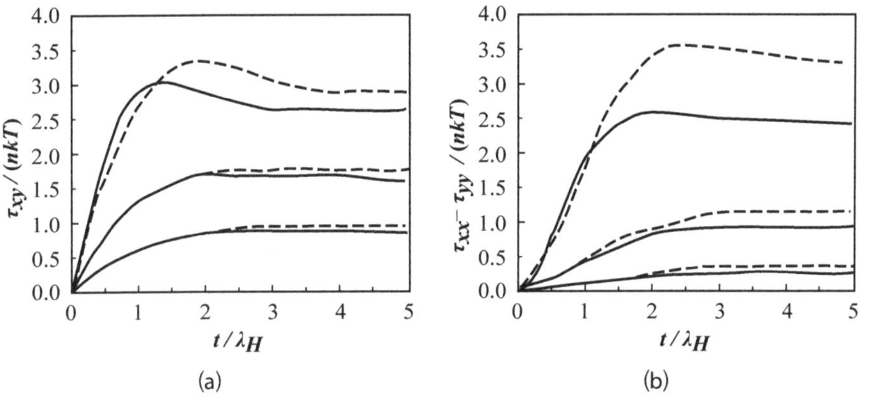

〈그림 9–3〉 (a) FENE(실선), FENE–P(점선) 모델의 전단응력 및 (b) 1차 수직응력차 예측(전단속도=1, 2, 4) (다음 문헌으로부터 다시 그림. A. P. G. Van Heel et al., J. Non–Newt. Fluid Mech., 75 (1998) 253)

$$\mathbf{A}_{(1)} = \frac{1}{\lambda_H} f(Q)(\mathbf{A} - \boldsymbol{\delta})$$
$$\boldsymbol{\tau} = nkTf(Q)(\mathbf{A} - \boldsymbol{\delta}) \tag{9-39}$$

여기에 단순전단유동을 적용하면 $A_{11} = 1 + \frac{2\lambda_H{}^2\dot{\gamma}^2}{f(Q)^2}$, $A_{22} = 1$, $A_{33} = 1$, $A_{12} = \frac{\lambda_H\dot{\gamma}}{f(Q)}$ 이므로

$$\eta(\dot{\gamma}) = nkT\lambda_H$$
$$\Psi_1 = \frac{2nkT\lambda_H{}^2}{f(Q)} \tag{9-40}$$
$$\Psi_2 = 0$$

과 같은 유변물성을 예측할 수 있다. 비선형 덤벨 모델은 비선형성을 고려하면서도 다루기가 용이한 장점이 있어 널리 활용된다.

4. Rouse 모델, Zimm 모델

고분자를 덤벨로 단순화하여 생각한다는 것은 매우 과감한 가정이지만, 가장 간단한 경우에서도 UCM 모델을 유도할 수 있고 확장 가능하다는 점에서 고무적이다. UCM 모델은 스프링을 선형으로 놓은 가장 간단한 덤벨의 경우지만 비선형 스프링을 사용하여 FENE-P 모델이나 FENE-CR 모델 등을 유도할 수 있다. 고분자를 덤벨이 아니라 N개의 비드로 구성된 사슬로 볼 수 있다면 보다 현실적일 것이다. 여기서는 그림 9-1b와 같이 N개의 비드와 N-1개의 스프링이 연결된 경우를 생각해 보자. 편의상 스프링은 후크의 스프링을 사용한다.

N개의 비드 각각에 식 9-5와 같은 힘의 균형식을 세우고 덤벨의 경우와 비슷한 작업을 해 주면 식 9-8에 대응하는 분포함수에 대한 확산방정식은 다음과 같다.

$$\frac{\partial\psi}{\partial t} = -\sum_j \left\{ \frac{\partial}{\partial \mathbf{Q}_j} \cdot \left[\boldsymbol{\kappa} \cdot \mathbf{Q}_j \psi - \frac{1}{\varsigma} \sum_k A_{jk} \left(kT \frac{\partial \psi}{\partial \mathbf{Q}_k} + \mathbf{F}^c{}_k \psi \right) \right] \right\} \tag{9-41}$$

여기서 $\mathbf{Q}_j = \mathbf{r}_{j+1} - \mathbf{r}_j$는 이웃하는 두 비드의 연결 벡터이며, A_{jk}는 다음과 같이 정의된 Rouse 메트릭스(matrix)이다.

$$A_{jk} = \begin{cases} 2 & (j = k) \\ -1 & (j = k \pm 1) \\ 0 & otherwise \end{cases} \tag{9-42}$$

또한 덤벨의 식 9-16에 해당하는 Kramer 식은 다음과 같다.

$$\boldsymbol{\tau} = n \sum_j \left\langle \mathbf{Q}_j \mathbf{F}^c{}_j \right\rangle - (N-1) nkT \boldsymbol{\delta} \tag{9-43}$$

일반적으로 확산방정식의 해를 구하는 것은 매우 어려운 일이지만 Rouse 사슬의 경우에는 해석해를 구할 수 있다. Rouse 사슬은 N개의 비드가 후크의 스프링으로 연결되고 유체역학적 상호작용이 없는 경우를 말한다. 9장 1절에서 다룬 가장 단순한 덤벨 모델에서 비드의 수를 2개에서 N개로 확장한 경우이다.

Rouse 모델의 구성방정식을 구하기 전에 Rouse 메트릭스의 성질을 살펴볼 필요가 있다. 선형대수에 의하면 임의의 메트릭스 **A**를 대각선화(diagonalize)하기 위해서는 적절한 직교 메트릭스(orthogonal matrix) **Ω**를 양쪽에 곱하면 된다($\mathbf{\Omega}^T\mathbf{A}\mathbf{\Omega}$). Rouse 메트릭스를 대각선화시키는 메트릭스는 $\Omega_{jk} = \sqrt{\frac{2}{N}}\sin\frac{jk\pi}{N}$ 이며 이는 연결벡터 $\mathbf{Q}_j$를 $\mathbf{Q}_j = \sum_k \Omega_{jk}\mathbf{Q}'_k$의 관계에 의해 기준좌표(normal coordinate) $\mathbf{Q}'_k$로 변환시킨다. Rouse 메트릭스를 대각선화시키면 $\sum_j\sum_k \Omega_{ji}A_{jk}\Omega_{kl} = a_l\delta_{il}$ 이 되고, 이때 a_l은 Rouse 메트릭스의 고윳값(eigenvalue)이 된다($a_l = 4\sin^2\frac{l\pi}{2N}$). 이렇게 하면 덤벨 모델과 마찬가지로 구성방정식을 유도할 수 있는데, 이는 다음과 같은 일반화된 Oldroyd-B 모델의 형태이다. 즉 Maxwell 모델에 여러 개의 모드를 고려하고 응력을 고분자에 의한 것과 용매에 의한 것의 합으로 생각한 것이다.

$$\boldsymbol{\tau} = 2\eta_s\mathbf{D} + \sum \boldsymbol{\tau}_j$$
$$\boldsymbol{\tau}_j + \lambda_j\boldsymbol{\tau}_{j(1)} = 2nkT\lambda_j\mathbf{D} \qquad (9\text{-}44)$$

여기서

$$\lambda_j = \varsigma / 2Ha_j = \frac{\varsigma / 2H}{\sin^2(j\pi / 2N)}$$

이며, N이 충분히 크다면

$$\lambda_j = \frac{\varsigma / 2H}{4(j\pi / 2N)^2}$$

으로 근사되어 $\lambda_j = \lambda_1 / j^2$의 형태로 나타낼 수 있다($\lambda_1 = \frac{\varsigma N^2}{2\pi^2 H}$). 즉 Rouse 사슬의 완화시간은 모드가 커짐에 따라 최대 완화시간의 j^2분의 일로 감소한다. 식 9-44는 연속체 역학에서 유도한 일반화된 UCM 모델과 동일하지만 분자이론을 통해서 유변물성을 분자 파라미터로부터 구할 수 있고, 완화 스펙트럼의 모습도 좀 더 구체적으로 알 수 있다는 점에서 분자이론의 장점을 알 수 있다.

또한 Rouse 이론에 의하면 점도는

$$\eta - \eta_s = nkT\sum_j \lambda_j = nkT\left(\frac{\varsigma}{4H}\right)\frac{N^2 - 1}{3}$$

이므로 고유점도는

$$\left[\eta\right] = \lim_{c\to 0}\frac{\eta - \eta_s}{c\eta_s} = \frac{kT}{\eta_s}\frac{\varsigma N_A}{12Hm^2}M \qquad (9\text{-}45)$$

이 되어 고유점도는 분자량 M에 비례한다. 위 식을 유도하는 과정에서 $c = nM/N_A$, $N = M/m$의 관계를 사용하였고, N_A, m은 각각 아보가드로 수와 비드의 질량을 의미한다. 고분자 용액의 고유점도는 $[\eta] = KM^a$의 Mark-Houwink 식으로 주어지며, 용매와 고분자의 친화도에 의해 분자량의 지수 a가 결정된다. a는 theta solvent의 경우에 0.5, good solvent의 경우 0.6~0.8 정도의 값을 갖는데, Rouse 모델은 $a = 1$을 예측하고 있다.

유체역학적 상호작용이 있는 경우 속도 교란은 다음과 같이 주어지며

$$\mathbf{v}'_j = -\sum_k \mathbf{\Omega}_{jk}\cdot\mathbf{F}^{(h)}{}_k \qquad (9\text{-}46)$$

이때의 수력학적 상호작용 텐서(hydrdynamic interaction tensor; Oseen tensor)는 다음과 같다.

$$\mathbf{\Omega}_{jk} = \frac{(1-\delta_{jk})}{8\pi\eta_s r_{jk}}\left(\boldsymbol{\delta} + \frac{\mathbf{r}_{jk}\mathbf{r}_{jk}}{r_{jk}{}^2}\right) \qquad (9\text{-}47)$$

이때 확산 텐서는 $\mathbf{D}_{jk} = \delta_{jk}\boldsymbol{\delta} + \varsigma\mathbf{\Omega}_{jk}$로 정의되며, 평형상태에서의 분포함수로 평균해 주면(equilibrium averaging) $\mathbf{D}_{jk} = H_{jk}\boldsymbol{\delta}$과 같이 되며, 이때 확산상수 H_{jk}는

다음과 같다.

$$\begin{aligned} H_{jk} &= \delta_{jk} + (1-\delta_{jk})\frac{\varsigma}{6\pi\eta_s}\left(\frac{1}{r_{jk}}\right)_{eq} \\ &= \delta_{jk} + (1-\delta_{jk})h^* \sqrt{\frac{2}{|j-k|}} \end{aligned} \tag{9-48}$$

유체역학적 상호작용은 HI 파라미터 h^*에 의해 그 정도를 나타낼 수 있는데, 이는 다음과 같이 정의된다.

$$h^* = \frac{\varsigma}{\eta_s}\sqrt{\frac{H}{36\pi^3 kT}} \tag{9-49}$$

HI 파라미터 h^*는 0에서 0.25 사이의 값을 가질 수 있으며 $h^* = 0$인 경우는 free-draining이라고 하며 HI가 고려되지 않은 경우이며 Rouse 모델에 의해 $[\eta] \propto M$의 관계를 보인다. $h^* = 0.25$인 경우는 non-free draining이라고 하며 $[\eta] \propto \sqrt{M}$ 의 관계를 보인다. $h^* = 0.25$인 경우 G', G''과 같은 선형점탄성 데이터도 잘 모사하고 있다. 하지만 고분자와 용매의 조합에 따라 HI 파라미터는 달라지며 유변물성도 이에 따라 달라진다. HI를 고려한 Rouse 모델은 Zimm 모델이라고 하며 $h^* = 0.25$에 해당한다.

5. 비등방성(anisotropy)

묽은 용액의 경우와 달리 진한 용액이나 용융체의 경우 고분자는 자유롭게 움직이지 못하고 고분자의 주쇄 방향으로만 쉽게 움직일 수 있다. 이에 대한 분자이론은 10장에서 상세하게 다룰 것이다. 고분자를 비드-스프링으로 모사한 것은 주로 묽은 용액을 대상으로 한 것인데, 여기에 비등방성의 개념을 도입하면 진한 용액이나 용융체에 대한 이론으로 전환된다. 고분자 용융체의 비등방적 움직임은 마찰력(drag force) 및 브라운력에 영향을 줄 수 있다. 브라운력을 나타내는 식 9-3에 비등방성의 개념이 도입되면 다음 식과 같이 되며, 여기서 $\boldsymbol{\xi}$는 비등방성의 정도를 나타내는 변수이다.

$$\mathbf{F}_j^{(b)} = -\frac{kT}{\Psi}\left(\frac{\partial}{\partial \mathbf{r}_j} \cdot \boldsymbol{\xi}^{-1}\boldsymbol{\Psi}\right) \tag{9-50}$$

유체역학적 마찰력을 나타내는 식 9-2의 ς도 더는 $\boldsymbol{\varsigma} = \varsigma\boldsymbol{\delta}$이 아니라 비등방성을 고려해야 한다. 이와 같은 비등방성이 고려되면 덤벨의 분포함수에 대한 확산방정식과 응력에 대한 Kramer 식은 다음과 같이 된다.

$$\frac{\partial \psi}{\partial t} = -\left\{\frac{\partial}{\partial \mathbf{Q}} \cdot \left[\boldsymbol{\kappa} \cdot \mathbf{Q}\psi - 2kT\boldsymbol{\varsigma}^{-1} \cdot \left(\frac{\partial}{\partial \mathbf{Q}} \cdot \boldsymbol{\xi}^{-1}\psi\right) - 2\boldsymbol{\varsigma}^{-1} \cdot \mathbf{F}^c\psi\right]\right\} \tag{9-51}$$

$$\boldsymbol{\tau} = n\left\langle \mathbf{Q}\mathbf{F}^c \right\rangle - nkT\left\langle \boldsymbol{\xi}^{-1} \right\rangle \tag{9-52}$$

마찰력과 브라운력에 주어지는 비등방성을 식 9-53과 같이 정의하고, 이를 후크의 덤벨 모델에 적용하면 식 9-54와 같은 구성방정식을 얻을 수 있다.

$$\boldsymbol{\varsigma}^{-1} = \frac{1}{\varsigma}\left(\boldsymbol{\delta} - \frac{a}{nkT}\boldsymbol{\tau}\right), \quad \boldsymbol{\xi}^{-1} = \boldsymbol{\delta} - \frac{b}{nkT}\boldsymbol{\tau} \tag{9-53}$$

$$\boldsymbol{\tau} + \lambda_H{}'\boldsymbol{\tau}_{(1)} + \frac{a}{nkT}\boldsymbol{\tau} \cdot \boldsymbol{\tau} = 2nkT\lambda_H{}''\mathbf{D} \tag{9-54}$$

여기서 완화상수는 $\lambda_H{}'' = \frac{\varsigma}{4H}\frac{1+2b}{1+b} = (1+2b)\lambda_H{}''$와 같이 정의된다. 이 모델은 $b \neq 0$인 경우는 열역학적으로 문제가 있는 것으로 알려져 있어 $b = 0$인 경우를 고려하면 $\lambda_H{}' = \lambda_H{}'' = \lambda_H = \frac{\varsigma}{4H}$이 되어 다음의 식으로 나타낼 수 있다. 물론 $\eta_0 = nkT\lambda_H$의 관계가 성립한다.

$$\boldsymbol{\tau} + \lambda_H \boldsymbol{\tau}_{(1)} + \frac{a}{nkT} \boldsymbol{\tau} \cdot \boldsymbol{\tau} = 2nkT\lambda_H \mathbf{D} \tag{9-55}$$

식 9-55는 Giesekus 모델이라고 하며, 수식이 간단하고 주요 유변물성을 잘 예측하기 때문에 널리 사용되는 대표적인 구성방정식이다. 결국 Giesekus 모델은 분자이론의 관점에서 보면 후크의 덤벨에 비등방성을 고려한 것에 불과하다. 고분자를 극단적으로 단순한 덤벨로 가정하고 스프링도 비선형이 아닌 후크의 스프링을 사용하였고, HI도 고려하지 않은 매우 단순한 모델임에도 불구하고 실험결과들을 잘 예측하고 있다.

마찰력과 브라운력에 주어지는 비등방성을 식 9-56과 같이 정의해도 구성방정식을 구할 수 있으며, 이를 encapsulated 덤벨 모델이라고 한다.

$$\boldsymbol{\varsigma}^{-1} = \frac{1}{\varsigma}[\sigma\boldsymbol{\delta} + (1-\sigma)\mathbf{uu}], \quad \boldsymbol{\xi}^{-1} = \beta\boldsymbol{\delta} + (\alpha - \beta)\mathbf{uu} \tag{9-56}$$

여기서 $\mathbf{u} = \mathbf{Q}/Q$이며, α, β, σ는 비등방성의 정도를 나타내는 파라미터들로서 $\alpha + 2\beta = 3$, $1 \le \beta \le \frac{3}{2}$의 조건을 만족해야 한다. 식 9-56은 개념적으로 비등방성의 정도를 잘 제시하고 있고 얻어진 구성방정식도 하나의 식으로 온전히 기술되지만, 식이 복잡하고 다루기 어려워 많이 사용되지는 않는다.

제10장

고분자 용융체 이론

분자량이 큰 고분자 용융체의 가장 큰 구조적 특징은 분자들이 서로 엉켜 있다는 것이다. 앞서 묽은 용액에서는 고분자사슬이 다른 사슬과 접촉하지 않고 혼자 용매 중에 떠 있는 상황을 고려했는데, 용매가 점차 없어진다면 고분자사슬들은 서로 접촉하게 될 것이다. 용매가 완전히 없어진다면 고분자들은 서로 뒤섞여 엉키는 상황이 될 것이다. 이는 용기 안에 기다란 뱀들이 가득 담겨 있는 모습과 유사하다고 볼 수 있다. 이런 상황에서 뱀의 움직임은 매우 제한되며, 주로 자신의 길이 방향으로만 움직일 수 있다. 고분자도 이와 같은 방식으로 움직이게 된다. 용융체 이론에서는 이런 상황을 튜브 모델로 설명한다. 고분자가 굴곡진 튜브 내에 갇혀서 주로 튜브의 축방향으로만 움직이게 된다고 보는 것이다. 본 장에서는 튜브 모델을 기본으로 고분자의 움직임을 기술하고, 구성방정식을 유도하게 될 것이다. 먼저 고분자 용융체의 거동을 특징짓는 엉킴 현상에 대해 살펴보고, 고분자사슬의 기본 거동을 Rouse 모델을 기준으로 다시 살펴본 후에 본격적으로 튜브 모델을 학습하기로 한다.

1. 엉킴(entanglement) 현상

그림 10-1은 고분자사슬들이 서로 엉켜 있는 모습을 개략적으로 나타내고 있다.

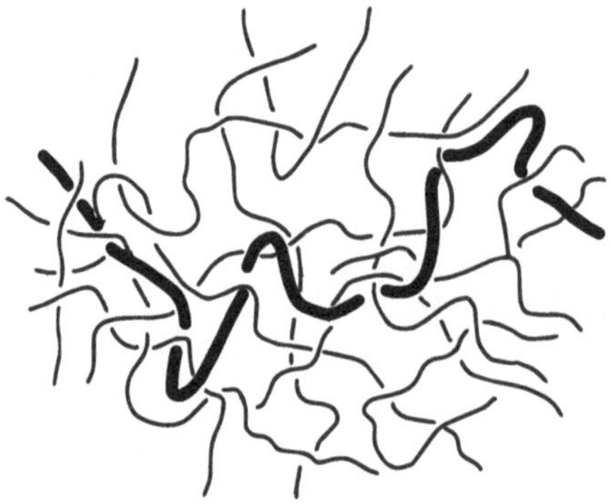

〈그림 10-1〉 고분자 사슬들이 엉켜 있는 모습 예시 (다음 문헌으로부터 다시 그림. W. W. Graessley, Adv. Polym. Sci., 23 (1982) 67)

엉킴 현상으로 인한 고분자의 대표적인 특징은 점도의 분자량 의존성과 평탄 모듈러스(plateau modulus)의 존재이다. 그림 10-2는 영전단점도의 분자량 의존성을 보여 준다. 점도는 분자량이 낮은 경우에는 분자량에 비례해서 증가하지만, 임계 분자량 M_c 이후에는 분자량의 약 3.4제곱에 비례해서 증가한다. 분자량이 커짐에 따라 흐름에 대한 저항이 급격하게 증가해서 고분자의 움직임이 현저하게 저하되는 것이다. 그림 10-3은 폴리스틸렌의 저장 모듈러스(G')곡선을 보여 주고 있다. 각 곡선은 분자량에 따른 것으로 분자량이 큰 경우는 낮은 주파수에서 기울기 2로 증가하는 전형적인 완화 거동을 보여 주다가 평탄해진다. 이 상태는 고무와 유사한 상태로 보며(rubbery plateau), 이때의 모듈러스를 평탄 모듈러스(G_N^0)라고 한다. 이 값을 통해 엉킨 점과 엉킨 점 사이의 분자량을 알 수 있다($M_e^G = \frac{4}{5}\frac{\rho RT}{G_N^0}$). 주파수가 더 높아지면 유리 상태로의 전이가 이뤄지며, 이때의 기울기는 약 0.5가 된다. 분자량이 작아질수록 평탄 영역이 작아지며 어느 수준 이하에서는 평탄 영역이 나타나지 않는다. 즉 평탄 영역의 존재는 고분자의 특징이며 이는 고

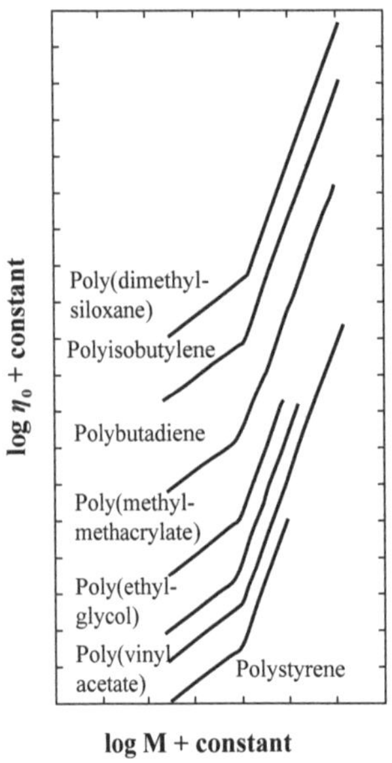

〈그림 10-2〉 선형고분자의 분자량에 따른 점도. 각 데이터는 서로 겹치지 않도록 축이동한 것임 (다음 문헌으로부터 다시 그림. G. C. Berry and T. G. Fox, Adv. Polym. Sci., 5 (1967) 261)

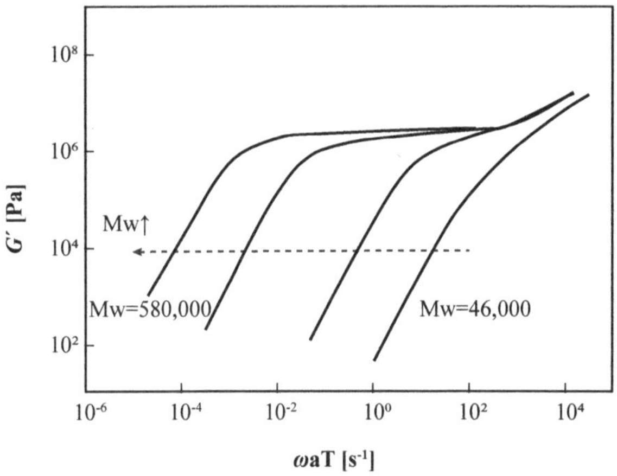

〈그림 10-3〉 PS 용융체의 분자량에 따른 동적점탄성 거동 (다음 문헌으로부터 다시 그림. S. Onogi, T. Masuda, and K. Kitagawa, Macromolecules, 3 (1970) 109)

분자사슬의 엉킴에 기인한다.

2. Rouse 모델

Rouse 모델에서는 여러 개의 모노머가 하나의 비드를 형성하므로 비드 크기보다 작은, 또는 그보다 빠른 움직임을 고려하지 못한다. 이 경우 완화 모듈러스는 식 10-1과 같이 기술할 수 있다.

$$G(t) = \frac{\rho RT}{M}\sum_{p=1}^{N} e^{-t/\tau_p} \tag{10-1}$$

여기서 ρ는 밀도, R은 기체상수, T는 절대온도, M은 분자량, N은 비드의 개수를 의미하며, τ_p는 다음과 같이 정의되는 시상수이다.

$$\tau_p = \frac{b^2 N^2 \varsigma}{6\pi^2 p^2 kT} \tag{10-2}$$

여기서 b는 $< R^2 >_0 = Nb^2$으로 정의되는 단위길이(statistical segment length)이며,

$< R^2 >_0$은 고분자사슬의 말단간거리의 제곱평균이고 N은 모노머의 수, 즉 고분자의 중합도를 의미한다. 또한 ς는 모노머의 마찰계수(friction coefficient)이다. 위 시상수는 $p = 1$인 경우에 가장 큰 값을 갖는데, 이를 Rouse 완화시간이라 하며, 분자량의 제곱에 비례한다.

$$\tau_R = \frac{b^2 N^2 \varsigma}{6\pi^2 kT} \sim M^2 \tag{10-3}$$

충분히 엉키지 않은 용융체는 대체로 Rouse 모델과 같은 완화 거동을 보이며, 다음과 같은 선형점탄성 특성을 보인다.

$$G'(\omega) = \frac{\rho RT}{M} \sum_{p=1}^{N} \frac{\omega^2 {\tau_p}^2}{1 + \omega^2 {\tau_p}^2} \tag{10-4}$$

$$G''(\omega) = \frac{\rho RT}{M} \sum_{p=1}^{N} \frac{\omega \tau_p}{1 + \omega^2 {\tau_p}^2} \tag{10-5}$$

$\lim_{\omega \to 0} G'' = \omega \eta_0$의 관계를 이용하면 $\eta_0 = \frac{\rho RT}{M} \sum \tau_p = \frac{b^2 M \varsigma \rho N_A}{36 M_0^2}$의 관계를 통해 영전단점도와 Rouse 완화시간의 관계를 구할 수 있다(여기서 N_A는 아보가드로 수, M_0는 모노머의 분자량이다).

$$\tau_R = \frac{6\eta_0 M}{\pi^2 \rho RT} \tag{10-6}$$

3. 튜브 모델

튜브 모델에서는 고분자 용융체의 움직임을 기본적으로 뱀의 움직임과 같다고 보며, 이를 reptation이라 한다. 하지만 이것만으로 용융체의 움직임을 충분히 설명할 수는 없어, 여기에 primitive path fluctuation과 constrain release라는 개념이 더해진다. 변형이 큰 경우에는 여기에 chain retraction과 convective constraint release라는 개념이 더해지게 되며, 이로써 용융체의 동적 특성을 충분히 기술할 수 있게 된다. 여기서는 이들 개념을 살펴보기로 한다.

1) Reptation

그림 10-1에서 고분자가 엉켜 있는 모습을 살펴보았다. 그림 10-4a는 이 모습을 하나의 특정 고분자사슬을 중심으로 재현한 것이다. 그 움직임은 그림 10-4b와 같이 하나의 굴곡진 튜브에 의해 제한되는 것으로 생각할 수 있다. 고분자사슬이 튜브 내에서 꿈틀거리면서 튜브의 길이 방향으로 움직여 가는 것이다. 튜브 내에서 고분자는 얼마든지 꿈틀댈 수 있지만 튜브라는 공간에 갇혀 있다는 점과 최종적으로는 튜브의 길이 방향으로 움직일 수밖에 없다는 제한이 있다. 이때 튜브의 직경 a는 $a^2 = \frac{M_e^G}{M_0} b^2 = \frac{4}{5} \frac{\rho RTb^2}{M_0 G_N^0}$ 정도의 값을 갖는다. 가령 PS의 튜브 직경은 대략 76Å이다.

브라운운동 또는 유동에 의해 고분자는 튜브를 벗어나게 되며, 이를 통해서 완화 거동을 보이게 된다. 그림 10-4c는 튜브 속의 고분자가 점차 튜브를 빠져나가는 과정을 보여 주고 있다. 튜브를 빠져나간 고분자는 튜브라는 속박을 벗어나지만 곧 새로운 튜브에 갇히게 될 것이다. 이때 고분자가 튜브 내에 잔존할

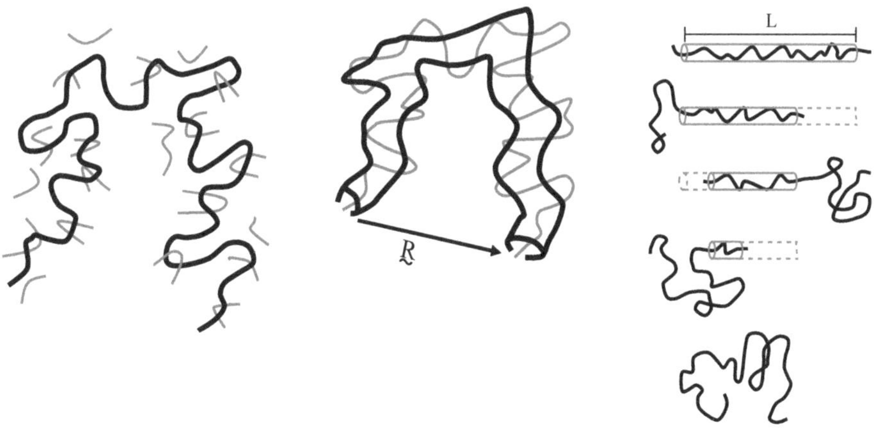

(a) (b) (c)

〈그림 10-4〉 고분자 주쇄의 개념도(a), 이를 튜브로 형상화한 모습(b), 튜브에서 완화 과정을 통해 빠져나오는 사슬의 움직임을 형상화한 모습(c) (다음 문헌으로부터 다시 그림. W. W. Graessley, Adv. Polym. Sci., 23 (1982) 67)

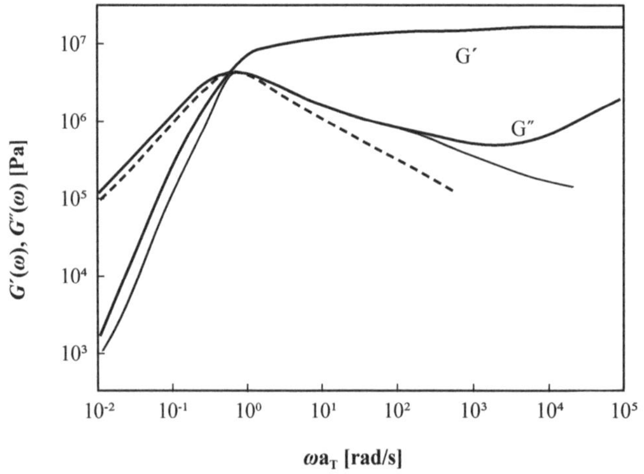

〈그림 10-5〉 PB 용융체의 선형점탄성 거동. 굵은 선은 실험 결과, 점선: DE 모델, 실선은 primitive path fluctuation을 고려한 결과 (다음 문헌으로부터 다시 그림. D. S. Pearson, Rubber Chem. Technol., 60 (1987) 439)

확률을 $P(t)$라 하면 $G(t) = G_N^0 P(t)$의 관계가 성립하며, 이로부터 다음과 같은 완화 모듈러스를 구할 수 있다. 이는 선형점탄성의 Maxwell 거동이나 Rouse 거동과 약간의 차이가 있지만 지수함수 형태를 띤다는 점에서 유사하다.

$$G(t) = \sum_{i,odd} G_i e^{-t/\tau_i} \qquad (10\text{-}7)$$

여기서 $G_i = \frac{8}{\pi^2}\frac{G_N^0}{i^2}, \tau_i = \frac{\tau_d}{i^2}$이다. $\tau_d = \frac{\varsigma N^3 b^4}{\pi^2 kTa^2}$는 reptation 시상수라고 부르며, $\eta_0 = 0.822 G_N^0 \tau_d$의 관계를 보인다. $\tau_d \sim N^3$이므로 reptation 모델은 $\eta_0 \sim M^3$의 분자량 의존성을 보인다. 실험적으로 점도는 $\eta_0 \sim M^{3.4}$의 관계를 보이므로 reptation 모델은 점도의 분자량 의존성을 근사하게 예측하고 있는 셈이다. 완화 모듈러스를 통해 선형점탄성 함수들을 구할 수 있는데, 이 모델에 따르면 그림 10-5의 점선과 같이 G''이 실제보다 과하게 감소하는 것으로 예측된다. Reptation 모델은 이외에도 점도의 전단박화현상을 과하게 예측하는 등의 약점을 가지고 있다. Reptation은 고분자 용융체의 거동의 핵심을 잘 잡고는 있지만, 이것만으로는 충분치 않다는 것을 알 수 있다.

2) Primitive path fluctuation

고분자사슬은 튜브 내에서 꿈틀거리며 움직이게 되는데, 튜브의 끝단에 있는 고분자사슬이 튜브를 빠져나갈 때 고분자의 접힘이 튜브를 빠져나가는 과정, 즉 응력완화를 가속하게 된다. 그림 10-6은 튜브의 끝단에서 고분자가 빠져나가는 모습, 즉 이로 인해 튜브의 길이가 줄어드는 모습을 보여 주고 있다. 빠져나간 고분자사슬은 새로운 튜브를 형성하게 될 것이다. 특히 그림에서는 튜브 끝단에서 고분자가 많이 접혀 있는 모습을 강조하고 있는데, 이렇게 접힌 고분자사슬은 reptation의 완화를 가속하게 된다. 이러한 과정을 primitive path fluctuation이라고 하며, reptation에 더해 고려해 주어야 한다. 그림 10-5에 primitive path fluctuation을 고려한 결과가 실험 결과를 잘 설명할 수 있다는 것을 보여 주고 있다.

Reptation에 완화의 가속을 고려하면 가장 큰 완화시간 τ_1은 다음과 같이 작아진다.

$$\tau_1 = \tau_d(1 - XZ^{-1/2})^3 \tag{10-8}$$

여기서 τ_d는 fluctuation이 없는 reptation 시상수이며, X는 상수, $Z = M / M_e^G$는 분자당 엉킴의 개수로서 엉킴의 정도를 나타낸다. 이때 영전단점도는 다음과 같이 되어 점도의 분자량 의존성 $\eta_0 \sim M^{3.4}$을 잘 설명할 수 있다.

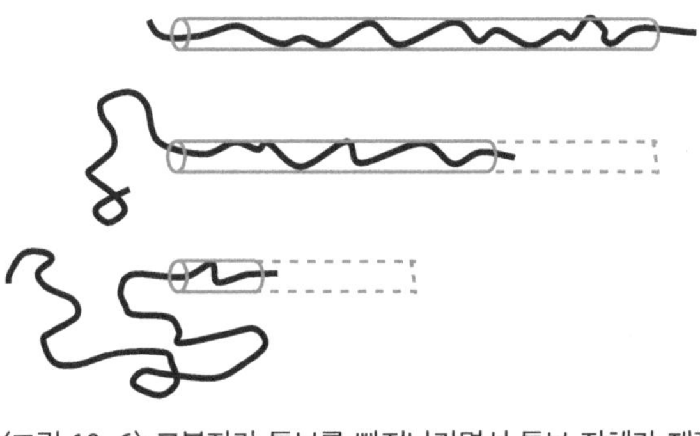

〈그림 10-6〉 고분자가 튜브를 빠져나가면서 튜브 자체가 재정의되는 과정 (다음 문헌으로부터 다시 그림. M. Doi and S. F. Edwards, The Theory of Polymer Dynamics, Oxford, 1986)

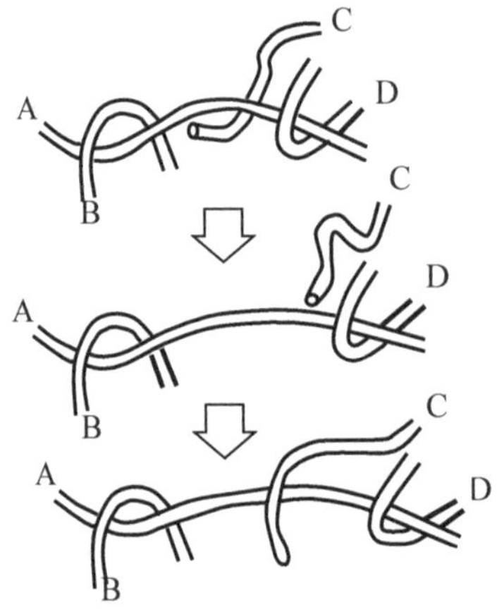

〈그림 10-7〉 Constrain release의 개념도 (다음 문헌으로부터 다시 그림. M. Doi and S. F. Edwards, The Theory of Polymer Dynamics, Oxford, 1986)

$$\eta_0 = \eta_{0,NF}(1 - XZ^{-1/2})^3 \sim M^{3.4} \quad (10\text{-}9)$$

또한 그림 10-5의 실선과 같이 과도한 G''의 감소를 억제하여 실험 데이터를 잘 설명할 수 있다.

3) Constraint release

튜브 내에서의 고분자의 reptation은 주위 사슬의 압박을 완화시킬 수 있으며, 반대로 주위 사슬의 움직임 자체도 튜브의 움직임에 영향을 줄 수 있다. 그림 10-7에서 A 사슬에 압박을 주던 C 사슬이 자신의 reptation에 의해 A 사슬에서 멀어지면 A 사슬의 움직임은 그만큼 자유로워진다. 떨어져 있던 사슬도 언제든지 다시 다가와 압박을 가할 수 있을 것이다. 이러한 상황은 고분자의 완화를 가속시킬 수 있으며, 고분자의 분자량 분포가 큰 경우에 매우 중요한 역할을 할 수 있다.

4) Chain retraction

그림 10-8은 변형에 따른 응력완화 거동을 보이고 있다. 변형이 작으면 완화 모듈러스는 전형적인 선형점탄성 이론을 따르며, 지수함수적으로 감소한다. 하지만 변형이 크면 짧은 시간에 또 다른 완화 메커니즘이 작용하고 있다는 것을 알

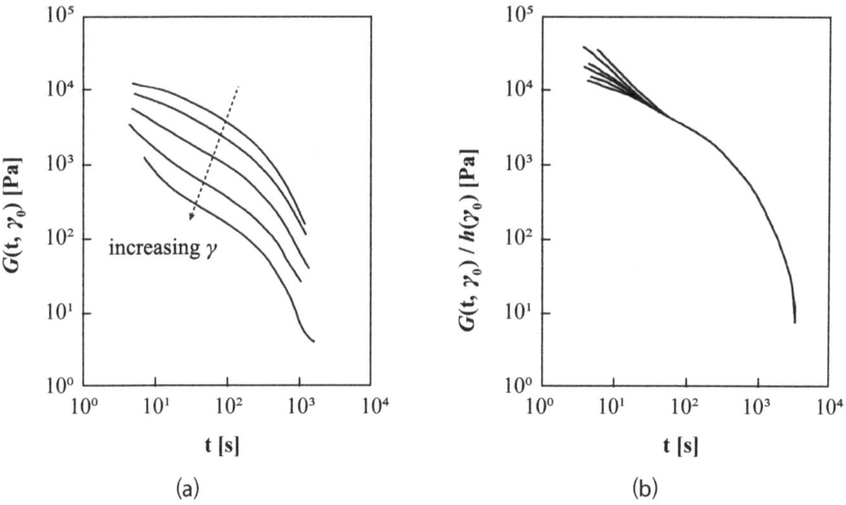

〈그림 10-8〉 시간과 변형량에 따른 완화 모듈러스 예시 (다음 문헌으로부터 다시 그림. Y. Einaga et al., Polymer J., 2 (1971) 550)

수 있다. 변형이 작을 때 고분자는 순간적으로 평형에 복귀하려는 완화 거동을 보이고, 긴 시간단위에 걸쳐 reptation과 primitive path fluctuation에 의해 완화한다. 하지만 변형이 클 때는 늘어난 고분자사슬이 짧은 시간 내에 움츠리려는 반응을 보이게 된다. 이와 같이 변형이 클 때 늘어난 고분자사슬이 움츠리려는 성질을 chain retraction이라고 한다.

이 과정은 reptation 대비 아주 빠르게 진행되며, 다음과 같은 시간단위에 의해 결정된다.

$$\tau_s = 2\tau_R = \frac{\varsigma N^2 b^2}{3\pi^2 kT} \sim M^2 \qquad (10\text{-}10)$$

이때 τ_s는 stretch 완화시간 또는 retraction 시간이라고 하며, τ_R은 식 10-3에서 정의된 Rouse 완화시간이다.

5) Convective constraint release

앞서 학습한 constraint release의 개념은 유동에 의해서 많이 달라지게 된다. 다른 위치에 존재하는 고분자들은 전단속도 차이에 의해서 엉킴 자체가 서로 다른 힘을 받게 되고, 고분자사슬이 늘어나는 정도도 달라지게 된다. 이 개념은 10장 4절에서 자세히 학습하기로 한다(식 10-16).

4. 튜브 모델의 구성방정식

1) Doi–Edwards(DE) 모델

고분자 용융체의 움직임은 앞서 학습한 다양한 개념으로 설명할 수 있다. 먼저 유동에 의해 고분자사슬이 늘어나더라도 순간적으로 회복하여 실질적으로 reptation에 의한 움직임만 있다고 가정한 경우의 구성방정식은 다음과 같으며, 이를 Doi-Edwards 모델이라고 한다. 일종의 튜브 모델 중에서 가장 단순한 모델이다.

$$\boldsymbol{\sigma} = \int_{-\infty}^{t} dt' m(t-t')\mathbf{Q}[\mathbf{F}(t,t')]; \qquad \mathbf{Q} = \left\langle \frac{(\mathbf{F}\cdot\mathbf{u})(\mathbf{u}\cdot\mathbf{F})}{|\mathbf{F}\cdot\mathbf{u}|^2} \right\rangle \tag{10-11}$$

식 10-11은 시간-변형 의존성이 분리된 모양이며, 기억함수 $m(t-t')$는 다음과 같이 정의된다.

$$m(t-t') = \sum_{i=1,odd}^{\infty} \frac{G_i}{\tau_i} \exp[-(t-t')/\tau_i] \tag{10-12}$$

DE 모델이 예측하는 선형 완화함수는 $G(t) = \sum_{i,odd} G_i e^{-t/\tau_i}$로 주어지며, 이때 $G_i = \dfrac{8}{\pi^2}\dfrac{G_N^0}{i^2}, \tau_i = \dfrac{\tau_d}{i^2}, \tau_d$는 $\tau_d = \dfrac{\varsigma N^3 b^4}{\pi^2 kTa^2}$로 주어지는 reptation 시상수이다. $i=1$인 최장완화시간만을 고려한다면 식 10-11은 다음과 같이 reptation 시상수(τ_d)와 평탄 모듈러스(G_N^0)를 파라미터로 하는 구성방정식으로 나타낼 수 있다.

$$\boldsymbol{\sigma} = G_N^0 \int_{-\infty}^{t} \frac{dt'}{\tau_d} \exp[-(t-t')/\tau_d]\mathbf{Q}[\mathbf{F}(t,t')] \tag{10-13}$$

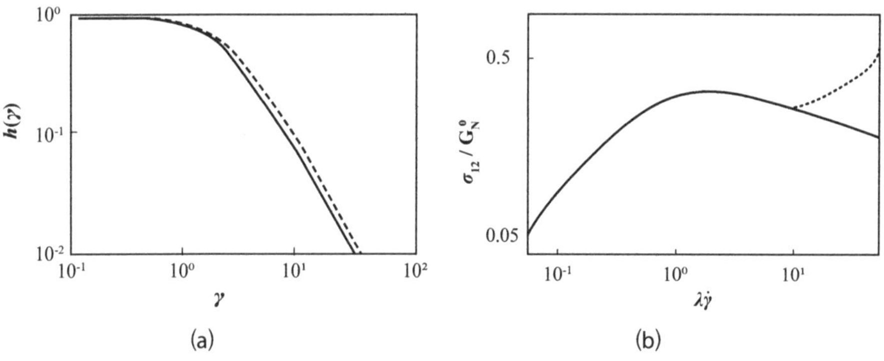

〈그림 10-9〉 DE 모델의 예측. (a) 감쇄함수(굵은 실선: 실험 결과, 점선: DE 모델 예측), (b) 전단속도에 대한 전단응력 예측(점선은 DE 모델의 결과에 Rouse 모델의 기여분을 더해 준 것임) (다음 문헌으로부터 다시 그림. J. M. Dealy and R. G. Larson, Structure and Rheology of Molten Polymers, Hanser, 2006)

변형함수 **Q**는 튜브의 방향을 나타내는 단위벡터 **u**와 변형 구배 텐서 **F**의 함수로 주어지는데, 튜브 내에서 고분자사슬의 부분들이 각기 독립적으로 배향한다는 가정을 하면 다음과 같이 단순화할 수 있다.

$$\mathbf{Q} \simeq \left(\frac{5}{J-1}\right)\mathbf{B} - \left[\frac{5}{(J-1)(I_2+13/4)^{1/2}}\right]\mathbf{C}$$

$$J = I_1 + 2(I_2+13/4)^{1/2}, \quad I_1 = tr(\mathbf{B}), \quad I_2 = tr(\mathbf{C}) \tag{10-14}$$

여기서 **B**, **C**는 각각 Finger 텐서와 Cauchy 텐서이다.

위 식은 적분식으로 실제로 계산하기에는 매우 불편하다. 이를 극복하기 위해 약간의 가정을 통해 식 10-19와 같은 미분형 모델도 개발되어 있다. 미분형 모델은 해를 구하기가 비교적 용이하며 결과도 적분형 모델과 크게 다르지 않아 유용한 점이 많다.

DE 모델은 감쇄함수($h(\gamma)$)를 정량적으로 잘 설명할 수 있지만 과도한 전단박화현상을 예측함으로써 그림 10-9에서 보는 바와 같이 높은 전단속도에서 전단응력이 감소하는 결과를 보이게 된다. 이는 동일한 응력 조건에서 복수의 전단속도가 있을 수 있어 불안정성을 야기할 수 있다. 결국 높은 전단속도 영역에서는 reptation만으로 고분자의 거동을 제대로 기술할 수는 없는 것이다.

2) Doi–Edwards–Marrucci–Grazzuti(DEMG) 모델

고분자사슬은 높은 전단속도에서 많이 늘어나게 되는데, DE 모델에서는 늘어난 사슬이 순간적으로 수축한다고 가정함으로써 사슬의 늘어남을 전혀 고려하지 않고 있다. 사슬의 늘어남을 고려한 대표적인 것으로 DEMG 모델이 있다. 원래의 모델은 매우 복잡하지만, 여기서는 튜브 위치에 따른 변화를 무시하고, 최장 완화시간만을 사용하는 비교적 단순한 모델을 살펴보기로 한다.

$$\mathbf{S} = \int_{-\infty}^{t} \frac{dt'}{\tau_d} \exp[-(t-t')/\tau_d]\mathbf{Q}[\mathbf{F}(t,t')]$$

$$\dot{\lambda} = \lambda\boldsymbol{\kappa} : \mathbf{S} - \frac{k_s(\lambda)}{\tau_s}(\lambda - 1) \qquad (10\text{-}15)$$

$$\boldsymbol{\sigma} = G_N^0 k_s(\lambda)\lambda^2 \mathbf{S}$$

여기서 $\mathbf{S}$는 배향 텐서(orientation tensor), λ는 사슬의 늘어난 정도(chain stretch)를 의미하며, $\boldsymbol{\kappa} = \nabla\mathbf{v}^T$이다. 사슬의 늘어난 정도를 결정하는 두 번째 식의 첫 항은 고분자사슬이 유동장에 의해 늘어나는 정도를 나타내고, 두 번째 항은 늘어난 고분자사슬이 튜브 내에서 다시 움츠리는 정도를 나타낸다. 움츠리는 정도는 retraction 시간 τ_s에 의해 결정된다. $k_s(\lambda)$는 사슬의 비선형성을 나타내는 변수이며, 묽은 용액의 FENE 스프링과 유사한 개념이 적용된 것이다.

$$k_s(\lambda) = \frac{(3\lambda_{\max}^2 - \lambda^2)(\lambda_{\max}^2 - \lambda^2)}{(3\lambda_{\max}^2 - 1)(\lambda_{\max}^2 - 1)}, \quad \lambda_{\max} = L_{\max} / L_{eq}$$

이 모델은 전단응력과 1차 수직응력의 과도응답(overshoot)을 예측하며, 신장유동에서의 신장농화(extension thickening) 현상도 설명할 수 있는 장점이 있으나, DE 모델과 마찬가지로 과도한 전단박화 거동을 보이는 단점이 있다.

3) Mead–Larson–Doi(MLD) 모델

전단속도가 높을 때($\dot{\gamma}\tau_d > 1$) 고분자사슬은 reptation에 의해 완화하기도 전에 유동장에 휩쓸려 가게 되며, 이때의 전체적인 완화시간은 다음과 같이 유동장에 따라 변하게 된다(convective constraint release).

$$\frac{1}{\tau} = \frac{1}{\tau_d} + \beta\boldsymbol{\kappa} : \mathbf{S} \tag{10-16}$$

이러한 개념을 확장하여 MLD 모델이 제시되었는데, 이는 reptation, chain stretch, primitive path fluctuation, convective constrain release의 개념을 모두 포함한 것이다.

$$\begin{aligned}
&\frac{1}{\tau} = \frac{1}{\lambda^2\tau_d} + f(\lambda)\left(\boldsymbol{\kappa} : \mathbf{S} - \frac{\dot{\lambda}}{\lambda}\right) \\
&\mathbf{S} = \int_{-\infty}^{t} \frac{dt'}{\tau(t')} \exp\left[-\int_{t'}^{t} \frac{dt''}{\tau(t'')}\right]\mathbf{Q}[\mathbf{F}(t,t')] \\
&\dot{\lambda} = \lambda\boldsymbol{\kappa} : \mathbf{S} - \frac{k_s(\lambda)}{\tau_s}(\lambda - 1) - \frac{1}{2}(\lambda - 1)\left(\boldsymbol{\kappa} : \mathbf{S} - \frac{\dot{\lambda}}{\lambda}\right) \\
&\boldsymbol{\sigma} = G_N^0 k_s(\lambda)\lambda^2\mathbf{S}
\end{aligned} \tag{10-17}$$

($\boldsymbol{\kappa} : \mathbf{S} - \frac{\dot{\lambda}}{\lambda}$) 항은 constraint release의 속도를 나타내는 항으로서, 이로 인해 높은 전단속도에서의 응력감소로 인한 불안정성이 해소될 수 있다. $f(\lambda)$는 전환함수로서 고분자사슬이 늘어남에 따라 1에서 0으로 감소하는 함수이며, 빠른 유동장에서 사슬이 너무 늘어나게 되면 convective constrain release의 작용을 꺼주는 역할을 한다. 실험 결과와 모델의 예측을 비교한 그림 10-10은 이 모델의 우수한 예측성을 잘 보여 주고 있다. 특히 그림 10-9에서 지적된 응력 감소로 인한 불안정성이 제거되어 보다 안정한 예측이 가능하며, 이는 빠른 유동에서 convective constraint release 개념이 매우 중요하다는 것을 의미한다.

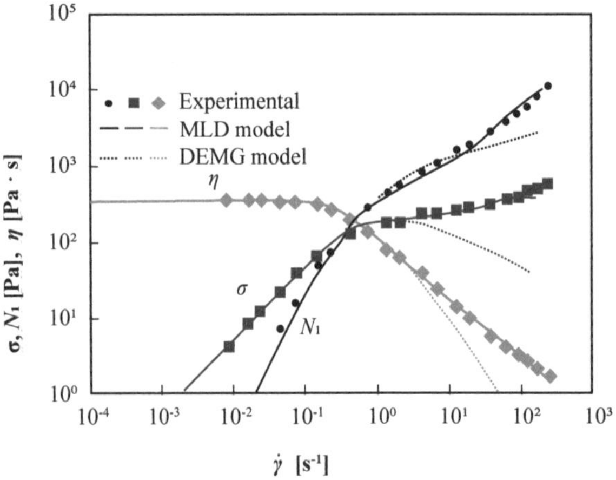

〈그림 10-10〉 PS 용액의 실험 결과(심볼)와 MLD 모델(실선)의 비교. (다음 문헌으로부터 다시 그림. C. Pattamaprom and R. G. Larson, Macromolecules, 34 (2001) 5229)

4) Pom-pom 모델

앞서의 모델들은 모두 선형고분자를 대상으로 한 것이다. LDPE와 같이 고분자 사슬에 큰 측쇄가 달려 가지구조를 갖는다면, 즉 가지구조(branched) 고분자의 경우는 pom-pom 모델로 기술할 수 있다. 그림 10-11과 같이 주쇄(backbone)의 양 끝에 가교점이 있고 각 가교점에 q개의 가지(branch)가 달려 있다고 하자. 이 모델은 3개의 시상수를 갖게 되는데, 주쇄의 reptation 시상수(τ_b), 주쇄의 stretch 시상수(τ_s), 가지의 완화시간(τ_a)이다. 이들 시상수는 다음과 같은 분자 파라미터들에 의해서 결정되며 주요 분자 파라미터들은 Z_a: 각 가지에서의 엉킴 정도(개수), Z_b: 주쇄에서의 엉킴 개수, ϕ_b: 주쇄의 부피분율, $\phi_a = 1 - \phi_b$: 2q개의 가지

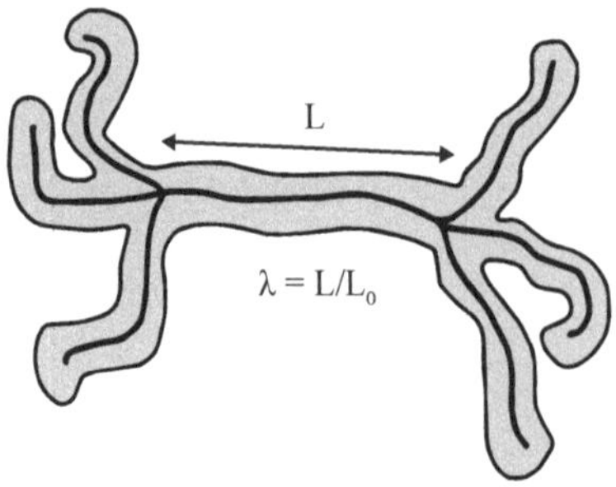

〈그림 10-11〉 Pom-pom 모델의 개요도(1개의 주쇄에 2개의 가교점이 있고, 각 가교점이 3개의 가지로 구성된 예) (다음 문헌으로부터 다시 그림. N. J. Inkson et al., J. Rheology, 43 (1999) 873)

들이 차지하는 부피분율이다.

유동이 가지의 변형을 일으킬 만큼 빠르지 않다면 pom-pom 모델은 다음과 같은 구성방정식으로 구성된다.

$$
\begin{aligned}
&\mathbf{S} = \int_{-\infty}^{t} \frac{dt'}{\tau_b(t')} \exp\left[-\int_{t'}^{t} \frac{dt''}{\tau_b(t'')}\right] \mathbf{Q}[\mathbf{F}(t,t')] \\
&\dot{\lambda} = \lambda \boldsymbol{\kappa} : \mathbf{S} - \frac{1}{\tau_s}(\lambda - 1) \qquad for\ \lambda < q \\
&\dot{S}_c = \left(q\frac{Z_b}{2} + S_c\right)\boldsymbol{\kappa} : \mathbf{S} - \frac{1}{2\tau_a} \qquad for\ \lambda = q \\
&\boldsymbol{\sigma} = G_N^0 \phi_b \left(\phi_b \lambda^2 + \frac{2qS_c}{2qS_c + Z_b}\right)\mathbf{S}
\end{aligned}
\tag{10-18}
$$

첫 번째 식은 배향 텐서를 정의하고, 두 번째 식은 사슬이 늘어난 정도를 정의하며, 세 번째 식은 사슬이 늘어난 후에 당겨진 가지의 길이를, 그리고 마지막은 전체적으로 받게 되는 응력을 정의한다. 마지막 식의 첫 번째 항은 주쇄에 미치는 응력 기여분, 두 번째 항은 늘어났다가 움츠린 가지에 의한 기여분인데 상대적으로 무시할 만하다. 이 모델은 그림 10-12와 같이 전단박화와 신장농화 거동을

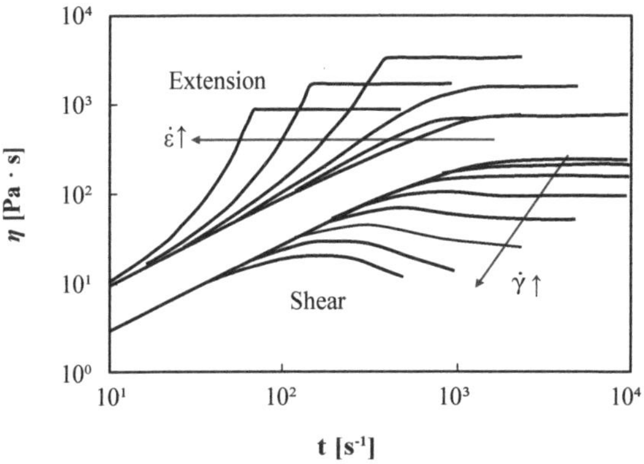

〈그림 10-12〉 전단유동과 신장유동에서의 점도 예측. 각 곡선은 각기 다른 전단속도와 신장률에서 측정 (다음 문헌으로부터 다시 그림. T. C. B. McLeish and R. G. Larson, J. Rheol., 42 (1988) 81)

잘 예측하고 있다.

이 식은 임의의 파라미터 없이 분자구조로부터 가지구조를 갖는 고분자의 동적 거동을 잘 모사한다는 장점이 있으나, $\lambda \sim q$일 때 주쇄의 늘어남이 갑자기 멈추게 되어 응력의 변화가 부자연스럽고, 2차 수직응력계수를 0으로 예측하는 등의 한계가 있다. 이를 극복하기 위해서 사슬의 늘어나는 정도를 완화하고 주쇄의 reptation 시상수를 보정하는 등의 노력을 통해 뒤에서 제시되는 바와 같은 확장된(extended) pom-pom 모델이 미분형으로 제시되어 유용하게 활용된다.

5) 미분형 구성방정식

위 모델들은 고분자 용융체의 거동을 이해하는 데에는 도움이 되지만 구성방정식으로서는 그 활용도가 낮다. 적분식을 포함하기 때문이다. 매 시간마다 과거로부터의 적분을 수행해야 하기 때문에 계산도 쉽지 않고 계산시간도 오래 걸린다. 구성방정식의 활용에 있어서는 미분형 구성방정식이 훨씬 사용하기에 용이하며, 이를 위해서 각 모델의 핵심 개념을 반영한 미분형 구성방정식들이 제안되어 있다.

(1) Doi-Edwards(DE) 모델

$$\hat{\mathbf{S}} + \frac{2}{3}\boldsymbol{\kappa} : \mathbf{SS} + \frac{1}{\tau_d}(\mathbf{S} - \boldsymbol{\delta}) = \mathbf{0}, \qquad \boldsymbol{\sigma} = G_N^0 \mathbf{S} \tag{10-19}$$

이 모델은 reptation만을 고려한 DE 모델의 미분형이다. 이 모델은 원 DE 모델이 $N_2 = -\frac{2}{7}N_1$를 예측하는 것과 달리 $N_2 = 0$을 예측한다. 또한 적분형과 마찬가지로 과도한 전단박화현상을 예측한다.

(2) Likhtman-Graham-McLeish(LGM) 모델

$$\hat{\boldsymbol{\sigma}} + \frac{2}{3G_N^0}\boldsymbol{\kappa} : \boldsymbol{\sigma}\left[\boldsymbol{\sigma} + \beta(\boldsymbol{\sigma} - G_N^0\boldsymbol{\delta})\right] + \frac{1}{\tau_d}(\boldsymbol{\sigma} - G_N^0\boldsymbol{\delta}) = \mathbf{0} \tag{10-20}$$

이 모델은 reptation과 convective constraint release 개념을 고려한 것이다. 전단 응력의 평탄부(plateau)를 예측하지만 $N_2 = 0$이라는 한계가 있다.

(3) Extended pom-pom 모델

$$\hat{\mathbf{S}} + 2\boldsymbol{\kappa} : \mathbf{S} + \frac{1}{\tau_b \lambda^2}\left[3\alpha\lambda^4 \mathbf{S}\cdot\mathbf{S} + (1-\alpha-3\lambda^4\mathbf{S}:\mathbf{S})\mathbf{S} - \frac{(1-\alpha)}{3}\boldsymbol{\delta}\right] = \mathbf{0}$$

$$\dot{\lambda} = \lambda\boldsymbol{\kappa} : \mathbf{S} - \frac{1}{\lambda_s}(\lambda - 1), \quad \lambda_s = \lambda_{s,0} e^{-\frac{2}{q}(\lambda-1)} \tag{10-21}$$

$$\boldsymbol{\sigma} = G_N^0(3\lambda^2\mathbf{S} - \boldsymbol{\delta})$$

여기서 α는 0이 아닌 2차 수직응력을 도입하는 상수이며, 이 모델은 앞서 지적한 기존 pom-pom 모델의 약점을 해결한 것이다. 미분형으로 주어져 있기 때문에 가지구조 고분자의 유동 특성을 예측하는 데 유용하게 사용될 수 있다. 이보다 단순한 미분형 pom-pom 모델로는 다음과 같은 식을 사용할 수 있다.

$$\hat{\mathbf{A}} + \frac{1}{\tau_b}\left(\mathbf{A} - \frac{1}{3}\boldsymbol{\delta}\right) = \mathbf{0}, \ \mathbf{S} = \frac{\mathbf{A}}{tr(\mathbf{A})}$$

$$\dot{\lambda} = \lambda(\mathbf{D}:\mathbf{S}) - \frac{1}{\lambda_s}(\lambda - 1), \quad \lambda_s = \lambda_{s,0}\exp\left[-\frac{2}{q}(\lambda - 1)\right] \tag{10-22}$$

$$\boldsymbol{\sigma} = G_0(3\lambda^2\mathbf{S} - \boldsymbol{\delta})$$

여기서 $\mathbf{A}$는 배향 텐서 $\mathbf{S}$를 표현하기 위한 보조 배향 텐서이고, λ는 pom-pom 튜브의 신장률, τ_b는 배향완화시간, λ_s는 신장완화시간이다. 이는 λ와 팔의 개수 q에 의존하는 물리량이고, $\mathbf{D}$는 변형률 텐서이다. $G_0 = 1\text{Pa}$, $\lambda_s = 1\text{s}$, $\tau_b = 1\text{s}$의 조건에서 계산한 모델의 예측 결과는 다음과 같다. 그림 10-13은 전단속도에 따른 점도성장곡선과 응력의 변화를 보여 주고 있다. 초기의 점도성장곡선 증가와 오버슈트, 전단박화현상을 잘 보여 주고 있다. 팔의 개수에 따른 응력의 변화는 높

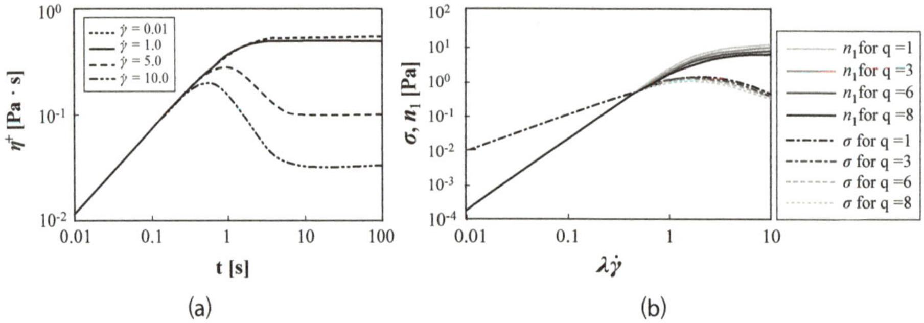

〈그림 10-13〉 (a) 미분형 pom-pom 모델의 점도성장곡선, (b) 전단속도에 따른 전단응력, 1차 수직응력차

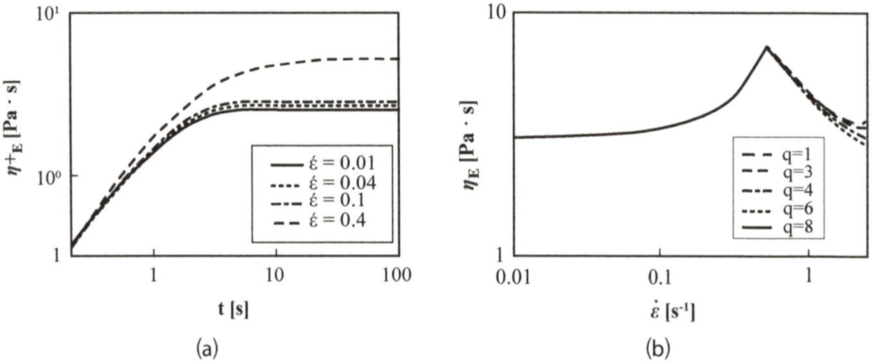

〈그림 10-14〉 (a) 미분형 pom-pom 모델의 신장점도 거동, (b) 시간 의존성 및 신장률 의존성

은 전단속도 영역에서만 조금 나타날 뿐 큰 차이가 없다는 것을 알 수 있고, 높은 전단속도 영역에서 응력이 감소하는 것으로 보아 DE 모델 등과 같이 전단박화현상이 과도하게 예측되어 불안정한 모델이라는 것을 알 수 있다. 그림 10-14에서는 모델의 신장 특성을 보여 주고 있다. 신장률의 증가에 따라 신장점도가 증가하는 신장농화현상은 볼 수 있으나 실험적으로 볼 수 있는 것처럼 신장점도가 시간에 따라 급속히 증가하는 거동을 볼 수는 없다. 또한 신장률에 대한 신장점도의 거동도 신장농화현상을 보이고 있지만 임계점 이상에서는 비정상적인 거동을 보이고 있다. 결국 이 모델은 가지구조를 갖는 고분자의 거동을 나름대로 예측해 주지만 단순화된 모델로서의 한계를 분명히 보여 주고 있다.

찾아보기

ㅇ

ㅈ

W

Z